Translokalität und lokale Raumproduktionen in transnationaler Perspektive

30

Thematicon

Wissenschaftliche Reihe

des Collegium Polonicum

Band 30

Alexander Tölle / Rainer Wehrhahn (Hrsg.)

Translokalität und lokale Raumproduktionen in transnationaler Perspektive

λογος

Herausgeber der Reihe:
Ines Härtel, Beata Mikołajczyk, Krzysztof Wojciechowski

Herausgeber dieses Bandes:
Alexander Tölle, Rainer Wehrhahn

Rezensiert von:
Prof. Dr. Tim Freytag
Prof. Dr. habil. Tomasz Kaczmarek
Prof. Dr. habil. Brigitta Helbig-Mischewski
Prof. Dr. Samuel Mössner
Prof. Dr. habil. Gert Pickel
Dr. Przemysław Pluciński
Prof. Dr. Antonie Schmiz
Prof. Dr. habil. Anna Zielińska

Gestaltung:
Ryszard Skrzeczyński

Satz, Umschlag:
Florian Hawemann

Postadresse:

In Deutschland:
Europa Universität Viadrina
Collegium Polonicum
Große Scharrnstr. 59
15230 Frankfurt (Oder)

W Polsce:
Collegium Polonicum
ul. Kościuszki 1
69-100 Słubice

www.cp.edu.pl
E-Mail: colpol@cp.edu.pl

Logos Verlag Berlin GmbH
Gubener Str. 47, 10243 Berlin, Tel.: 030-42851090
www.logos-verlag.de

ISBN 978-3-8325-4391-4
ISSN 1610-4277

Bibliografische Information der Deutschen Nationalbibliothek
Die Deutsche Nationalbibliothek verzeichnet diese Publikation in der
Deutschen Nationalbibliografie; detaillierte bibliografische Daten
sind im Internet über http://dnb.d-nb.de abrufbar.

Inhaltsverzeichnis

Rainer Wehrhahn, Alexander Tölle
Translokalität und lokale Raumproduktionen in
transnationaler Perspektive: Einführung 7

Timor Moritz Szymanski, Rainer Wehrhahn
Translokalität von Polen in Berlin: Orte, Netzwerke, soziale Praxis 19

Vojin Šerbedžija
Lokale Transkulturalität aus der sozialen Feldperspektive:
Migrantische (Macht)Einflüsse und Mehrsprachigkeit in Berlin-Pankow. 33

Konrad Miciukiewicz
Auf dem Weg zu einem inklusiven Multikulturalismus in der Stadt:
Diversifizierung der Kreativwirtschaft in East London 47

Zine-Eddine Hathat, Rainer Wehrhahn
Migration zwischen Subsahara-Afrika und Europa:
Neue Perspektiven auf Transitmigration und Transiträume 63

Verena Sandner Le Gall
Die Problematisierung transnationaler Migration innerhalb der EU:
Aushandlungen um Zugehörigkeiten südosteuropäischer Roma 79

Birgit Glorius
Transnationale Bildungs- und Mobilitätsbiographien von
Absolventinnen und Absolventen Deutscher Auslandsschulen 97

Barbara Alicja Jańczak
Deutsch-polnische Grenzschaft: Sprachgebrauch im transnationalen
Raum der Grenzmärkte im deutsch-polnischen Grenzland. 119

Roman Matykowski, Katarzyna Kulczyńska, Anna Tobolska
Informationsgewand als Ausdruck der Herausbildung
transnationaler Räume in benachbarten Grenzstädten 133

Alexander Tölle
Auflösung und Beständigkeit von Grenzen im religiösen Raum:
Die deutsch-polnischen Doppelstädte Frankfurt (Oder)-Słubice
und Guben-Gubin 163

Autorinnen und Autoren des Bandes 187

Translokalität und lokale Raumproduktionen in transnationaler Perspektive: Einführung

Rainer Wehrhahn und Alexander Tölle

Transnationale Bezüge nehmen in einer globalisierten und in weiten Bereichen von Gesellschaft, Ökonomie, Kultur und Politik stark vernetzten Welt an Bedeutung zu. Sie prägen Lebenswelten, soziale Bindungen, Identitäten sowie Handlungsweisen von Individuen, Haushalten, Familien und sozialen Gruppen ebenso wie von Akteuren wirtschaftlicher, politischer oder zivilgesellschaftlicher Institutionen. In den wissenschaftlichen Fokus rücken dabei zunehmend die sich über nationalstaatliche Grenzen hinweg durch Migrationsprozesse, erwerbsarbeitsbedingtes Pendeln, Konsumverhalten oder Freizeit- und Kulturaktivitäten neu konstituierenden transnationalen bzw. translokalen Räume. In diesen sozial produzierten Räumen führt die Transnationalisierung als Vernetzungsprozess zu unterschiedlichen Ausprägungen von Transnationalität im Sinne räumlich gebundenen gemeinsamen Selbstverständnisses und gemeinsamer Identität. Untersuchungsgegenstand ist dabei nicht nur, wie Transnationalität und Translokalität gelebt und somit kontinuierlich produziert und reproduziert werden, sondern auch das Phänomen der Herausbildung von Räumen, bei denen losgelöst von nationalstaatlichen Kontexten die Übereinstimmung der Grenzen von politisch-administrativ definierten Territorien mit denen durch kulturelle, soziale und/oder ökonomische Verflechtungen gebildeten Gebieten nicht mehr gegeben ist.

Transnationale Bezüge haben dabei in den vergangenen 20 Jahren vermehrt Eingang in wissenschaftliche Untersuchungen seitens verschiedener sozialwissenschaftlicher Disziplinen gefunden. Glick Schiller et al. (1992) sowie nachfolgend Basch et al. (1994) haben den *transnational turn* (King 2012) in der sozialwissenschaftlichen Migrationsforschung entscheidend vorangetrieben. Sie verweisen explizit darauf, dass soziale Räume unabhängig von nationalstaatlichen Grenzziehungen zu konzipieren seien, da nach einer Migration zwischen den dann in unterschiedlichen Staaten sich aufhaltenden Mitgliedern einer sozialen Gruppe, Familie etc. weiterhin vielfältige Beziehungen bestünden. Transnationale Migrantinnen und Migranten – „Transmigranten" nach Glick Schiller et al. (1992) – bleiben in der Regel durch ökonomische, soziale und kulturelle Alltagspraktiken, identitäre Konstruktionen und auch durch zirkuläre Migrationsprozesse über die politischen Grenzen hinweg vernetzt (Wehrhahn, Sandner Le Gall 2016: 114).

schen Grenzlandes durch zunehmende Freizügigkeit und den physischen Abbau von Grenzkontrollanlagen die Wahrnehmbarkeit von Grenzen geschwunden ist, ist nicht zwangsläufig von einem *de-bordering* im Sinne eines Abbaus von Grenzen im sozialen Verständnis auszugehen. Zwar kann die konstante Interaktion mit einer benachbarten Kultur zu verstärkten sozialen Bindungen über Staatsgrenzen hinweg führen, ebenso gut aber auch zu gegenläufigen Tendenzen und somit zu verstärkter Abschottung. Zudem stellt sich auch im erstgenannten „positiven" Falle die Frage, ob durch vermehrte grenzübergreifende soziale Bindungen im Sinne eines *de-bordering* ein Grenzland konstruiert wird, welches von den angrenzenden Gebieten in den beiden Ländern, zu denen es gehört, ein im Sinne eines *(re-)bordering* unterscheid- und abgrenzbares Territorium - oder anders gesagt einen sozial konstruierten transnationalen Raum - bildet, ganz im Sinne einer „sich verstärkenden Auflösung der vormaligen Kongruenz von Regionen (*qua* sozialer Praxis) mit Territorien (*qua* Gebietskörperschaften der politischen Macht und Rechtsvorschrift)" (Weichhart 2005: 94[1]).

Der letztgenannte Aspekt - die Herausbildung transnationaler Räume als liminaler Bereich zwischen Nationalstaaten - erfährt im europäischen Grenzforschungsdiskurs Aufmerksamkeit, wenn in dessen Fokus entsprechend den Zielstellungen der EU zur Entwicklung von Grenzregionen die Verwandlung von aus nationalstaatlicher Perspektive betrachtet peripher gelegenen und daher benachteiligten Gebieten in solche steht, die an der Schnittstelle zweier gesellschaftlicher Systeme liegen, zwischen denen die politischen wie sozioökonomischen und -kulturellen Kontakte beständig zunehmen: „Die Grenzräume sollten sich von ihrer Rolle als passive Peripherien und Residualräume des Nationalstaates hin zu positiv konnotierten Räumen der interkulturellen und interregionalen Kommunikation entwickeln." (Bürkner 2011: 40). Auf dieser Grundlage wird in der Grenzraumforschung der Prozess der Entstehung eines integrierten Grenzlandes untersucht, welches nicht mehr aus zwei oder mehreren aneinander grenzenden peripheren Regionen besteht, sondern Nationalstaatsgrenzen übergreifende Regionen bildet, bei denen „die Kongruenz von Territorium, Kultur und sozialen Handlungsreichweiten zunehmend unterlaufen" (Wille 2008: 22) wird.

Dieser Entstehungsprozess eines über transnationale Beziehungen konstruierten integrierten Grenzlandes beruht im Grundsatz auf vier Pfeilern (vgl. Tölle 2014). Diese sind erstens die Alltagskontakte im Handels-, Arbeits- und Geschäftsbereich, die als Ausgangspunkt grenzübergreifender Interaktion angesehen werden können, die jedoch zugleich trotz ihrer Zunahme an Quantität wie Intensität kaum „zu engeren sozialen Kontakten - oder auch nur dem Wunsch nach solchen - geführt" (Stryjakiewicz, Tölle 2012: 122) haben. An zweiter Stelle ist das Zusammenwirken in den Bereichen Raum- und Verkehrsplanung sowie Umweltschutz zur Gestaltung des Grenzlandes zu nennen, durch welches die Perzeption desselben als einheitlicher Raum gestärkt und somit die Herstellung auf grenzübergreifender Kooperation wie wandelndem räumlichen Bewusstsein basierende soziale

[1] Hervorhebungen im Original, Übersetzung AT.

Bindungen stimuliert werden (Paszek 2003; Knippschild 2006). Drittens geht es um ein Verständnis des Grenzlandes als grenzübergreifende Landschaft mit eigener Kultur. Hier entstehen vielfältige grenzübergreifende soziale Netzwerke, die sich im Rahmen unterschiedlichster Aktivitäten in der dem Begriff Kultur entsprechenden immanenten Vielschichtigkeit entwickeln - sei es zur Bewahrung eines als gemeinsam begriffenen kulturellen Erbes, zur Verleihung kultureller Aktivitäten eine grenzübergreifende Dimension oder weiterführend zur Entwicklung und Ausübung gemeinsamer Kulturformen z.B. im Verständnis der Schaffung eines gemeinsamen Kommunikationsraumes (Kurzwelly 2006). Als vierter Pfeiler kann der Bereich Bildung und Forschung angesehen werden. Die Schaffung sozialer Beziehungen wird hier unter Vermittlung interkultureller und sprachlicher Fähigkeiten vom Vor- bis zum Berufs- und Hochschulniveau gefördert. Auf letztgenannter Ebene geht es zudem um eine Entwicklung „vom Grenzraum zum Wissensraum" (Fichter-Wolf 2007: 71) durch die Entstehung grenzübergreifender sozialer Netzwerke zwischen Lehr- und Forschungsinstitutionen.

Vor den genannten Hintergründen werden in diesem Sammelband Fragen zur neuen Rolle von Translokalität und nationale Grenzen überschreitenden Beziehungen unterschiedlicher Art mit Hilfe empirischer Untersuchungen beleuchtet. Exemplarisch seien einige Themenfelder genannt: Wie gestalten sich wechselseitige Beeinflussungen von Raum und sozialen Handlungen vor dem Hintergrund sich wandelnder struktureller Bedingungen (z.B. Normveränderungen) auf europäischer, nationaler oder lokaler Ebene? Wie stellen sich Prozesse der transnationalen Migration und Pendlerbeziehungen angesichts neuer Formen der Information, Kommunikation, Arbeitsorganisation und Transportoptionen in Zeiten fortgeschrittener Globalisierung und europäischer Integration dar? Welche Rolle spielen bei Prozessen der transnationalen Raumkonstitution soziale, kulturelle und ökonomische Netzwerke? Welche Bedeutung kommt im Rahmen dieser Prozesse nationalen und transnationalen Identitäten zu, z.B. für translokale und transkulturelle (alltägliche) Praktiken? Welche Übergangsräume im Sinne von *transit spaces* und *transient spaces* sowie transregionalen Räumen spielen welche Rolle im und für den Prozess transnationaler Praxis? Welche nicht administrativ-politisch markierten Territorien, z.B. im Sinne von Transregionalität, entstehen durch Transnationalisierung als Auswirkung von Prozessen des *bordering/de-bordering/re-bordering*?

Ausführlich diskutieren in dem ersten Beitrag dieses Buches **Timor Moritz Szymanski** und **Rainer Wehrhahn** zunächst die konzeptionelle Debatte um Transnationalismus und Translokalität. Nach der theoretischen Verortung von Translokalität werden anschließend am Beispiel von Polinnen und Polen in Berlin Kontakte und Netzwerke über die deutsch-polnische Grenze hinweg untersucht und dabei die besondere Bedeutung spezifischer Orte in Berlin und Polen für ausgewählte soziale Praktiken aufgedeckt. Unternehmensbezogene Handlungen, soziale/familiäre Netzbeziehungen und die Rolle von sozialem Kapital werden dabei miteinander in Beziehung gesetzt. Es zeigt sich anhand der empirischen Untersuchungen, dass Orte im Kontext translokaler Interaktionen durch spezifische soziale Handlungen unterschiedlich konzipiert werden und soziales Kapital wie die translokalen Orte dabei sowohl für ökonomische als auch für soziale (raumbezogene) Praktiken wechselseitig verhandelt werden.

Aus einer ethnographischen Perspektive heraus untersucht **Vojin Šerbedžija** nachfolgend - ebenfalls am Beispiel von polnischen Migranten in Berlin - die Rolle von Mehrsprachigkeit bzw. von Sprache überhaupt als kulturelles Kapital im Bourdieu'schen Sinne für die Durchsetzung transkultureller Praktiken auf lokaler Ebene. Im Berliner Stadtbezirk Pankow werden die sozialen Praktiken der Akteure eines polnischen Kulturvereins im Stadtquartier dahingehend analysiert, ob und wie die Positionierung sprachlicher Vielfalt und kultureller Diversität durch institutionalisierte Praktiken etabliert bzw. verstärkt werden kann. Transkulturalität als lokal verankerte transnationale Lebensweise stellt sich dabei insbesondere mittels (mehrsprachiger) Praktiken einer migrantischen Mittelschicht dar, die dadurch im Zusammenwirken mit lokalen Institutionen zu sprachlicher Vielfalt beiträgt.

Um kulturelle Diversität geht es auch im folgenden Beitrag von **Konrad Miciukiewicz** zum Multikulturalismus in London. Anhand einer Fallstudie zur Beschäftigung von Jugendlichen in der Kultur- und Kreativbranche thematisiert er die Integrationskraft von multikulturellen Gruppierungen und deren mögliche Effekte für urbane Politiken. Ausgangsbasis sind dabei die in den vergangenen zehn Jahren intensiv diskutierten Konzepte von Integration und Multikulturalismus (u.a. Banting, Kymlicka 2006; Bertossi 2007; Miciukiewicz et al. 2012). Expertengespräche und Tiefeninterviews decken dabei die jeweils unterschiedlichen kulturellen Kontexte bzw. diskursive Verfasstheiten afrikanischer, karibischer und asiatischer Jugendlicher auf, die im Vergleich zu Angehörigen der dominierenden weißen Bevölkerungsgruppe aus verschiedenen Gründen in der Kultur- und Kreativwirtschaft geringere Beschäftigungschancen haben. Gleichwohl können auf lokaler Ebene Politiken und Strategien eines „integrierenden Multikulturalismus" - im Gegensatz zum in Großbritannien lange Zeit vorherrschenden staatlichen Multikulturalismus - neue Möglichkeiten der Integration auch in kreativen Milieus generieren, und dies gerade auch in kreativwirtschaftlich sehr dynamischen Stadträumen wie denen in East London.

In jüngster Zeit sind als Ausdruck des Prozesses eines explizit unter dem oben angesprochenen Aspekt der Translokalität zu betrachtenden räumlichen Wandels auf lokaler Ebene so genannte *transient spaces* in den Fokus wissenschaftlicher Untersuchungen gerückt, wie Bork-Hüffer et al. (2016), Etzold (2016) oder Wehrhahn et al. (2014) am Beispiel von transitorischen urbanen Räumen unter dem Einfluss von Migrationsprozessen in China und Bangladesch belegen. **Zine-Eddine Hathat** und **Rainer Wehrhahn** analysieren den Einfluss von Migration auf urbane Räume unter einem spezifischen Aspekt. In ihrem Beitrag geht es um Transitmigration aus verschiedenen subsaharischen Ländern Afrikas in Richtung Europa - wobei sich dieses ursprünglich anvisierte Migrationsziel im Verlauf des Migrationsprozesses durchaus auch ändern kann. Transitmigranten verbleiben ggf. sehr viel länger als geplant an Orten auf ihrem Migrationsweg oder setzen diesen mitunter auch gar nicht weiter fort. Andere kehren nach einer Phase des Arbeitens in einem der so genannten Transitländer auch in ihre Heimat zurück. In Algerien sind Transformationen urbaner Räume u. a. in Tamanrasset sehr deutlich zu belegen, weil dort sehr viele Migranten aus den südlich gelegenen Staaten auf einer der markantesten Migrationsrouten Richtung Europa Station machen. Sie üben vielfältige soziale Praktiken über unterschiedlich lange Zeiträume in einzelnen Stadtquartieren aus, wo sie nach ethnischer Herkunft segregiert wohnen, wie auch an spezifischen Orten, z. B. Straßenkreuzungen, an denen sie auf Arbeit warten. Insofern thematisiert der Beitrag sowohl neue Deutungen von Transitmigration im Allgemeinen als auch empirische Belege für *transient urban spaces* im Zuge von Migrationsprozessen.

Transnationaler Migration spezifischerer Art gilt auch das Interesse des Beitrags von **Verena Sandner Le Gall**. Sie nimmt südosteuropäische Roma in den Blick ihrer Untersuchung, die innerhalb Europas vor besondere Herausforderungen in Bezug auf Integration und Anerkennung gestellt sind. Vor dem Hintergrund einer langjährigen und innerhalb Europas weit verbreiteten Zuweisung einer Sonderrolle der Roma-Migration und damit verbundene weitgehende Nicht-Anerkennung in vielen Bereichen wird auf der Basis von Beobachtungen und Interviews die (diskursive) Macht von Zuschreibungen erörtert. Als zentrale Konzepte der Einordnung der Befunde fungieren dabei *citizenship* und *belonging*, anhand derer exemplarisch Aus- und Abgrenzungen von bzw. gegenüber dieser Gruppe in Deutschland, Frankreich und Rumänien sichtbar gemacht werden.

Einen weiteren Fall transnationaler Migration bildet die von **Birgit Glorius** thematisierte Mobilität von Absolventinnen und Absolventen von deutschen Auslandsschulen. Die Autorin fragt anhand einer Analyse von vier Bildungsbiographien nach der Rolle und der Ausgestaltung von transnationalen sozialen Räumen im Zuge dieser Form von Bildungssozialisation sowie nach den Folgen der transnationalen Bildungssozialisation für nachfolgende Bildungs- und Mobilitätsentscheidungen. Transnationales soziales Kapital, etwa in Form von Netzwerken (1), der transnationale Sozialraum und die eigene Positionierung in ihren Wirkungen für künftige Mobilitäten (2) sowie Fragen zur Nachhaltigkeit der transnationalen Verortungen hinsichtlich des Wissens (3) stellen die drei Fragenkomplexe der Untersuchung dar, zu denen jeweils ausführlich Stellung bezogen wird.

In den letzten drei Beiträgen dieses Bandes geht es um Grenzräume als „gelebte" Umgebungen, die aufgrund von Globalisierungsprozessen einen zunehmend transnationalen oder hybriden Charakter annehmen (vgl. Unger 2012: 44). Als Übergangs- bzw. hybriden Raum im Sinne des Bestehens einer Borderscape bzw. Grenzschaft betrachtet zunächst **Barbara Alicja Jańczak** das deutsch-polnische Grenzland. Aufgrund ihrer sprachwissenschaftlichen Untersuchung des Kommunikationsverhaltens des Verkaufspersonals auf unweit der Grenze zu Deutschland gelegenen polnischen Grenzmärkten weist sie eine Hybridisierung des Sprachgebrauchs nach, welche anhand einer vermehrten sprachliche Diffusion – der Verwendung von Mischsprachen – deutlich wird. Die nachgewiesene Existenz einer linguistischen Grenzschaft kann somit als Anzeichen der Entstehung eines transnationalen Raums interpretiert werden.

Gewissermaßen der Schritt von einer akustischen zur visuellen Analyse des polnisch-deutschen und auch -tschechischen Grenzlandes wird mit dem Beitrag von **Roman Matykowski, Katarzyna Kulczyńska** und **Anna Tobolska** getätigt. In den jeweils benachbarten Grenzkommunen Frankfurt (Oder) und Słubice, Heringsdorf und Świnoujście (Swinemünde) sowie Cieszyn und Český Těšín (Teschen und Tschechisch-Teschen) wurde in einer Langzeitstudie die Entwicklung des schriftlichen Sprachgebrauchs im öffentlichen Stadtraum analysiert. Die Präsenz der Sprache der jeweiligen Nachbarn - oder ihr Fehlen - an konkreten Orten wie in bestimmten Sphären im privaten (z.B. Werbung und Firmenschilder) wie öffentlichen (z.B. Straßenbezeichnungen und touristische Hinweise) Bereich lässt dabei Rückschlüsse auf Formen und Intensität wie räumliche Ausprägung grenzübergreifender sozialer Beziehungsverflechtungen zu.

Im von **Alexander Tölle** verfassten abschließenden Beitrag werden wiederum zwei deutsch-polnische Doppelstädte - Frankfurt (Oder) und Słubice sowie Guben und Gubin - als Untersuchungsorte gewählt. Betrachtet werden dort von religiösen Gemeinschaften gebildete Räume, die zunehmend statt durch im Sinne des parochialen Prinzips festgelegte territoriale Grenzen durch nichtparochiale, auf Verflechtungen sozialer Beziehungen beruhende Strukturen abgegrenzt werden. Es zeigt sich dabei, dass trotz des in den untersuchten Doppelstädten gegebenen Kontextes des *de-bordering* diese Beziehungen nur sehr eingeschränkt eine grenzübergreifende Dimension im Sinne der Entstehung eines transnationalen religiösen Raumes haben. Nationalstaatliche wie konfessionelle Grenzen erweisen sich vor dem Hintergrund nationalstaatlich ausgerichteter Kirchenstrukturen als bemerkenswert resistent gegen Prozesse eines *de-bordering*, wenn auch Beispiele dafür in bestimmten lokalen Milieus gefunden werden konnten.

Der vorliegende Band ist das Ergebnis eines von 2013 bis 2016 durchgeführten Partnerschaftsprojektes zu Dimensionen und Auswirkungen transnationaler Vernetzung von Städten und Regionen in West- und Mittelosteuropa des Deutsch-Polnischen Forschungsinstituts am Collegium Polonicum in Słubice, des Geographischen Instituts der Christian-Albrechts-Universität zu Kiel und des Instituts für Sozioökonomische Geographie und Raumwirtschaft der Adam-Mickiewicz-Universität zu Posen (Poznań), welches dankenswerter Weise im Rahmen der langjährigen Hochschulpartnerschaft zwischen der Kieler und der Posener Universität unterstützt worden ist. Der dabei erfolgte überwiegend deutsch-polnische wissenschaftliche Austausch ist so in einem Zeitraum politischer Wendungen erfolgt, die der behandelten Thematik der Translokalität und der lokalen Raumproduktionen in transnationaler Perspektive eine unerwartete Aktualität und zum Teil sogar Brisanz verliehen haben. Umso mehr verbindet sich mit diesem Band die Hoffnung, dass seine Artikel einen kleinen Beitrag zur konstruktiven und fokussierten Fortsetzung der Untersuchung transnationaler Phänomene unter Berücksichtigung ihrer vielfältigen Ursachen, Ausprägungen und Erscheinungen leisten können.

Summary: Translocality and local space production in transnational perspective: introduction

This article is to introduce the thematic scope of translocality and transnationality of the contributions in this book. Transnational relations are of constantly increasing significance in a globalising world that is characterised by ever stronger social, economic, cultural and political networks. The production of transnational or translocal spaces as a result of migrant processes, job-related commuting, or consumption, leisure and culture activities has therefore received increased attention by researchers. This concerns the construction of social spaces unrelated to national borders, notably by migrants that are economically, socially and culturally linked to their present place of living as well as to their place of origin. Here the concept of translocality has gained importance as it addresses the concurrent presence of people in different places as a phenomenon leading not only to an impact on these people, but also on the local place, the habitat of the people present there, and in turn on all those living there. In this context contributions to this book deal with translocal spaces and with transculturality of Poles in Berlin, inclusive multiculturalism for BAME youths in London, migrant places as meeting places and as translocality in the Algerian city of Tamanrasset, negotiations of belonging and citizenship of South-East European Roma, and the formation of transnational social space by the example of graduates from German Schools Abroad.

The construction of social spaces across national borders is of particular research interest in the case of border regions, where processes of bordering, de-bordering and re-bordering occur. These concern political and administrative borders as well as those of a socio-cultural and identity-building dimension. The current process of de-bordering within the European Union is far from being a linear one, as recent developments such as notably the reintroduction of border controls between Schengen countries have shown, and there is no direct link between de-bordering in the sense of making border crossing easier or physically imperceptible, and de-bordering understood as the emergence of a social cross-border space. Three contributions in this book deal with aspects of a socially constructed transnational territory by examples from the German-Polish border region. These concern the emergence of a linguistic borderscape in the Polish bazaars close to the German border, the character of the information garb (i.e. information environment) concerning bilinguality in neighbouring German-Polish and Polish-Czech cities, and the dissolution and persistence of religious (parochial) territorial and network borders in two German-Polish twin cities.

Literaturverzeichnis

Banting, K., Kymlicka, W. 2006 (Hg.) Multiculturalism and the Welfare State: Recognition and Redistribution in Contemporary Democracies. Oxford: Oxford University Press.

Basch L., Glick Schiller N., Szanton Blanc C. 1994. Nations unbound. Transnational projects, postcolonial predicaments, and deterritorialized nation-states. Langhorne: Gordon and Breach.

Bertossi C. 2007. French and British models of integration. Public philosophies, policies. ESRC Centre on Migration, Policy and Society. Working Paper No. 46. Oxford: Compas.

Bork-Hüffer T., Etzold, B., Gransow B., Tomba L., Sterly H., Suda K., Kraas F., Flock R. 2016. Agency and the Making of *Transient Urban Spaces*: Examples of *Migrants in the City* in the Pearl River Delta, China and Dhaka, Bangladesh. In: Population, Space and Place 22 (2), 128-142.

Brickell K., Datta A. 2011. Introduction: Translocal Geographies. In: K. Brickell, A. Datta (Hg.), Translocal Geographies. Spaces, Places, Connections. Farnham/Burlington: Ashgate, 3-20.

Bürkner H.-J. 2011. Zwischen Naturalisierung, Identitätspolitik und Bordering. Theoretische Ansatzpunkte für die Analyse von Identitäten in Grenzräumen. In: W. Heller (Hg.), Identitäten und Imaginationen der Bevölkerung in Grenzräumen. Berlin: LIT, 17-54.

Etzold B. 2016. Migration, Informal Labour and (Trans)Local Productions of Urban Space - The Case of Dhaka's Street Food Vendors. In: Population, Space and Place 22 (2), 170-184.

Fichter-Wolf H. 2007. Vom Grenzraum zum Wissensraum. Der Beitrag grenzüberschreitender Hochschulkooperationen zur Annäherung europäischer Wissenskulturen. In: A. Bielawska, K. Wojciechowski (Hg.), Europäischer Anspruch und regionale Aspekte. Grenzüberschreitende universitäre Zusammenarbeit in der deutsch-polnischen Grenzregion angesichts der zukünftigen Herausforderungen in Europa. Berlin: Logos, 60-79.

Freitag U., von Oppen A. 2010. Introduction. Translocality. An Approach to Connection and Transfer in Regional Studies. In: U. Freitag, A. von Oppen (Hg.), Translocality. The Study of Globalising Processes from a Southern Perspective. Leiden: Brill Academic Publishers, 1-21.

Gilles A. 2015. Sozialkapital, Translokalität und Wissen. Händlernetzwerke zwischen Afrika und China. Stuttgart: Franz Steiner.

Glick Schiller N., Basch B., Blanc-Szanton C. 1992. Transnationalism. A New Analytic Framework for Understanding Migration. In: N. Glick Schiller, B. Basch, C. Blanc-Szanton (Hg.), Towards a transnational perspective on migration: race, class, ethnicity and nationalism reconsidered. New York: New York Academy of Sciences, 1-24.

Greiner C., Sakdapolrak P. 2013. Translocality. Concepts, Applications and Emerging Perspectives. In: Geography Compass 7 (5), 373-384.

King, R. 2012. Geography and Migration Studies: Retrospect and Prospect. Population, Space and Place 18, 134-153.

Knippschild R. 2006. Rahmenbedingungen und Beispiele zur Koordination der Raum- und Siedlungsentwicklung im deutsch-polnischen Grenzraum. In: K. M. Born, T. Fichtner, S. Krätke (Hg.), Chancen der EU-Osterweiterung für Ostdeutschland. Hannover: ARL, 123-136.

Kurzwelly M. 2006. Słubfurt - Stadt an der Grenze zweier Länder, die es nicht gibt. In: T. Kaczmarek, M. Edin-Kroll (Hg.), Polen und Deutschland. Von Nachbarschaft zu Partnerschaft. Poznań: Bogucki, 117-123.

Miciukiewicz K., Moulaert F., Novy A., Musterd S., Hillier J. 2012. Problematising Urban Social Cohesion: A Transdisciplinary Endeavour. In: Urban Studies 49 (9), 1855-1872.

Paszek A. 2003. Umweltgestaltung in der deutsch-polnischen Grenzregion - Problematik der grenzüberschreitenden Zusammenarbeit. In: B. Breysach, A. Paszek, A. Tölle (Hg.), Grenze - Granica. Interdisziplinäre Betrachtungen zu Barrieren, Kontinuitäten und Gedankenhorizonten aus deutsch-polnischer Perspektive. Berlin: Logos, 80-97.

Pries L. 2008. Die Transnationalisierung der sozialen Welt. Sozialräume jenseits von Nationalgesellschaften. Frankfurt am Main: Suhrkamp.

Stryjakiewicz T., Tölle A. 2012. Territoriale Zusammenarbeit im deutsch-polnischen Grenzraum bei der räumlichen Entwicklungssteuerung und im Umweltschutz. In: G. Stöber (Hg.), Zwischen Ökonomie und Ökologie? Raumstruktureller Wandel, Raumplanung und Nutzungskonflikte in Deutschland und Polen. Göttingen: V&R unipress, 109-129.

Tölle A. 2014. Transnationaler religiöser Raum im deutsch-polnischen Grenzland. Eine Kontextualisierung aus Sicht der Grenzraumforschung. In: A. Chylewska-Tölle, A. Tölle (Hg.), Religion im transnationalen Raum. Raumbezogene, literarische und theologische Grenzerfahrungen aus deutscher und polnischer Perspektive. Berlin: Logos, 239-259.

Unger A. 2012. Transnational Spaces, Hybrid Identities and New Media. In: A. Pilch Ortega, B. Schröttner (Hg.), Transnational Spaces and Regional Localization. Social Networks, Border Regions and Local-Global Relations. Münster: Waxmann, 43-52.

Weichhart P. 2005. On Paradigma and Doctrines. The "Euroregio of Salzburg" as a Bordered Space. In: H. van Houtum, O. Kramsch, W. Zierhofer (Hg.), B/ordering Space. Aldershot/Burlington: Ashgate, 93-108.

Wehrhahn R. 2016. Bevölkerung und Migration. In: T. Freytag, H. Gebhardt, U. Gerhard, D. Wastl-Walter (Hg.), Humangeographie kompakt. Heidelberg: Springer, 39-66.

Wehrhahn, R., Müller, A. und Hathat, Z.-E. 2014: Multilokale afrikanische Händler und städtischer Wandel in China. In: Geographische Rundschau 66 (4), 45-49.

Wehrhahn R., Sandner Le Gall, V. 2016. Bevölkerungsgeographie. 2. Aufl. Darmstadt: Wiss, Buchgesellschaft.

Wille C. 2008. Zum Modell des transnationalen sozialen Raums im Kontext von Grenzregionen. Theoretisch-konzeptionelle Überlegungen am Beispiel des Grenzgängerwesens. In: Europa Regional, 16 (2), 74-84.

Translokalität von Polen in Berlin: Orte, Netzwerke, soziale Praxis

Timor Moritz Szymanski und Rainer Wehrhahn

1. Einführung

Untersuchungen zur Translokalität sind in den vergangenen Jahren zunehmend in den Fokus sozialwissenschaftlicher Migrationsforschung gerückt. Mittlerweile existieren eine Reihe von wissenschaftlichen Publikationen aus verschiedenen Disziplinen, die das Konzept in Abhängigkeit vom jeweiligen Forschungsinteresse und in ihrer jeweiligen Perspektive nutzen (u.a. Brickell, Datta 2011; Conradson, McKay 2007; Appadurai 2000; Freitag, von Oppen 2010; Ma 2002). Eine Gemeinsamkeit, die nahezu allen wissenschaftlichen Arbeiten zugrunde liegt und von inhärenter Bedeutung für die kontinuierliche Entwicklung dieses relativ jungen Forschungsfeldes ist, geht auf eine „Wiederentdeckung" von Orten und Räumen im Zuge des *cultural turns* zurück, die hier im Zusammenhang von „[...] mobility, connectedness, networks, place, locality and locals, flows, transfer and circulatory knowledge" (Greiner, Sakdapolrak 2013: 375) betrachtet werden. Unter der Annahme, dass Orte aus einem relationalen Raumkontext heraus konstituiert werden, was Massey als das Ergebnis von „[...] social relations, including local relations 'within' the place and those many connections which stretch way beyond it" (Massey 1999: 22) bezeichnet, entstehen multilokale Beziehungen von Orten, die das Produkt akteursorientierter Handlungspraktiken und Interaktionen sind (vgl. Gilles 2015: 45). Demzufolge entstehen Orte durch den Zugang zum Raum und der damit einhergehenden sozialen Praxis der Akteure.

Der Zuzug von Polen[1] nach Berlin ist gekennzeichnet durch eine sehr enge Verknüpfung historischer, ökonomischer und sozialer Ereignisse. Dazu gehören unter anderem die Förderung der Integration von Polen in West-Berlin durch den Alliiertenstatus in den 1980er Jahren sowie der Ausbau der Stadt zum Regierungssitz und die damit einhergehende Expansion des Bau- und Dienstleistungssektors in den 1990er Jahren. Insgesamt hat dies zu einem stetigen Wachstum der polnischen Bevölkerung in Berlin geführt (vgl. Miera 2002: 145f.). In diesem Zusammenhang

[1] In diesem Beitrag wird im Plural aus Gründen der besseren Lesbarkeit in der Regel die männliche Form für beide Geschlechter verwendet.

entstanden zahlreiche formale Organisationen und informelle Netzwerke, die Berlin und Polen grenzüberschreitend miteinander vernetzten. Räumliche Nähe und eine relativ gut ausgebaute Verkehrsinfrastruktur begünstigten zudem die Verzahnung. Trotz ihrer vergleichsweise hohen Anzahl gelten Polen in Deutschland gleichwohl als „unsichtbare", gut integrierte Gruppe, die weder mehrheitlich in bestimmten Stadtteilen wohnt, noch als Migranten erkennbar in der Öffentlichkeit in Erscheinung tritt (vgl. Miera 2007: 10f.).

Vor diesem Hintergrund besteht das Ziel des vorliegenden Beitrags darin, in Berlin lebende Polen in der Ausgestaltung ihrer Lebensweise aus einer akteursorientierten Perspektive sichtbar zu machen. Wie leben Polen unter dem Aspekt von Translokalität in Berlin, und welche Orte werden durch soziale Handlungspraktiken miteinander in Bezug gesetzt? Die Untersuchung ordnet sich dabei konzeptionell in den Forschungskontext der geographischen Migrationsforschung mit besonderem Bezug zum Transnationalismus und zur Translokalität ein.

2. Zur Bedeutung von Translokalität und Transnationalismus in der Migrationsforschung

Mit der Konzeptionalisierung des „Transnationalismus" in den frühen 1990er Jahren wurde die Vorstellung von Migrationsprozessen im Sinne eines unidirektionalen Wechsels zwischen zwei Orten abgelöst, die bis dahin die klassischen Migrationstheorien dominierte (vgl. Levitt, Nyberg-Sørensen 2004; Wehrhahn, Sandner Le Gall 2016). Diese Anpassung folgte der Erkenntnis, dass bei den meisten Formen der Migration bereits seit langem, spätestens aber mit der Durchsetzung neuer Kommunikationsmedien in den vergangenen 20 Jahren multiple gesellschaftliche wie räumliche Beziehungen ermöglicht werden: Migranten unterhalten familiäre, ökonomische, soziale, kulturelle und auch politische grenzüberschreitende Beziehungen (Basch et al. 1994, zitiert nach Gilles 2015: 41). Demzufolge sind Migranten als ein Teil von sozialen Netzwerken zu begreifen, die (geographische) Räume miteinander verknüpfen. In diesem Sinne wird Transnationalismus als ein Prozess verstanden, in dem Migranten soziale Felder aufbauen und Herkunfts- und Ankunftsland miteinander in Verbindung setzen. Migranten, die solche sozialen Felder konstruieren, werden als Transmigranten bezeichnet (vgl. Glick Schiller et al. 1992: 1).

Im Zuge von staatenübergreifenden Transaktionen, beispielsweise in Form von Gütern, Rimessen, Ideen oder finanziellen Investitionen werden Orte durch Handlungspraktiken in Beziehung gesetzt und darüber hinaus auch Migranten mitberücksichtigt, die immobil sind. In diesem Sinne beruht die transnationale Sicht auf der Idee sozialer Beziehungen, die den Migrationsprozess aus einer Netzwerkperspektive heraus beschreibt (vgl. Vertovec 2009: 38). Dieses Verständnis führte jedoch in der Vergangenheit zu einer „[...] disembeddedness of transnational activities" (Verne 2012: 16), in der Transmigranten losgelöst ohne jegliche Einordnung hinsichtlich der besonderen lokalen Gegebenheiten und der jeweiligen Lebensverhältnisse betrachtet wurden. Diese Sichtweise wurde seit Mitte der 1990er Jahre vielfach kritisiert, mit der Begründung, dass die transnationale Praxis nicht in einem imaginären „dritten Raum" zwischen Nationalstaaten stattfände (vgl. Smith, Guarnizo 1998: 11). So appellierte Mitchell (1997) für einen „[...] grounded sense of transnationalism" (zitiert nach Brickell, Datta 2011: 8), in dem die Erfahrungen von Migranten stärker in einen räumlichen, geographischen Kontext einzubetten seien. Diese hier kurz skizzierte Debatte führte zu der Ansicht, dass

> [...] transnationalism practices cannot be construed as if they were free from the constraints and opportunities that contextuality imposes. Transnational practices, while connecting collectivities located in more than one national territory, are embodied in specific social relations established between specific people, situated in unequivocal localities, at historically determined times. The 'locality' thus needs to be further conceptualized (Smith, Guarnizo 1998: 11).

Das Ergebnis dieser Konzeptualisierung ist die Einbeziehung von Orten im Sinne von „local-to-local connections" (Greiner, Sakdapolrak 2013: 379), die das statische Konzept des Transnationalismus durch eine translokale Perspektive mit nicht klar hierarchisch unterschiedenen Skalen ergänzt (vgl. Smith 2005: 243). Die translokale Perspektive baut insofern auf Einblicke, die sich aus einer horizontalen (*local-to-local*) und einer vertikalen Betrachtung der Skalen (*local, global*) heraus ergeben (vgl. Verne 2012: 17). Beispielsweise kann sich die Verortung lokal auftretender Phänomene global erstrecken und umgekehrt: „What we need, it seems to me, is a global sense of the local, a global sense of place" (Massey 1994: 156). Die raumkonzeptionelle Vorstellung beruht entsprechend auf der Annahme multilokaler Beziehungen, die durch Handlungspraktiken, Interaktionen und die Mobilität der Akteure prozessual konstituiert werden. Orte ergeben sich folglich aus einer sozialräumlichen Perspektive, die das Ergebnis von Interaktionen sozialer Relationen und sozialer Prozesse sind (Gielis 2009: 277). Demnach ist Translokalität als ein Prozess alltäglicher Relationen zu begreifen (vgl. Velayutham, Wise 2005, zitiert nach Brickell, Datta 2011: 10). So beschäftigt sich Mandaville (2001) beispielsweise mit der Fragestellung, inwiefern sich Personen im Raum bewegen, und nicht, wie sie im Raum existieren (vgl. Mandaville 2001: 6). Es sind jedoch nicht ausschließlich Akteure in Bewegung. Freitag und von Oppen (2010) beschreiben Translokalität als eine Summe von Phänomenen, die durch Transfer und Zirkulation bestimmt ist, die sich aus konkreten Bewegungen von Menschen, Gütern, Ideen und Symbolen ergeben, welche räumliche Distanzen zurücklegen und Grenzen überschreiten - sei es in geographischer, kultureller oder politischer Hinsicht (vgl. Freitag, von Oppen 2010: 5).

Gleichzeitig „[...] fokussiert und konzipiert [Translokalität] das Lokale selbst - und damit auch Nicht-Mobilität oder Sesshaftigkeit - als ein Produkt sozialer Formationen [...]" (Gilles 2015: 44). Die translokale Perspektive berücksichtigt folglich mobile sowie immobile Akteure in gleicher Weise. Dies beinhaltet die Betrachtung von „mobility, movements and flows" (Greiner, Sakdapolrak 2013: 376f.) wie auch „fixity, groundedness and situatedness" (ebd.). Brickell und Datta bezeichnen daher Translokalität als „situatedness during mobility" (Brickell, Datta 2011: 3).

Aus einer kritischen Auseinandersetzung entstanden, baut die translokale Perspektive auf einer Vielzahl von Erkenntnissen auf, die im Transnationalismus zu verorten sind (vgl. Greiner, Sakdapolrak 2013: 380). Diese Nähe ist unverkennbar und zeichnet sich durch eine Reihe deckungsgleicher forschungsrelevanter Überlegungen aus. Aus diesem Grund wird manchmal Translokalität als Synonym für Transnationalismus verwendet (vgl. Greiner, Sakdapolrak 2013: 373). Mittels Einbindung multipler Skalen als relationale Verflechtungen, die sich gegenseitig bedingen, gestattet die translokale Perspektive jedoch Erfahrungswerte der Akteure im Zuge von sozialräumlichen Dynamiken und die damit einhergehende Vernetzung lokaler Strukturen tiefgründiger zu thematisieren. So ermöglicht sie Akteure je nach „[...] Kontextbezug und Situationslogik zugleich als machtvolle und machtlose, als agierende und reagierende, als inkorporierte und ausgeschlossene, als mobile und immobile, oder auch als individuelle und kollektive Akteure in simultaner Weise darzustellen" (Gilles 2015: 46). In diesem Verständnis soll die translokale Perspektive für den vorliegenden Beitrag angewandt werden.

3. Untersuchungsrahmen und Methodik

Die Untersuchung der Translokalität von Polen in Berlin bedarf einer Methodik, die den Bezug von Orten innerhalb Berlins wie auch grenzübergreifende Verflechtungen nach Polen berücksichtigt. Unter der Annahme, dass die soziale Interaktion von Akteuren Orte in Beziehung setzt, werden Orte erfahrbar gemacht bzw. konzeptualisiert. Dies legt die Vermutung nahe, dass sich Lokalitäten und die Handlungspraktiken von Akteuren gegenseitig bedingen: „In this sense [...] locality-producing activities are not only context-driven but are also context-generative. This is true of all locality-producing activities" (Appadurai 2000: 186). Steinbrink (2009) bezeichnet daher translokale Migration als eine „[...] Handlung, die zur Expansion sozialräumlicher Zusammenhänge über flächenräumliche Grenzziehungen hinweg führt, oder als räumliche Bewegung innerhalb dieser expandierten Sozialräume, die gleichzeitig zu deren Reproduktion beiträgt (Steinbrink 2009: 115). Demzufolge ist der Prozess der Handlungspraxis abhängig vom Zugang und den „Spielregeln" der lokalen Strukturen vor Ort, die sich stets verändern können. Eine Möglichkeit, diese Dialektik zwischen handelnden Akteuren und Zugang zum Raum zu evaluieren, besteht in der Verräumlichung des theoretischen Ansatzes Bourdieus zu Habitus und Kapitalformen (vgl. Bourdieu 1985: 10).

Gemäß den jeweiligen Kapitalformen verschaffen sich Akteure unterschiedliche Zugänge zum Feld. Das Feld beschreibt im Sinne Bourdieus machtumkämpfte Praxisfelder, in denen die Akteure zur Akkumulation, Vermehrung, Entwicklung und Transformation der verschiedenen Kapitalformen antreten (vgl. Bourdieu 1985: 10). Abhängig vom Umfang und der Struktur des Kapitals nehmen die Akteure „[...] in ihrer Eigenschaft als Kapitalbesitzer" (Schwingel 2009: 95) ein besonderes Gewicht in dem Feld ein. Dem gegenüber weisen Akteure, die über wenige Kapitalarten verfügen, ein Missverhältnis auf, weshalb sie von den Zwängen des Feldes, den bedingenden Strukturen, abhängig sind und daher einen vergleichsweise geringen Einfluss in dem Feld aufweisen.

Hinsichtlich des Untersuchungsortes Berlin kann dieses Missverhältnis beispielsweise in Form einer ökonomischen Zugangsbarriere vorliegen, die eine Expansion von Sozialräumen und damit einhergehende Vernetzung verhindert. Die eigene Orts- bzw. Quartierspräferenz, abhängig vom Mietpreis einer Wohnung, stellt mit anderen Worten ein Entwicklungshemmnis dar und wirkt sich folglich auf die *situatedness* und Mobilität der agierenden Akteure aus. Durch die Verknüpfung der translokalen Perspektive mit den Überlegungen Bourdieus ist es möglich, die relationale Wechselwirkung zwischen Räumen, Orten und Skalen anhand der Nutzung der Kapitalformen im Kontext der jeweiligen räumlichen Verwendung zu verorten und zu bestimmen:

> By incorporating space as one of the different forms of capital valued and exchanged in the field, we can think of the habitus as a spatially contingent field of meaning, working through a range of spatial boundaries, making it part of both subjectivities and physical locations (Kelly, Lusis 2006, zitiert nach Brickell, Datta 2011: 12).

Vor diesem Hintergrund sollen folgende Fragen untersucht werden:

- Welche Beziehungen halten die Befragten im Kontext von Translokalität weiterhin nach Polen aufrecht?
- Welche Orte/Lokalitäten werden von den Befragten in Berlin aufgesucht?
- Welche translokalen Strukturen/Beziehungen ergeben sich insbesondere aus den unternehmensbezogenen Handlungsstrukturen der Befragten?

Die Analyse der Wechselwirkung zwischen sozialer Praxis und Orten wurde auf Grundlage problemzentrierter Interviews durchgeführt. Diese Methode zeichnet sich durch ihren gleichzeitig offenen und vorstrukturierten Charakter aus: Es gibt keinerlei vorgegebene Antwortmöglichkeiten, so dass die Befragten ihre subjektiven Erfahrungswerte frei äußern können (Mayring 2002: 67ff.). Die Interviews wurden mit Einverständnis der Befragten aufgezeichnet und transkribiert. Insgesamt sind 2016 acht Interviews durchgeführt worden (vgl. Tab. 1). Ein Interview wurde auf Polnisch geführt und ins Deutsche übersetzt.

Tab. 1: In Berlin 2016 interviewte Personen

Befragte	Wohnt in Berlin seit ...	Kommt aus ...	Tätig als ...
B1	10 Jahren	Turek	Freelancer in der Werbebranche
B2	35 Jahren	Wohlau (Wołów)	Betreuerin in einer Einrichtung für geistig behinderte Kinder
B3	5 Jahren	Warschau (Warszawa)	Student
B4	10 Jahren	Krakau (Kraków)	Inhaber einer Buchhandlung
B5	13 Jahren	Stettin (Szczecin)	Inhaberin eines Design-Geschäfts
B6	29 Jahren	Oppeln (Opole)	Elektriker
B7	27 Jahren	Stettin (Szczecin)	Diplompädagogin
B8	6 Jahren	Bad Königsdorff-Jastrzemb (Jastrzębie-Zdrój)	arbeitssuchend

Quelle: Eigene Darstellung

Die Interviews wurden mithilfe eines Analysetools codiert, das eine systematische Ordnung der inhaltlichen Auswertung ermöglichte. Vier Analysekategorien wurden ausgewertet: unternehmensbezogene Handlungsstrukturen, Translokalität, Nutzung von Kapitalformen und soziale Netzwerke.

4. Dimensionen der Translokalität: Ergebnisse der Befragungen

Translokalität nimmt bei den in Berlin lebenden Polen sehr unterschiedliche Formen an, die von verschiedenen Faktoren geprägt sind: Diese sind unter anderem Mobilität, der Zugang zu Orten und die jeweils individuell ausgeprägten Kapitalformen. Nach Auffassung von Ma (2002) beschreibt Translokalität daher auch die Dynamiken zwischen verorteten Lebenswelten weit voneinander entfernter Orte (vgl. Ma 2002: 133). Die Befragten halten verschiedene Beziehungen zu Orten in Berlin wie auch in Polen aufrecht, die von **sozialen Kontakten und unternehmensbezogenen Handlungsstrukturen** bestimmt werden. So führte das unternehmerische Handeln (vgl. Müller, Wehrhahn 2013) der Befragten B1, B4 und B5 zur Entstehung sozialer Netzwerke, die einen klaren Bezug zu erfahrbaren und physisch-materiellen Lokalitäten aufweisen. Bei B5 manifestiert sich dies in Form eines sich im Prenzlauer Berg befindlichen Design-Ladens, in dem sie seit der Eröffnung ihres Geschäfts im Jahre 2014 „polnisches Design" verkauft:

> [...] ich wollte schon immer etwas Eigenes haben und ich dachte in Richtung Design. Das war mir aber nicht klar, nur Polnisch. Das hat sich dann herauskristallisiert als ich angefangen habe zu recherchieren, dass gerade in Polen in der Richtung viel passiert. Und da dachte ich mir, okay, warum sollte ich das nicht nach Berlin bringen und landspezifisch hier in diesem Laden präsentieren (B5).

Die ersten Kontakte wurden über Onlinerecherchen und Recherchereisen akquiriert. Hierbei waren ihr befreundete Architekten aus Polen behilflich, die ihr unter anderem bei der Inneneinrichtung ihres Geschäfts geholfen haben:

> Das sind gute Freunde von mir, die ich kenne, seitdem wir Kinder waren. Wir verstehen uns super und ich vertraue ihnen auch, und dadurch, dass sie in Polen leben und polnische Architekten sind, kennen sie sich sehr gut aus. Und da haben sie mir sehr viel geholfen (B5).

Das soziale Kapital verhalf B5, sich mit ihrer Geschäftsidee grenzübergreifend zu positionieren. Die stetige Erschließung neuer Kontakte, z.B. durch den Besuch von Designer-Messen in Polen, führte dazu, dass B5 mittlerweile Kontakte zu diversen unabhängigen Designer-Labels aufrecht erhält und polnische Güter wie Textilien, Porzellan und Designer-Möbel in Berlin verkauft. Insofern fungiert der Design-Laden als Bindeglied zwischen Berlin und verschiedenen Orten wie Danzig (Gdańsk), Posen (Poznań), Warschau (Warszawa) und ihrem Herkunftsort Stettin (Szczecin).

Diese grenzüberschreitenden multilokalen Beziehungen kommen ebenso bei B4 zur Geltung. Seit der Eröffnung seines Buchhandels im Bezirk Neukölln Ende 2011 hält B4 viele Kontakte nach Polen aufrecht. Das Besondere an dem Buchladen ist, dass B4 neben seinem deutschen und englischen Sortiment an Büchern ebenso polnische offeriert. Die Bücher bezieht er aus ganz Polen und holt diese alle zwei Wochen aus Stettin nach Berlin:

> Sie schicken die Bücher nach Stettin und ich hole sie dort ab, weil es mit der Autobahn nah ist. Ich brauche eineinhalb Stunden von Berlin nach Stettin, sodass man die Strecke schnell abfahren kann (B4).

Die schnelle Erreichbarkeit Stettins über die A11, die durch die räumliche Nähe (ca. 150 km) und die gut ausgebauten Verkehrsinfrastruktur begünstigt wird, ermöglicht es B4, eigenständig die polnischen Bücher abzuholen und sein Sortiment zu erweitern. Im translokalen Kontext hat die Nähe zu Polen die unternehmensbezogene Handlungsstruktur geprägt, die sich in der physischen Einbettung des Buchladens in Neukölln widerspiegelt. Darüber hinaus finden mittlerweile in der Buchhandlung eine Reihe von Veranstaltungen und Lesungen statt, für die unter anderem Schriftsteller und Autoren aus Polen eingeladen werden.

> Zum Beispiel sprechen die Autoren über Bücher, die noch nicht ins Deutsche übersetzt worden sind. Wir übersetzen dann einzelne Fragmente aus einem der vorgestellten Bücher ins Deutsche und schicken sie anschließend an deutsche Verlage, die wir daraufhin zu uns einladen, um möglicherweise ein Buch rauszubringen. Wir fungieren demnach als Verknüpfung zwischen Polen und Deutschland (B4).

Translokalität äußert sich in diesem Fall durch kulturelles Kapital, das im objektivierten sowie inkorporierten Zustand vorliegt. Die Verortung des Buchladens in Neukölln und die damit einhergehende multilokale Vernetzung nach Polen bedingt die Zirkulation und den Transfer. In diesem Sinne erweitert sich das soziale Kapital von B4 fortwährend, so dass der Buchladen mittlerweile auf der institutionellen deutsch-polnischen Ebene wahrgenommen wird:

> Jetzt bin ich auch beruflich mit verschiedenen Gruppen und Personen in Polen vernetzt. Wir hatten recht bekannte Personen hier. Das sind zyklische Treffen, wo wir uns darum bemühen, den deutsch-polnischen interkulturellen Austausch zu fördern (B4).

Des Weiteren sind seit der Eröffnung des Buchladens in Neukölln viele neue Kontakte zu Polen im Bezirk selber entstanden:

> Es stellte sich heraus, dass hier sehr viele Polen leben, sehr interessante Polen, die unterschiedliche Dinge machen, die mit Polen verbunden sind, z.B. Übersetzer, es war ein sehr großer Zufall, dass wir hierher gekommen sind (B4).

Die daraus resultierenden sozialen Kontakte führten, neben den bereits erwähnten überregionalen Kontakten zu Orten in Polen, ebenso zu einer lokalen Identifizierung und Verbundenheit mit dem Quartier, sodass sich B4 als ein „Berliner in seiner Straße" wahrnimmt (vgl. B4). Diese Entwicklung fand etappenweise statt und ist als das Ergebnis der sozialen Kontakte in Abhängigkeit zum Wohn- und Arbeitsort zu interpretieren, die in den vorigen Wohnstandorten Prenzlauer Berg und in der Stuttgarter Straße in Neukölln nicht vorhanden waren:

> Im Prenzlauer Berg hatten wir das gar nicht. In der Stuttgarter Straße kannten wir auch ein paar Leute, aber nicht richtig. Und seitdem wir hierher gezogen sind, fühlen wir uns sehr heimisch (B4).

Das Gefühl von Heimat wird demzufolge durch die sozialen Kontakte im Quartier hervorgerufen. Gleichzeitig wird der Buchladen als kulturelle Plattform innerhalb Berlins wahrgenommen, die beispielsweise B3 die Möglichkeit bietet Kultur und Literatur so zu erleben, wie er sie in Polen nicht vorfinden würde:

> Ich mag Polen so wie ich es hier zum Beispiel [im Buchladen] erleben kann. Indem wir über Literatur sprechen, Veranstaltungen haben mit den polnischen Autoren. [...] Es ist so eine etwas künstliche Anhäufung, ja? Und diese Dichte ist das was ich schätze. Ich hätte das gar nicht zu Verfügung in Polen. Wie viele Leute lesen (B3)?

B1 ist hingegen als Freelancer tätig und betreibt Outdoor-Marketing für verschiedene Unternehmen wie beispielsweise verschiedene Brauereien in Berlin. Die Produkte kauft und bedruckt B1 bei einem Familienangehörigen, der in Turek eine Druckerei und Nähwerkstatt betreibt, um diese dann anschließend in Berlin zu verkaufen. Wie bereits im Fall von B5 und B4 wird bei B1 das vorliegende soziale Kapital in einen ökonomischen Mehrwert transformiert. Diese Transformation ermöglicht es B1, ihren Lebensunterhalt in Berlin zu finanzieren. Hierfür nutzt B1 neben des bereits bestehenden Netzwerkes einen unternehmerischen Standortvorteil, der sich in einen günstigeren Einkauf der Produkte für das Outdoor-Marketing und die Bedruckung äußert, sodass B1 mit anderen Unternehmen derselben Branche konkurrieren kann.

Neben den ausgeführten unternehmensbezogenen Handlungsstrukturen finden translokale Bindungen durch **familiäre Netzwerke sowie mittels Freunden und Bekannten** bei allen Befragten statt (vgl. B1, B2, B3, B4, B5, B6, B7, B8). Dabei handelt es sich um regelmäßige *face-to-face* Begegnungen, die aufgrund der räumlichen Nähe nach Polen möglich sind und entsprechend von den Befragten wahrgenommen werden und wichtig sind. B5 kam beispielsweise vor 13 Jahren aus Stettin nach Berlin und ist sich der räumlichen Verbindung sehr bewusst:

> Klar, das war ja auch damals, dass ich nicht so weit weg wollte und deswegen war Berlin ja schon Ausland, aber das fühlt sich schon an wie zu Hause zu sein. Das sind ja nicht mal zwei Stunden mit dem Auto. [...] Und dann merkst du wie schnell dieser Raum klein wird und klar, ist es einfacher hier zu leben, du musst ja nicht fliegen, du fährst mit dem Auto, das sind ganz andere räumliche Verbindungen die man dann hat. Klar (B5).

Die Argumentation der räumlichen Nähe und die damit einhergehenden sozialen Interaktionen kommen auch bei B8 und B1 zum Vorschein: „Das war damals auch ein Vorteil, dass ich irgendwie auch näher zu meinen Freunden und Eltern hier war" (B1). Die Treffpunkte der jeweils Befragten führen aufgrund der familiären Beziehungen zu den jeweiligen Heimatstädten zurück, wie Turek, Stettin, Warschau, Bad Königsdorff-Jastrzemb (Jastrzębie-Zdrój), Wohlau (Wołów) oder Oppeln (Opole). Je nachdem, wo sich derzeit Freunde und Bekannte aufhalten und wohnen, kommen weitere Orte hinzu, die das Ergebnis sozialer Kontakte der Befragten sind und neue Orte in Verbindung setzen:

> Ja, ich habe eine Freundin die ich in Freiburg kennengelernt habe, auch eine Polin die nach Warschau wieder gezogen ist und ich bin jetzt die Patentante von ihrem Kind. Sie wohnt in Warschau und ab und zu fahre ich nach Warschau um sie und das Kind zu besuchen. Ich habe noch ein paar Freunde in Turek. Früher bin ich häufig zu Weihnachten oder zu Ostern gefahren, um diese Freunde auch zu treffen. Das ist meine Clique, mit der ich weiterhin Kontakt habe (B1).

Bei B3 findet dieser Austausch durch den Besuch seiner Freunde in Berlin statt:

> Außerdem kommen meine Freunde oft aus dem Ausland nach Berlin – als Touristen. Sie wohnen dann bei mir ein paar Tage. [...] Ich bin so etwas wie ein Reiseführer jetzt. Wenn sie kommen zeige ich das Brandenburger Tor, den Reichstag. Eine Woche vorher muss ich mich am Reichstag anmelden, um das besuchen zu können. Dann den Alexanderplatz. Ich habe diesen ganzen Plan bereits. Ich mache das sehr gerne (B8).

Mit der Perzeption städtischer Sehenswürdigkeiten und urbaner Quartiere kreieren die Freunde und Bekannte von B8 Images, die zu einer Bedeutungszuschreibung der Stadt Berlin beitragen. Die Erfahrungswerte, ausgehend von den gezeigten Attraktionen, urbanen Räumen sowie der individuellen Perzeption, werden verbal weitervermittelt und können darüber hinaus dazu beitragen, dass weitere Personengruppen aus dem Freundeskreis einen Aufenthalt in Berlin planen und B8 als lokalen Ansprechpartner vor Ort kontaktieren.

Im Falle von B7 und B2 ist **Translokalität das Ergebnis multilokaler Haushalte,** die aus einer Erbschaft oder einer bewussten Kaufentscheidung für ein Haus bzw. Ferienhaus in Polen hervorgegangen sind:

> Meine Mutter wohnt noch in Stettin. Deswegen muss ich meine Mutter auch besuchen. In Stettin aber, mit meiner Familie, verbringen wir die notwendige Zeit [schmunzelt]. Es ist nur ein Besuch. In Polen haben wir aber in der Nähe, ungefähr achtzig Kilometer von Berlin, haben wir uns ein Häuschen aufgebaut. Ein Ferienhaus, direkt am See. Dort fühlen wir uns auch wie zu Hause. Also, ein Wochenendhaus (B7).

Das in Berlin akquirierte ökonomische Kapital wurde von B7 in ein „spatial capital" (Soja 2000, zitiert nach Brickell, Datta 2011: 12) transformiert. Das entscheidende Kriterium ist die Mobilität der hier Befragten, die zwei Orte in Verbindung setzt und die es B7 und B2 ermöglicht, dem Alltag zu entfliehen. Das Wochenendhaus fungiert demnach als Ort der Erholung. Durch diese anscheinend gängige Handlungspraxis von B7 und vielen weiteren in Berlin lebenden Polen ist eine polnische Siedlung entstanden:

> Ja, ja. Es ist praktisch eine polnische Siedlung entstanden. Viele aus Berlin haben sich dort Ferienhäuser aufgebaut. Wir wohnen in Polen, leben aber unter unseren Bekannten, die in Berlin wohnen. Wir wohnen und leben unter uns (B7).

Im Hinblick auf die **translokalen Prozesse innerhalb Berlins** fällt das Ergebnis der jeweiligen Befragten je nach den individuellen Erfahrungswerten, der Mobilität, den Wohnstandortpräferenzen, der Lebensphase sowie dem Zugang zu Raum sehr unterschiedlich aus. Obwohl Polen die zweitgrößte Gruppe in Berlin bilden, geht aus den hier durchgeführten Interviews keine klare Bedeutungszuschreibung eines polnisch geprägten Quartiers hervor. Vielmehr sind die Polen über den gesamten Stadtraum verteilt, so dass von einer Fragmentierung des Stadtraumes gesprochen werden kann, wo kleinere polnische Treffpunkte vorzufinden sind. Zu nennen sind hier eine polnische Buchhandlung in Neukölln, ein Club in Berlin-Mitte sowie jeweils zwei Kirchen in der Nähe vom Richard-Wagner-Platz und in der Moritzstraße in Spandau. So hat B1, die seit zehn Jahren in Berlin-Mitte wohnt, den Club nicht intentional, sondern durch Zufall entdeckt; es ist ein Ort, der zwar nicht ausschließlich als Ort der Begegnung von Polen wahrgenommen wird, über den sie jedoch viele Polen kennengelernt habe:

> Und zufälliger Weise wohnte ich gegenüber vom Club [...]. Sie waren erstmal in der Torstraße, also auch nicht so weit entfernt. Da war ich aber am Anfang gar nicht so oft. Als sie dann in die Ackerstraße umgezogen sind, bin ich da immer dran vorbei gelaufen und immer wieder dann besucht. Und so habe ich viele Polen kennengelernt (B1).

Überhaupt sind Kontakte zu Polen für B1 sehr wichtig, da sie ihr auch das Gefühl von Heimat vermitteln: „Man fühlt sich irgendwie zu Hause oder ich fühle mich dann wie zu Hause, wenn ich polnische Freunde habe“ (B1). Die Kontakte zu Polen haben demnach einen identitätsstiftenden Charakter, der für die soziale Praxis und damit auch die Mobilität von B1 im Berliner Stadtraum bestimmend ist.

B4 hat ebenfalls den Club im Berliner Stadtraum für sich entdeckt und ihn in der Vergangenheit des Öfteren besucht. Da er nach seiner Ankunft in Berlin kaum Deutsch sprach, fand er im Club einen Ort der Kommunikation und des Austausches:

> Der Ort war der *Club der polnischen Versager*, der sich noch damals in der Torstraße befand. Wir waren verhältnismäßig regelmäßig zu unterschiedlichen Feiern dort. [Es] war so ein natürlicher Kontakt, weil da so interessantes Zeug passiert ist, aber natürlich auch aus dem Grunde, weil man da Polnisch sprechen konnte, was damals für mich von Bedeutung war, denn ich benutzte damals Polnisch oder Englisch als Sprache ausschließlich. Ich habe kein Deutsch gesprochen. Da war es natürlich (B4).

Die Argumentation der sozialen Netzwerke im translokalen Kontext ist auch entscheidendes Merkmal für den Besuch von polnischen Gottesdiensten, der insbesondere in der Vergangenheit, als B2 vor 35 Jahren aus Wohlau kam, prägend war. Die Kirche in der Nähe vom Richard-Wagner-Platz fungierte nicht nur als Ort des polnischen Zusammentreffens, sondern gleichzeitig auch als Arbeitsvermittlungsstelle, auf die B2 angewiesen war, da sie aufgrund ihrer Duldung in Berlin keine Arbeitsgenehmigung hatte:

> [Damals] bin ich auch jeden Sonntag zur polnischen Kirche gegangen. Dort waren diese polnischen Zusammentreffen. Man hat diese Kontakte gesucht, weil die Arbeit auf den Baustellen war nur für drei Monate, manchmal hattest du nur sechs Wochen gehabt, je nachdem, und musstest dann wieder etwas Neues suchen. Und bei diesen Treffen in der polnischen Kirche haben wir nachgefragt, der kennt den, der kennt den anderen und ich kann da nachfragen oder etwas besorgen, so hat das funktioniert. Wie Brotkrümel (B2).

Generell war der kollektive Zusammenhalt zwischen den Freunden und Bekannten nach der Ankunft von B2 in Berlin stark ausgeprägt und durch die Nähe zur polnischen Community ausgezeichnet:

> In meiner Straße, doch das würde ich schon sagen. Kreuzberg war damals sehr beliebt bei Polen. Das denke ich mir auch, weil damals war das so, man wollte nicht nur mit deutschen Leuten wohnen, weil man ein bisschen Angst hatte. Wegen der Sprache, dem Kontakt und so etwas. Man versuchte, wenn einer in Kreuzberg gewohnt hat oder woanders, dann hat man gesucht, ob da nicht vielleicht noch eine Wohnung frei ist. Man hat sich einfach so gesucht, um einfach zusammen zu bleiben (B2).

Wie diese ausgeführten Dimensionen zeigen, existieren also eine Reihe von translokalen Verbindungen, die sich aus den sozialen Interaktionen, den unternehmensbezogenen Handlungsstrukturen und der Nutzung der Kapitalformen der jeweiligen Befragten ergeben.

5. Schlussfolgerungen

Das Ziel des vorliegenden Artikels bestand in der Untersuchung der Wechselwirkung von Orten unter dem Aspekt von Translokalität und sozialer Praxis von in Berlin lebenden Polen. Aufbauend auf den in Kapitel 2 und 3 vorgestellten raum- und sozialtheoretischen Überlegungen von Massey und Bourdieu sind translokale Strukturen sowohl in Berlin als auch in Polen nachzuweisen. Infolge der sozialen Praxis der hier Befragten entstehen multilokale Beziehungen, die weitere soziale Interaktionen hervorrufen und Orte prozessual konstituieren. Diese Erkenntnis spiegelt sich insbesondere in den unternehmensbezogenen Handlungsstrukturen der Befragten B1, B4 und B5 wider. Durch die Aktivierung des sozialen Kapitals wurden translokale Beziehungen aufgebaut, die Orte miteinander in Bezug setzen. Das soziale Kapital wurde im Hinblick auf die eigene Positionierung mit einer Geschäftsidee in ein ökonomisches Kapital transformiert. Hinsichtlich der Bedeutung der sozialen Kontakte zu Freunden, Bekannten und Familienangehörigen äußert sich Translokalität durch regelmäßige *face-to-face* Begegnungen. Sie ist das Ergebnis der räumlichen Nähe und der gut ausgebauten Verkehrsinfrastruktur, die sozialräumliche Dynamiken hervorrufen. Im translokalen Kontext handelt es sich um die konkrete Bewegung von Menschen, aber auch Ideen, die zirkulieren, wie anhand des Beispiels von B8 in Kapitel 4 zu sehen war. Gleiches gilt ebenso für die soziale Praxis innerhalb Berlins. Die Orte sind nicht das entscheidende Kriterium, sondern die sozialen Kontakte. So fungieren der Club, der Buchladen oder Kirchen als Orte der Begegnung, der Zugehörigkeit wie auch des Austauschs.

Die Überlegungen von Massey und Bourdieu ermöglichten letztlich die Bedeutung von Räumen und Orten im translokalen Kontext zu erfassen. Im Falle der hier untersuchten Fragestellung konnten die Funktionen dieser Orte und ihre Bezüge zueinander – aufbauend auf der sozialen Praxis der agierenden Akteure sowie im Kontext der Translokalitätsansätze – belegt werden. Dies zeigt sich insbesondere durch die Nutzung der verschiedenen Kapitalformen, so dass sich intentionale Beweggründe für das Aufsuchen bestimmter Lokalitäten im Stadtraum Berlin wie auch grenzübergreifend nach Polen bestimmen lassen. Dabei bestätigt sich, dass Lokalitäten im Zuge der Interaktionen und sozialer Relationen der Akteure konzeptualisiert werden. Ohne entsprechende Handlungspraktiken wären Lokalitäten nicht erfahrbar. Auch wenn die Mobilität der hier Befragten dabei eine besondere Rolle spielt, werden ebenso die immobilen Akteure, die beispielsweise im Heimatland verblieben sind, als wichtige Kontaktpersonen im translokalen Kontext mit einbezogen.

Summary: The translocality of Polish people in Berlin: places, networks, social practices

Translocality appears in recent years in many different research perspectives. Building on insights, which are rooted in transnationalism, translocality focuses on the production of places and spaces. This rediscovery of spaces and places goes back to the *cultural turn* by examining translocality in relation to "[...] mobility, connectedness, networks, place, locality and locals, flows, transfer and circulatory knowledge" (Greiner, Sakdapolrak 2013: 375), especially in context of migration research. Under the assumption, that place-making-practices are the result of what Massey describes as "[...] social relations, including local relations 'within' the place and those many connections which stretch way beyond it" (Massey 1999: 22), translocality is seen as a product of social relations which leads to multi-local relations of places. Therefore, places are shaped by the social process of active agents and access to space. Having that in mind, this article aims to analyse the interactions of places in context of translocality and the social practice of Polish people living in Berlin. Based on semi-structured interviews, eight people have been consulted in terms of their localized experiences in Berlin and further relation to Poland. On the basis of this approach, we show that Polish people in Berlin maintain and develop translocal social relations to their homeland and within Berlin. These interactions between active agents in space, resulting into place-making-practices, create multilocal households, new opportunities of enterprises and social networks.

Literaturverzeichnis

Appadurai A. 2000. Modernity at large. Cultural Dimensions of Globalization. Minneapolis: University of Minnesota Press. 5th Edition.

Basch L., Glick Schiller N., Szanton Blanc C. 1994. Nations unbound. Transnational projects, postcolonial predicaments, and deterritorialized nation-states. Langhorne: Gordon and Breach.

Bourdieu P. 1985. Sozialer Raum und Klassen. Leçon sur la leçon. Frankfurt am Main: Suhrkamp Verlag.

Brickell K., Datta A. 2011. Introduction: Translocal Geographies. In: Translocal Geographies. Spaces, Places, Connections. Farnham/Burlington: Ashgate.

Conradson D., McKay D. 2007. Translocal Subjectivities. Mobility, Connection, Emotion. In: Mobilites 2 (2), 167-174.

Freitag U., Von Oppen A. 2010. Introduction. Translocality. An Approach to Connection and Transfer in Regional Studies. In: U. Freitag, A., von Oppen (Hg.), Translocality. The Study of Globalising Processes from a Southern Perspective. Leiden: Brill Academic Publishers.

Gielis R. 2009. A global sense of migrant places. Towards a place perspective in the study of migrant transnationalism. In: Global Networks, 9 (2), 271-287.

Gilles A. 2015. Sozialkapital, Translokalität und Wissen. Händlernetzwerke zwischen Afrika und China. Stuttgart: Franz Steiner Verlag.

Glick Schiller N., Basch B., Blanc-Szanton C. 1992. Transnationalism. A New Analytic Framework for Understanding Migration. In: N. Glick Schiller, B. Basch, C. Blanc-Szanton (Hg.), Towards a transnational perspective on migration: race, class, ethnicity and nationalism reconsidered, New York: New York Academy of Sciences, 1-24.

Greiner C., Sakdapolrak P. 2013. Translocality. Concepts, Applications and Emerging Perspectives. In: Geography Compass 7 (5), 373-384.

Kelly P, Lusis T. 2006. Migration and the Transnational Habitus. Evidence from Canada and Philippines. In: Environment and Planning A, 38, 831-847.

Levitt P., Nyberg-Sørensen N. 2004. The transnational turn in migration studies. Global Commission Perspectives, 6, 1-14.

Ma E. K. 2002. Translocal spatiallity. In: International Journal of Cultural Studies, 5 (2), 131-152.

Mandaville P. G. 2001. Transnational Muslim Politics. Reimagining the Umma. London/New York: Routledge.

Massey D. 1994. Space, Place and Gender. Cambridge: Polity Press.

Massey D. 1999. Imagining globalisation. Power-geometries of time-space. In: H. Gebhardt, P. Meusberger (Hg.), Power-geometries and the politics of space-time. Heidelberg: Department of Geography, University of Heidelberg, 9-27.

Mayring P. 2002. Einführung in die qualitative Sozialforschung. 5. Auflage. Weinheim/Basel: Beltz Verlag.

Miera F. 2002. Transnationalisierung sozialer Räume? Migration aus Polen nach Berlin in den 80er und 90er Jahren. In: C. Pallaske (Hg.), Die Migration von Polen nach Deutschland. Zu Geschichte und Gegenwart eines europäischen Migrationssystems, Schriftenreihe des Instituts für Europäische Regionalforschung. Baden-Baden: Nomos Verlagsgesellschaft, Band 7, 141-159.

Miera F. 2007. Einleitung. Untersuchungsgegenstand, Fragestellung und These. In: Polski Berlin. Migration aus Polen nach Berlin. Münster: Verlag Westfälisches Dampfboot.

Mitchell K. 1997. Different diasporas and the hype of hybridity. In: Environment and Planning D: Society and Space, 15 (5), 533- 553.

Müller A., Wehrhahn R. 2013. Transnational business networks of African intermediaries in China: Practices of networking and the role of experiential knowledge. In: Die ERDE 144 (1), S. 82-97.

Schwingel M. 2009. Pierre Bourdieu zur Einführung. 6. Auflage. Hamburg Junius Verlag GmbH.

Smith M. P., Guarnizo L. E. 1998. Transnationalism from Below. Comparative Urban and Community Research. Volume 6. New Brunswick/London: Transaction Publishers.

Smith M. P. 2005. Transnational urbanism revisited. Journal of Ethnic and Migration Studies, 31 (2), 235-244.

Steinbrink M. 2009. Leben zwischen Land und Stadt. Migration, Translokalität und Verwundbarkeit in Südafrika. Wiesbaden: VS Verlag für Sozialwissenschaften.

Velayutham S., Wise A. 2005. Moral Economies of a Translocal Village. Obligation and Shame Among South Indian Transnational Migrants. Global Networks, 5 (1), 38-44.

Verne J. 2012. Living Translocality. Space, Culture and Economy in Contemporary Swahili Trade. Stuttgart: Franz Steiner Verlag.

Vertovec S. 2009. Transnationalism. London/New York: Routledge.

Wehrhahn R., Sandner Le Gall 2016. Bevölkerungsgeographie. 2. Aufl. Darmstadt: Wiss, Buchgesellschaft.

Lokale Transkulturalität aus der sozialen Feldperspektive: Migrantische (Macht)Einflüsse und Mehrsprachigkeit in Berlin-Pankow

Vojin Šerbedžija

„Eine andere Sprache, eine andere Kultur ist keine Bedrohung – sondern im besten Fall ein Gewinn." (Reimann 2014)

1. Einleitung

Im Dezember 2014 löste die Christlich-Soziale Union (CSU) eine hitzige Debatte aus, als sie im Leitantragsentwurf für ihren Parteitag die Forderung stellte, dass alle in Deutschland lebenden MigrantInnen grundsätzlich Deutsch sprechen sollten, auch zu Hause im Wohnzimmer. Dieses Verlangen verdeutlicht, dass Teile des politischen Mainstreams weiterhin ein Verständnis von Integration pflegen, das dem der kulturellen Assimilation gleichsteht. In der Migrationsforschung gelten Assimilationskonzepte aber schon lange als nicht mehr zeitgemäß und wurden weitgehend durch neue Perspektiven ersetzt, nicht zuletzt im Zuge des sogenannten *transnational turn*. In Anlehnung an das vorangestellte Zitat von Anna Reimann, das als kritischer Kommentar zur integrationspolitischen Forderung der CSU formuliert wurde, wird in dieser Arbeit das kulturelle Potenzial von Sprache und Mehrsprachigkeit im Kontext von transkulturellen sozialen Praktiken in einer stadtteilethnographischen Studie diskutiert.

Die theoretischen Bausteine der Analyse lassen sich in folgende Schritte gliedern: Zunächst wird die Transnationalismus-Debatte auf eine urbane Ebene, genauer gesagt auf die Ebene der städtischen Nachbarschaft, projiziert. Daran anknüpfend werden das Konzept der Transkulturalität als spezifische Form lokal praktizierter Transnationalität und sein Ressourcenpotenzial vorgestellt. Bezugnehmend auf dieses Potenzial wird Pierre Bourdieus soziale Feldperspektive herangezogen und methodologisch dafür verwendet, die Muster migrantischer Einflüsse und des Empowerments im lokalen institutionellen Kontext zu untersuchen.

Empirisch wird dies anhand der jüngsten Entwicklung im Berliner Bezirk Pankow dargelegt. Nachdem zunächst die offizielle sich herausbildende Diversity-

Orientierung des Bezirks skizziert wird, werden am Beispiel eines polnischen Kulturvereins - dem „SprachCafé Polnisch" - die Effekte transkultureller sozialer Praktiken in der Nachbarschaft analysiert. Dabei wird illustriert, unter welchen Umständen kulturschaffende MigrantInnen - welche als transkulturelle Akteure betrachtet werden - durch ihre Vereinstätigkeiten und die institutionelle Einbettung auf Bezirksebene ihre Positionierung mithilfe eines (trans)kulturellen Kapitals stärken können und zu Veränderungsprozessen auf lokaler Ebene beitragen. Abschließend werden die Kernpunkte, unter der Berücksichtigung offener Fragen und Aspekte, zusammengefasst.

2. Transnationalismus und der urbane Raum

In den letzten Jahren häuften sich in den Sozialwissenschaften Stimmen, die für eine engere Verknüpfung von migrations- und stadtsoziologischen Forschungsansätzen plädieren (so bei Cağlar, Glick Schiller 2011). Als Schnittstelle dieser Disziplinen wird die Hinterfragung der Bedeutung des Räumlichen betrachtet, ein Aspekt der verstärkt bei der transnationalen Migrationsforschung behandelt wird (so bei Pries 1997; Krätke et al. 2012). So formulierte Ludger Pries (1997) als erster für die deutschsprachigen Sozialwissenschaften den Begriff des transnationalen sozialen Raumes und betrachtete diesen als deterritorialisierte analytische Kategorie, die durch grenzübergreifende Mobilität gekennzeichnet ist. Wie Birgit Glorius (2007) in ihrer Analyse transnationaler Perspektiven aufzeigte, widerlegten aber viele Studien die dominante Rolle der Mobilität für die Aufrechterhaltung einer transnationalen Lebensausrichtung, welche sich ebenfalls durch kulturelle und Identitäts-Mischformen in der Alltagspraxis am Wohnort charakterisieren lässt. Folglich rückte die Frage, wie lokale (urbane) Räume und Migrationsprozesse sich gegenseitig beeinflussen, immer stärker in den Fokus (so bei Brickell, Datta 2011). Diese an einer transnationalen Urbanität (Smith 2005) orientierten Ansätze unterstreichen die Effekte des migrantischen Einflusses auf Städte und Nachbarschaften, welche sich in der Lokalisierung transnationaler Praktiken und der daraus resultierenden Transnationalisierung des Lokalen widerspiegeln (Krätke et al. 2012: 6). Im Rahmen der hiesigen Analyse wird dabei eine spezifische Form der lokalen transnationalen sozialen Praxis untersucht, und zwar das Phänomen der Transkulturalität. Neben Glorius (2007) betonte auch die Stadtsoziologin Sharon Zukin die in erster Linie lokale Verortung des Transkulturellen: „Cities are becoming places of transculturality in the sense of mixture and interpenetration of cultures and lifestyles in one and the same place" (Zukin 1995, zitiert nach Krätke et al. 2012: 18).

3. Transkulturalität als spezifische lokal praktizierte Transnationalität

Mit ihrem Buch „Transnationale Perspektiven" strebte Birgit Glorius an, ein tieferes Verständnis transnationaler Prozesse im Kontext des zunehmend heterogenierenden europäischen Migrationsraumes zu entwickeln (2007: 15). Dabei erarbeitete sie in einer tiefgründigen Analyse drei Merkmalsbereiche von Transnationalität: Transmobilität, Transidentität und besagte Transkulturalität, welche sich durch die Vermischung von Elementen der Herkunfts- und Ankunftskultur im Alltag äußert (ebd.: 61ff.).[1] Als Ergänzung zu den Merkmalsbereichen entwickelte Glorius (2007) ebenfalls eine weiterführende Typisierung von (Trans)MigrantInnen, welche sie anhand sozio-ökonomischer Aspekte festmachte. Dabei ist im Hinblick auf die transkulturelle Dimension besonders die Erkenntnis interessant, dass sie vor allem bei etablierten und gut gebildeten MigrantInnen vorzufinden ist, welche tendenziell eine starke Bindung an den Wohnort pflegen und daher eine schwächere (Trans)Mobilität aufweisen als beispielsweise ArbeitsmigrantInnen, die pendeln (ebd.: 289). Dieser Klassenaspekt spielt eine wesentliche Rolle in der empirischen Analyse dieser Arbeit und wird in ihrem weiteren Verlauf thematisiert.

Glorius (2007) hat sich in ihrer Definition von Transkulturalität maßgeblich am analytischen Konzept von Wolfgang Welsch (1999) orientiert. Dieser definierte Transkulturalität als alternativen Entwurf zu klassischen containerräumlichen Kulturkategorien als eine gegenseitige Durchdringung verschiedener Kulturen, die sowohl auf gesellschaftlicher als auch individueller Ebene stattfinden. Dabei ist die Auseinandersetzung mit der eigenen Vielfalt und Widersprüchlichkeit die Voraussetzung, um mit der gesellschaftlichen Differenziertheit und Komplexität umzugehen (Welsch 1999: 197f.). Auf Grundlage dieser Überlegung drängt sich die Frage auf, „wie sich die Migrant[Inn]en innerhalb oder zwischen den von ihnen erlebten kulturellen Erfahrungswelten positionieren, wie sie ihre alltägliche kulturelle Praxis ausrichten" (Glorius 2007: 56). Im Zuge derartiger Positionierungsprozesse, argumentiert Glorius (2007), kann Transkulturalität als wichtige Ressource und Kapital betrachtet werden, das sich strategisch einsetzen lässt. Dieses Potenzial erscheint besonders ersichtlich, wenn man eines der zentralen Elemente von Transkulturalität hervorhebt, nämlich die Mehrsprachigkeit (ebd.: 63f.). Sie fungiert nach Ansicht vieler bildungs- und migrationsbezogener Studien als „die naheliegendste migrantische Kapitalart" (Fürstenau 2004, zitiert nach Otten 2012: 125). Mehrsprachigkeit als Element eines (trans)kulturellen Kapitals ist jedoch keineswegs ein Selbstläufer, sondern muss durch Aktivitäten und Netzwerke(n) erst generiert werden. Dies lässt sich verdeutlichen, wenn Kapital aus der Perspektive von Pierre Bourdieus soziologisch-theoretischer Arbeit und im Zusammenspiel mit seinem Feld-Begriff betrachtet wird.

4. Die Bourdieu'sche Perspektive als methodologischer Zugang

Nach Bourdieu (1983) verfügen Akteure – zum Beispiel Individuen oder soziale Gruppen – über unterschiedliche Formen von Kapital, d.h. ökonomisches, kultu-

[1] Hinsichtlich der anderen beiden Merkmalsbereiche: Transmobilität ist durch frequente grenzübergreifende Bewegungen sowie virtuelle Kommunikation gekennzeichnet, und Transidentität meint eine multiple Identitätsentwicklung und plurilokale Verortung der Lebensführung, charakterisiert durch starke Bindungen sowohl an den Wohnort, als auch an den Ort oder das Land der Herkunft (Glorius 2007: 61ff.).

relles und soziales Kapital[2], welches sie entsprechend ihrer Möglichkeiten nach Art, Zusammensetzung und Volumen unterschiedlich einsetzen können, um so die Existenz in einem sozialen Feld durch Ausübung von Einfluss oder Macht sichtbar zu machen (Bourdieu/Wacquant 1996: 128). Dabei lassen sich Formen des Empowerment daran erkennen, wenn bestimmte Kapitalformen von den Feldakteuren unstrittig als legitim anerkannt werden (Jenkins 1992: 85).

Es gibt eine Vielzahl von sozialen Feldern in der sozialen Welt und jedes davon ist ein relationaler Raum für sich, indem sich spezifische Arten von Aktivitäten abspielen, die mit bestimmten Regeln in Verbindung stehen, welche als feldspezifisch gelten. Mit anderen Worten: „For Bourdieu a field is a relatively autonomous domain of activity that responds to rules of functioning and institutions that are specific to it and which define the relations among the agents" (Hilgers, Mangez: 2015: 5). Ferner verweisen Hilgers und Mangez (2015) darauf, dass die Feldtheorie wahrscheinlich am besten als Methode zu charakterisieren ist. In Anlehnung an diese Sichtweise werden Bourdieus theoretische Werkzeuge von Kapital und Feld (und im geringerem Maße Habitus) für die Untersuchung transnationaler bzw. transkultureller Effekte im lokalen urbanen Raum verwendet.

Im Kontext der transnationalen Migrationsforschung hob Magdalena Nowicka die Wichtigkeit geographischer Lokalitäten bei der Untersuchung von Kapitalvalidierung hervor und plädierte für eine neue Lesart von Bourdieus Konzepten für die Erforschung transnationaler sozialer Praktiken (2013: 29, 43). Bezogen auf die Muster von lokal praktizierter Transkulturalität der vorliegenden Studie, wird mithilfe der sozialen Feldperspektive eine Re-Konzeptualisierung von städtischer Nachbarschaft vorgenommen, und zwar als Ort, an dem Kapitalformen und Machtverhältnisse ausgehandelt werden (siehe auch Datta 2011: 76). Dadurch wird eine Sichtweise auf MigrantInnen (am Beispiel transkultureller Akteure) ermöglicht, die sich nicht lediglich in ihren Wohnort integrieren, sondern diesen aktiv mitkonstituieren. Julia Nast und Talja Blokland weisen jedoch in ihrer Analyse sozialer Verhältnisse in einer Berliner Nachbarschaft darauf hin, dass es weniger der abstrakt betrachtete Stadtteil als solcher ist, der als Ort der Kapitalakkumulation und des potenziellen Empowerments fungiert, sondern in erster Linie die Einbettung in institutionelle Settings in diesem (Nast, Blokland 2014: 494). So ist auch die in dieser Arbeit auf die Nachbarschaft projizierte soziale Feldperspektive primär als eine über lokale Institutionen geleitete Einflusssphäre zu verstehen.

Die Implementierung der Theorie des sozialen Feldes erfolgt durch das Studieren seiner Effekte (Hilgers, Mangez 2015: 18). Dies knüpft an die eingangs gestellte Frage an, inwiefern transkulturelle Akteure durch ihre Aktivitäten die Nachbar-

---

[2] Bourdieu definierte ökonomisches Kapital, kulturelles Kapital und soziales Kapital als die drei Kapital-Grundformen (1983: 185). Einige SozialwissenschaftlerInnen bezogenen sich auf jene Grundformen, um aus diesen weitere Sub- bzw. auf den Untersuchungsgegenstand spezifische Kapitalformen zu definieren (siehe z.B. Noble 2013). So wird auch in dieser Arbeit (trans)kulturelles Kapital als spezifische Form des kulturellen Kapitals definiert.

schaft beeinflussen oder verändern. Ähnlich formulierten es Krätke et al. in ihrer Studie zur Transnationalisierung der Städte: „the general and overarching question (...) is: in which ways are transnational activities, actors, and institutions connecting, affecting, and transforming urban spaces in the contemporary world?" (2012: 4). Dass sich die Bourdieu'sche Feldperspektive eignet, um solchen Fragestellungen nachzugehen, lässt sich mitunter auf Boyers (2003) Argumentation stützen, der in seiner Auseinandersetzung mit Bourdieus Feldtheorie zum Schluss kam, dass diese nicht nur Phänomene der Reproduktion von Positionierungen und Machtverhältnissen widerspiegelt, sondern auch Prozesse der Machtverschiebung und somit Veränderung, wobei es zur Umverteilung wie auch Auf- und Abwertung von Kapitalsorten kommen kann (siehe auch Baier, Schmitz 2012: 199). Inwiefern dies durch die transkulturellen sozialen Praktiken polnischer MigrantInnen in Berlin-Pankow zu beobachten ist, wird am Beispiel ethnographischer Befunde aus dieser Nachbarschaft im Folgenden dargelegt.

5. Ethnographische Herangehensweise

Das empirische Datenmaterial, das im Rahmen der Mitarbeit beim Forschungsprojekt TRANSFORmIG[3] an der Humboldt-Universität zu Berlin erhoben wurde, basiert auf einer multi-methodischen Grundlage aus teilnehmender Beobachtung, einer Fokusgruppenbefragung (mit 10 Personen) und einzelnen narrativen Interviews, das heißt, einer Kombination von Methoden, die klassischen stadtethnographischen Verfahren entsprechen (Streule 2014). Die Feldforschungsphase erstreckte sich über einen Zeitraum von knapp einem Jahr (Juni 2015 bis Juni 2016). Der teilnehmenden Beobachtung, welche mit Feldnotizen und einem Feldtagebuch dokumentiert wurde, kommt die stärkste Gewichtung in der empirischen Analyse zu. Besucht wurden 21 öffentliche Veranstaltungen, die entweder vom SprachCafé Polnisch als Teil seines Programms organisiert wurden (mehrheitlich), oder im Rahmen der institutionalisierten Kooperation verschiedener Nachbarschaftsvereine auf Bezirksebene in Form von Arbeitstreffen stattfanden. Während dieser Forschungsphase entstand mit der Zeit ein Vertrauensverhältnis zwischen Forscher und Vereinsakteuren als Untersuchungspersonen, was zuweilen zum Paradox des Teil- und Nicht-Teilseins der teilnehmenden Beobachtung führte und eine ständige Bewegung zwischen Distanz und Nähe erforderte (Wildner 2015: 172). Um die Anonymität aller Interviewten bzw. im Text erwähnten Untersuchungspersonen zu gewährleisten, wurden ihnen Eigennamen zugewiesen.

[3] Das Forschungsprojekt TRANSFORmIG – Transforming Migration: Transnational Transfer of Multicultural Habitus – ist vom European Research Council (ERC) gefördert, am Institut für Sozialwissenschaften der Humboldt-Universität zu Berlin angesiedelt und wird von Prof. Dr. Magdalena Nowicka geleitet.

6. Der urbane Kontext: Pankow und das (neue) Diversity-Image

Im Auftrag des Bezirksamtes Berlin-Pankow wurde von Jutta Aumüller im Jahr 2014 eine Studie unter dem Titel „Vielfalt in Pankow“ angefertigt. In ihrem Vorwort, welches vom Bezirksbürgermeister und der Integrationsbeauftragten unterzeichnet wurde, heißt es unter anderem:

> Pankow wird immer vielfältiger (...). Fast jeder zweite, der oder die in den vergangenen sechs Jahren nach Pankow gezogen ist, kam aus dem Ausland. Im Vergleich mit den übrigen Berliner Bezirken stehen wir damit an dritter Stelle, wenn es um den Zuzug aus dem Ausland geht. (...) Seit einigen Jahren hören wir in Pankow auf den Straßen vermehrt verschiedene Sprachen. Viele Kreative und gut Ausgebildete aus anderen Ländern tummeln sich in Prenzlauer Berg – aber auch in anderen Ecken Pankows. (...) Die öffentliche Verwaltung muss sich auf diese erfreuliche dynamische Entwicklung einstellen und ist mit neuen Fragen konfrontiert: (...) Auf welche Weise nutzen wir die vielfältigen Potenziale dieser Menschen? Und vor allem: Wie beteiligen wir die neuen Pankowerinnen und Pankower am zivilgesellschaftlichen Leben, damit sie ihre Bedürfnisse und Interessen hörbar artikulieren können? (zitiert nach Aumüller 2014: 5).

Aumüller (2014) untersuchte primär die Beteiligung von MigrantInnen auf lokaler Ebene auf der Grundlage von vereinsaktiven Akteuren. Ferne stellte sie auch die dynamische Entwicklung der Bevölkerungsstruktur dar und formulierte abschließend Empfehlungen für eine lokale vielfaltsfördernde Politik, unter Berücksichtigung erörterter integrationspolitischer Stärken und Schwachstellen des Bezirks.

Aus dem Bericht wird ersichtlich, dass der Bezirk Pankow sich zum Ziel setzt, kulturelle Vielfalt als eine Selbstverständlichkeit anzusehen, die es zu fördern – und nicht zu problematisieren – gilt. Auf der einen Seite ist dieser integrationspolitische Perspektiven- und Paradigmenwechsel im Kontext der dynamischen Bevölkerungsentwicklung zu lesen. Dass die ethnisch-kulturelle Heterogenisierung Pankows in einem tendenziell zelebrierenden Licht kontextualisiert wird, kann aber auch auf die begünstige soziale Lage zurückgeführt werden, zumal im Berliner Vergleich „Pankow (neben Charlottenburg und Mitte) zu den Berliner Bezirken mit einem hohen Anteil einer ‚Migrationselite‘ zählt (...), aus MigrantInnen, die so genannten ambitionierten und kreativen Milieus zugerechnet werden“ (ebd.: 18). Unter diesen für Berlin sozial überdurchschnittlichen Verhältnissen wurde die kulturelle Vielfalt im Bezirk als Leitidee für eine kommunale Entwicklung und als vielsprechende Strategie sowohl für das Stadtmarketing als auch die Bezirksidentität definiert (ebd.: 43).

Aus der Bourdieu'schen Perspektive indiziert diese sich herausbildende *diversity*-Orientierung in Pankow einen dynamischen Wandlungsprozess im lokalen sozialen Feld, bei dem sich die Kapitalverhältnisse verändern. Mit anderen Worten, es kommt zu einer potenziellen Aufwertung des (trans)kulturellen Kapitals, das im Einklang des sich herausbildenden Bezirksimages steht, aus dem sich ein Habitus der Vielfalt konstruiert, der die ortspezifischen Praktiken im Sinne einer (neuen) Politik der Lebensstile prägt (Dangschat 2009: 335).

Im Zuge der letzten Jahre entstanden in Pankow Initiativen und Vereine, die sich besonders dem Thema der Mehrsprachigkeit widmen (Aumüller 2014: 31). Zu diesen gehört das „SprachCafé Polnisch", an dessen Beispiel im Folgenden aufgezeigt wird, wie Muster der Kapitalvalidierung und des Empowerment für transkulturelle Akteure im Rahmen von Vereinsaktivitäten im Zusammenspiel mit der institutionellen Einbettung und Vernetzung auf Bezirksebene generiert werden können.

7. Die Herausbildung lokaler Transkulturalität, Setting I – Das SprachCafé Polnisch

Das SprachCafé Polnisch wurde im Jahr 2012 als Initiative von einigen Frauen[4] mit polnischem Migrationshintergrund ins Leben gerufen. Von Beginn an bezeichneten sie es als einen offenen Begegnungsort für Kultur und Sprache, wobei das Motto der Zwei- und Mehrsprachigkeit im besonderen Fokus stand. Diese Ausrichtung lässt sich mitunter darauf zurückführen, dass einige der Initiatorinnen in Mischehen leben und im Zuge der Gründung transnationaler Familien das Bedürfnis entwickelten, ihre ursprüngliche kulturelle Identität – vor allem auf der Ebene der Sprache ausgedrückt (Treibel 1999) – zu pflegen und weiterzugeben. Dies unterstreicht beispielhaft die Erzählung von *Amelia*:

> Ich lebe seit 17 Jahren in der deutsch-polnischen Familie. Mein Mann ist gebürtiger Pankower (...) und wir haben zwei Kinder und es war für mich durchaus selbstverständlich, dass ich das Polnische gar nicht ablege, auch wenn ich hier lebe und mit einem deutschen Mann verheiratet bin (...). Die Entstehung des SprachCafés, das war für mich persönlich so eine Zeit, wo meine Kinder langsam schon nervöser wurden und ich überlegt hatte, was will ich denn mit denen so machen. Und irgendwie konnte ich so ungefähr den Weg sehen, dass es schön wäre, wenn ich vieles kulturell verbinden könnte (...). Das hatte eine ziemliche Lawine ausgelöst und ich freue mich sehr, dass sich seit nun über drei Jahren alles so gut entwickelt hat und mich heute noch inspiriert (*Amelia*).

Amelia kam nach ihrem Germanistik-Studium nach Berlin und engagiert sich sehr aktiv am SprachCafé Polnisch, wo sie wichtige Arbeitsprozesse wie die Programmplanung koordiniert. Unter anderem schreibt sie zweisprachige Gedichte und präsentiert diese immer wieder bei den Treffen im SprachCafé Polnisch, was ihr eine hohe künstlerische Anerkennung im Kreise der regelmäßigen Besucherschaft verschaffte. Die von ihr verwendete Metapher der „Lawine" indiziert, dass es am SprachCafé Polnisch nicht allein um Aspekte der Sprache geht, sondern um wesentlich mehr. Nachdem innerhalb der ersten drei Jahre sowohl die Anzahl der Aktivitäten, als auch der Interessierten wuchs, wurde offiziell eine Vereinsgründung beschlossen, welche in den Zeitraum der Feldforschung fiel:

> Am Abend der Vereinsgründung versammelten sich im Stadtteilzentrum Pankow beim SprachCafé Polnisch ca. 20 Personen, größtenteils Stammgäste. Nach der gängigen Vorstellungsrunde wurden die Kernpunkte der Vereinssatzung diskutiert, insbesondere der

[4] An dieser Stelle sei darauf verwiesen, dass eine große Mehrzahl der transkulturellen Akteure aus der ethnographischen Untersuchung Frauen sind. Im Rahmen dieser Arbeit wird dieser offensichtliche Gender-Aspekt jedoch nicht tiefer thematisiert.

Aspekt des Vereinszwecks. Dabei wurden folgende zentrale Ausrichtungen definiert: die Heimatpflege sowohl zu Polen, als auch zu Berlin, nicht zuletzt durch kulturellen Austausch; die Förderung von Offenheit und Toleranz in einem internationalen Kontext; sowie generationsübergreifende Arbeit und bürgerschaftliches Engagement. Die Gruppe betonte dabei, diese Schwerpunkte unter dem Slogan „Kunst, Kultur und Verständigung" fassen zu wollen und deren Verwirklichung insbesondere durch mehrsprachige Kultur- und Bildungsangebote umzusetzen (Feldtagebuch, Februar 2016).

Diese offizielle Ausrichtung, die von den Akteuren am SprachCafé Polnisch festgelegt wurde, weist auf eine diversifizierte Organisationsweise des Vereins hin, mit einem abwechslungsreichen Themenspektrum. Dabei lassen sich die im Rahmen der teilnehmenden Beobachtung besuchten öffentlichen Vereinsveranstaltungen in unterschiedliche Veranstaltungstypen klassifizieren, nämlich in philosophisch-literarische Debatten und Lesungen, Kreativ-Workshops, Kunstaustellungen, Kochabende, Reiseberichte, sozio-politische BürgerInnen-Dialoge und nicht zuletzt Sprachkurse und -training. Eine detaillierte Darlegung und inhaltliche Analyse aller besuchten Veranstaltungen würde den Rahmen dieser Arbeit sprengen. Stattdessen werden an ausgewählten Beispielen die Effekte der sozialen Praktiken einzelner Akteure im Rahmen ihres Engagements am SprachCafé Polnisch veranschaulicht sowie exemplarisch grenzübergreifende Dimensionen der Vereinsarbeit an sich.

Anastazja ist promovierte Sprachwissenschaftlerin aus Warschau und seit zehn Jahren mit Berlin verbunden. Über mehrere Jahre pendelte sie zwischen den beiden Hauptstädten, lehrte Intensivkurse an der Universität Warschau und kam dann über verschiedene Stipendien wieder nach Berlin. Erst als sie vor drei Jahren aufgrund einer festen Partnerschaft beschloss, dauerhaft in Berlin zu bleiben, begann sie sich langsam wie eine Migrantin zu fühlen. In dieser Phase verhalf ihr die Verbindung zum SprachCafé Polnisch, um die an ihrer Profession orientierten Interessen und Ziele weiter zu verfolgen und dabei neue Projektideen zu entwickeln:

> Über das SprachCafé habe ich in Warschau schon vor ein paar Jahren einen Artikel in der Zeitung gelesen und bin daher schon damals aufmerksam geworden auf die Initiative, habe mich interessiert und bin dann irgendwann hierhergekommen (...) und versuche hier auch die polnische Sprache zu verbreiten. Ich leite Sprachkurse, auch hier am SprachCafé, wo wir gemeinsam versuchen ein Projekt über Mehrsprachigkeit auf die Beine zu stellen (*Anastazja*).

Neben Sprachkursen engagiert sich *Anastazja* auch durch andere Aktivitäten am SprachCafé Polnisch, die es ihr ermöglichen, ihre Bezüge zu Polen zu pflegen. So präsentierte sie, zusammen mit ihrem Partner, basierend auf ihren gemeinsamen Reisen durch Polen, einen fotografisch dokumentierten Bericht, und gab somit eine Einführung mit Empfehlungen zu potenziellen touristischen Destinationen an ein Pankower bzw. Berliner Publikum weiter. Neben derartigen Reiseberichten fördert das SprachCafé Polnisch zudem die Städtepartnerschaft zwischen Pankow und der polnischen Ostseestadt Kolberg (Kołobrzeg). So werden in Zusammenarbeit mit einem anderen lokalen Verein im Bezirk („Freunde Kolbergs e.V.") Ausflüge dorthin organisiert und somit eine grenzübergreifende translokale Verbindung generiert.

Auch für *Nina*, die sich als Berlinerin mit polnischen Hintergrund sieht, fungiert das SprachCafé Polnisch als wichtiger Ort, an dem sie an ihre polnischen Bezüge lokal anknüpfen kann:

> [E]s war für mich immer ganz klar, dass mir die polnische Identität ganz wichtig ist (...) aber dann hat sich herausgestellt, dass es dieses „zurück" [nach Polen] irgendwie nicht gibt. Ich war natürlich immer noch Polin, aber (...) ich sehe auch Berlin als meine Haupt-Identität an. Ich komme aus dem Theaterbereich, arbeite als Theaterpädagogin viel im deutsch-polnischen Bereich, auch als Übersetzerin, und ich schreibe auch viel. Und an das SprachCafé bin ich über (...) [eine Freundin] gekommen, und bin ich seitdem sehr gerne hier (*Nina*).

Am SprachCafé Polnisch bringt *Nina* ihre vielseitige Expertise meistens in multilingualer Form ein. Zusammen mit zwei weiteren Frauen veranstaltete sie mehrere philosophisch-literarische Leserunden, bei der die Werke polnischer, deutscher und anderer europäischer Denker in mehreren Sprachen vorgestellt und diskutiert wurden. Ferner leitet *Nina* kreative Theater-Workshops, die bewusst mehrsprachig mit der Idee organisiert werden, einen doppelten Lerneffekt zu erzeugen. Auf der einen Seite können die polnischen MigrantInnen ihre Herkunftssprache auf eine spielerische und improvisierende Weise pflegen und an interessierte Personen weitervermitteln. Auf der anderen Seite können einige unter ihnen bei Bedarf gleichzeitig ihre Deutschkenntnisse verbessern.

Letzteres trifft beispielsweise auf *Oliwia* zu, die vor einigen Jahren nach ihrem Designstudium an einer polnischen Kunstakademie nach Berlin-Pankow kam und seitdem am SprachCafé Polnisch regelmäßig aktiv ist, zum einen als Veranstaltungsassistentin und zum anderen als Leiterin kreativer Kunstworkshops im Bereich Basteln und Malen. Da sie (noch) nicht so gut Deutsch spricht, hilft ihr die Verbindung zum SprachCafé Polnisch im besonderen Maße, da sie dort sowohl ihr fachliches Wissen einsetzen kann, als auch gleichzeitig durch das stetige Zusammenspiel des Deutschen und Polnischen während der Vereinstätigkeiten ihre Sprachkenntnisse stärkt, was ihr enorm hilft, ihren Alltag im Migrationskontext zu bewältigen.

Auch bei BürgerInnen-Dialogen, die am SprachCafé Polnisch in der Regel das größte und gemischteste Publikum – im Sinne von Alter, Geschlecht und Herkunft – anziehen, wird die Mehrsprachigkeit in Form von spontanen Übersetzungen situationsbedingt immer wieder praktiziert. Dies geschieht beispielsweise, wenn GastreferentInnen aus Polen eingeladen werden, um über aktuelle Belange der deutsch-polnischen Beziehungen zu sprechen. Eines der diesbezüglich brennendsten Themen aus der Feldforschungsphase waren die Folgen des Rechtsrucks in Polen, der von vielen Akteuren am SprachCafé Polnisch mit Sorge verfolgt und in informellen Gesprächen am Rande vieler Vereinstreffen immer wieder thematisiert wurde. Folglich wurde in Zusammenarbeit mit der Zukunftswerkstatt Heinersdorf – einem engen lokalen Vereinspartner aus der Nachbarschaft – ein Salon veranstaltet, bei dem die Organisatoren und Gäste zusammen mit einem polnischen Journalisten und Aktivisten der Bewegung KOD[5] über die Probleme der wachsenden Fremdenfeindlichkeit in Polen – aber auch in Deutschland und Europa generell – debattieren konnten. Dies zeigt auf, wie sich durch die Aktivitäten des SprachCafé Polnisch auch ein grenzübergreifender gesellschaftlich-politischer Diskurs in Pankow herausbildet und auf diese Weise die Nachbarschaft transnationalisiert wird.

Die ausgewählten Beispiele sollten verdeutlichen, wie sich am SprachCafé Polnisch Muster einer lokalen Transkulturalität herausbilden sowie (im geringeren Maße) Tendenzen der transnationalen bzw. translokalen Raumproduktion. Ferner illustrieren sie, wie die Akteure am SprachCafé Polnisch durch ihre Vereinsaktivitäten ihr (trans)kulturelles Kapital einsetzen, um ihre – bewusst oder unbewusst strategischen (Hilgers, Mangez 2015: 22) – Interessen in ihrem von Migration beeinflussten Alltag im lokalen sozialen Feld zu artikulieren. Dabei variieren je nach Lebensphase die Schwerpunkte der Interessenslegung. Während für *Nina* das Engagement am SprachCafé Polnisch eher einen symbolischen Charakter hat und vom Bestreben nach einer kulturellen Identitätsbewahrung geleitet wird, sind für *Anastazja* und *Oliwia*, die erst vor wenigen Jahren migriert sind, Aspekte der berufspraktischen und sozialen Integration ausschlaggebender. Das zu diesen Zwecken eingesetzte (trans)kulturelle Kapital kann dabei als eine kontextspezifische Form des kulturellen Kapitals definiert werden, unter der Berücksichtigung seiner inkorporierten (z.B. verkörperte Dispositionen), objektivierten (z.B. kulturelle Güter) und institutionalisierten (z.B. Bildungstitel) Elemente (Bourdieu 1983: 187ff.). So ist die Kerncharakteristik der Menschen, die sich am SprachCafé Polnisch versammeln, nicht primär der polnische Hintergrund im ethnisch-nationalen Sinne – obwohl die Mehrzahl direkte Polenbezüge hat –, sondern ein dezidierter Bildungs- und intellektuell-künstlerischer Hintergrund und Anspruch, der sich in ihren Habitus widerspiegelt. In dieser Hinsicht spricht *Jagoda*, die als Sprachlehrerin arbeitet und zu den Stammbesucherinnen des SprachCafé Polnisch gehört, von einer „gemeinsamen Wellenlänge, die ja über die Grenzen der Länder geht" (*Jagoda*).

Im letzten Schritt der empirischen Analyse wird aufgezeigt, wie das am SprachCafé Polnisch akkumulierte (trans)kulturelle Kapital auch auf der institutionellen Bezirksebene eingesetzt wird, und zwar durch das Mitwirken im Arbeitskreis „Lingua Pankow".

8. Die Herausbildung lokaler Transkulturalität, Setting II: Der Arbeitskreis Lingua Pankow

Im Zuge der Reformierung seiner Organisationsstruktur entstand im Pankower Bezirksamt der Arbeitskreis Lingua Pankow, der von der Integrationsbeauftragten des Bezirks einberufen und koordiniert wird. Die Grundidee ist, erstens, eine stär-

[5] KOD steht für „Komitee zur Verteidigung der Demokratie" und ist eine Bewegung, die als Reaktion entstanden ist auf die restriktiven Maßnahmen der nationalistischen Regierung der PiS (Partei für Recht und Gerechtigkeit) seit ihrer Machtübernahme im Jahr 2015.

kere Repräsentation von MigrantInnen auf lokaler Ebene zu gewährleisten, und zweitens, eine Plattform zu schaffen, die es den migrantischen Vereinen ermöglicht, sich nicht nur intensiver auszutauschen, sondern im Rahmen öffentlicher Regelinstitutionen ihre Ziele effektiver durchzusetzen (Aumüller 2014: 26; 31). So treffen sich VertreterInnen des SprachCafé Polnisch in regelmäßigen monatlichen Abständen mit KollegInnen aus anderen Pankower Vereinen und Initiativen, um weiterführende Strategien zu entwickeln, um die Mehrsprachigkeit im Bezirk zu stärken. Das große Potenzial dieser Form des institutionellen Networking lässt sich an der Entwicklung einer gemeinsamen Projektidee des SprachCafé Polnisch mit vier weiteren Vereinen aus dem Arbeitskreis Lingua Pankow aufzeigen, nämlich dem „Citizen Kids Zentrum". Mit der Schaffung dieses vereinsübergreifenden Bündnisses wird unter dem Slogan „selbstbestimmt, transkulturell, kreativ" angestrebt, die Bedingungen für die transkulturelle Erziehung im Bezirk nachhaltig zu verbessern.[6]

Diese Entwicklung illustriert, wie die transkulturellen Akteure des SprachCafé Polnisch gemeinsam mit ihren Partnervereinen Ressourcen generieren, indem sie ihr (trans)kulturelles Kapital in soziales Kapital umwandeln, das sich in der Konsolidierung eines dauerhaften Netzes von mehr oder weniger institutionalisierten Beziehungen gegenseitigen Kennens und Anerkennens äußert (Bourdieu 1983: 191). Des Weiteren indiziert die politische Unterstützung des Bezirksamtes - in erster Linie durch die Integrationsbeauftragte - einen Prozess der Legitimierung von Transkulturalität - und damit der Mehrsprachigkeit - im Bezirk , was den transkulturellen Akteuren eine einflussreichere soziale Positionierung, eine Kapitalaufwertung und damit Muster des Empowerments verleiht. Deren Effekte sollten allerdings auch nicht überbewertet werden. Denn die Anerkennung und Förderung von Mehrsprachigkeit fungiert nicht überall in Pankow als Norm oder - um den Bourdieu'schen Terminus zu verwenden - als „Spielregel". So identifizierte Aumüller (2014) in ihrer Pankower Studie als eines der größten Defizite unter vielen Bildungseinrichtungen im Bezirk gerade eine mangelnde Wertschätzung im Umgang mit Mehrsprachigkeit und bezeichnete die Beseitigung dieser Umstände als eine der dringendsten Erfordernisse. Aus dieser Erkenntnis, die an die eingangs erwähnte Problematik des Assimilierungsdrucks konservativer Kräfte anknüpft, lassen sich symbolisch die (Macht)kämpfe in Pankow aus der sozialen Feldperspektive identifizieren.

Im Zuge der Beseitigung besagter Umstände engagiert sich zum Beispiel auch *Anastazja* vom SprachCafé Polnisch, die sich über ihre Mitarbeit im Arbeitskreis Lingua Pankow aktiv dafür einsetzt, die Vorteile und Notwendigkeit von Mehrsprachigkeit in die öffentlichen Bildungseinrichtungen des Bezirks zu tragen, etwa durch die Einführung sensibilisierender und interkulturell ausgerichteter Ausbildungsmethoden für ErzieherInnen. Somit wird Schritt für Schritt die städtische Nachbarschaft verändert und der Einflussbereich der lokalen Transkulturalität vergrößert.

---

[6] http://citizenkidszentrum.wix.com/citizen-kids-zentrum

9. Resümee und Ausblick

Als eine der bekanntesten Forscherinnen im Kreise der Transnationalismus-Debatte plädierte Nina Glick Schiller (2011) dafür, sich bei der zusammenhängenden Betrachtung von Migration und Urbanität nicht lediglich auf die Lebensbedingungen der MigrantInnen zu fokussieren, sondern auch ihre Rolle in Prozessen der Repositionierung von Städten (oder auch Stadtteilen) zu berücksichtigen. In der vorgestellten Studie wurden diese beiden Stränge mithilfe der sozialen Feldperspektive in Relation zueinander gestellt und am Beispiel der Herausbildung lokaler Transkulturalität in Berlin-Pankow - durch das strategische Einsetzen von Mehrsprachigkeit in institutionellen Settings - ethnographisch dargelegt. Die empirischen Befunde haben dabei verdeutlicht und gleichzeitig Glorius (2007) Sichtweise bestätigt, dass Transkulturalität, als spezifische und vorwiegend lokal praktizierte transnationale Lebensausrichtung, ein Phänomen der gebildeten migrantischen Mittelklasse ist. So waren es in erster Linie diese sozial begünstigten Umstände, die das generelle Migrationsbild in Pankow prägen und den Bezirk zur Konstruktion eines neuen „elitäres" Images der Vielfalt motivierten, aus denen Muster des Empowerments für die transkulturellen Akteure des SprachCafé Polnisch entstanden sind. Interessant für die weitere Erforschung dieses Themenkomplexes wäre demnach die Frage, inwiefern die generierten (Macht)Einflüsse der Kulturschaffenden - gerade im institutionellen Kontext - langfristig auch Effekte für sozial schwächere Mitglieder von Zuwanderergruppen, die weniger (trans)kulturelles Kapital besitzen, erzeugen können.

Abschließend bleibt festzuhalten, dass die wachsende Anerkennung von Mehrsprachigkeit in Berlin-Pankow trotz des Klasseneffekts als ein inklusions-gerichteter Schritt zu werten ist, der von kulturellen Assimilationszwängen wegführt und den Weg zu einer Transkulturalisierung der städtischen Nachbarschaft vorantreibt, der ganz im Sinne fundamentaler europäischer Werte steht. Denn wie in den Lissaboner Verträgen der EU festgeschrieben ist, zählt sprachliche Vielfalt zum kulturellen Erbe Europas, das es zu bewahren gilt.

Summary: Local transculturalism from a social field perspective: (power) influences and multilinguism of migrants in Berlin Pankow

The paper analyses migrant-specific social practices at the neighbourhood level, more precisely transcultural activities of Polish migrants in Berlin via the example of the 'SprachCafé Polnisch'. This bilingually organised club, located in the North-Eastern Berlin district of Pankow, is defined as a place of open encounters for language and culture by their members. Considering them as transcultural agents, the paper examines how this group influences the neighbourhood they live in, and vice versa - how local, especially institutional regulations impact their social positioning. Theoretically the matter is approached with the concept of transculturality and - in its core - with the sociology of Pierre Bourdieu. After introducing transculturality as a locally practised form of transnational life style, Bourdieu's concept of field is linked to the neighbourhood as unit of analysis. This enables a new perspective on migrants (here transcultural agents), not as a group that merely integrates into the existing social environment, but as one that re- and co-constitutes it. Moreover, this lens allows an understanding of the neighbourhood as an urban setting where power relations and different forms of capital are negotiated in the struggle for social positions. Thereby, it is argued that these processes primarily occur through local institutional embeddedness. Based on ethnographical fieldwork, namely participant observation, a focus group and narrative interviews, the empirical part discusses the circumstances of the emergence of local transculturality in the sense of a strategic implementation of multilingualism. In this context, the notion of (trans)cultural capital is introduced. The findings reveal that local transculturality appears as a specific migrant middle class phenomenon, since all transcultural agents under research appear to have a middle class background. This social circumstance, together with the general trend of an increasing number of well-educated migrants in Pankow, influenced the district's official (re)positioning towards a stronger diversity orientation. The empowering effects for the culturally active Polish migrants in the course of this development are outlined through increasing networking patterns of the 'SprachCafé Polnisch', which are also enabled and supported by district officials and aim to foster more openness towards multilingualism in the neighbourhood.

Literaturverzeichnis

Aumüller J. 2014. Vielfalt in Pankow. Die Beteiligung von MigrantInnen auf lokaler Ebene. Berlin: Bezirksamt Pankow von Berlin.

Baier C., Schmitz A. 2012. Organisationen als Akteure in sozialen Feldern - Eine Modellierungsstrategie am Beispiel deutscher Hochschulen. In: S. Bernhard, C. Schmidt-Wellenburg (Hg.), Feldanalyse als Forschungsprogramm 1. Wiesbaden: VS Verlag für Sozialwissenschaften, 191-220.

Bourdieu P. 1983. Ökonomische Kapital, Kulturelles Kapital, Soziales Kapital. In: Reinhard Kreckel (Hg.), Soziale Ungleichheiten (Soziale Welt Sonderband 2), Göttingen, 183-198.

Bourdieu P., Wacquant L. 1996. Reflexive Anthropologie. Frankfurt a. M.: Suhrkamp.

Boyer R. 2003. L'Anthropologie économique de Pierre Bourdieu [Die ökonomische Anthropologie Pierre Bourdieus]. In: Actes de la recherche en sciences sociales, 150, 65-78.

Brickell K., Datta, A. (Hg.) 2011. Translocal Geographies: Spaces, Places, Connections. Farnham: Ashgate.

Cağlar A., Glick Schiller N. 2011. Introduction: Migrants and Cities. In: N. Glick Schiller, A. Cağlar (Hg.), Locating Migration. Rescaling Cities and Migrants. Ithaca: Cornell University Press, 1-22.

Dangschat J. S. 2009. Symbolische Macht und Habitus des Ortes. Die ‚Architektur der Gesellschaft' aus Sicht der Theorie(n) sozialer Ungleichheit von Pierre Bourdieu. In: J. Fischer, H. Delitz (Hg.), Die Architektur der Gesellschaft. Theorien für die Architektursoziologie. Bielefeld: transcript, 311-341.

Datta A. 2011. The translocal city: belonging and otherness among Polish migrants after 2004. In: K. Brickell, A. Datta (Hg.), Translocal Geographies: Spaces, Places, Connections. Farnham: Ashgate, 73-92.

Fürstenau S. 2004. Mehrsprachigkeit als Kapital im transnationalen Raum. Münster: Waxmann.

Glick Schiller N. 2011. Transnationality and the City. In: G. Bridge, S. Watson (Hg.), The New Blackwell Companion to the City. Oxford: Wiley-Blackwell, 179-193.

Glorius B. 2007. Transnationale Perspektiven. Eine Studie zur Migration zwischen Polen und Deutschland. Bielefeld: transcript.

Hilgers M., Mangez E. 2015. Introduction to Pierre Bourdieu's theory of social fields. In: M. Hilgers, E. Mangez (Hg.), Bourdieu's theory of social fields: concepts and applications. Oxon and New York: Routledge, 1-36.

Jenkins R. 1992. Pierre Bourdieu. London/New York: Routledge.

Krätke S., Wildner K., Lanz S. 2012. The Transnationality of Cities. Concepts, Dimensions, and Research Fields. An Introduction. In: S. Krätke, K. Wildner, S. Lanz (Hg.), Transnationalism and Urbanism. London/New York: Routledge, 1-30.

Nast J., Blokland T. 2014. Social Mix Revisited: Neighbourhood Institutions as Setting for Boundary Work and Social Capital. In: Sociology, 48 (3), 482-499.

Noble G. 2013. It is home but it is not home: habitus, field and the migrant. In: Journal of Sociology, 49 (2/3), 341-356.

Nowicka M. 2013. Positioning strategies of Polish entrepreneurs in Germany: Transnationalizing Bourdieu's notion of capital. In: International Sociology 28 (1), 29-47.

Otten M. 2012. Interkulturelle Lern- und Bildungspotenziale im Hochschulstudium. In: Die Hochschule, 01/2012, 116-129.

Pries L. 1997. Neue Migration im transnationalen Raum. In: L. Pries (Hg.), Transnationale Migration. Soziale Welt, Sonderband 12. Baden-Baden: Nomos, 15-44.

Reimann A. 2014. Vorstoß zu Migranten: Die CSU spielt Migranten-Polizei. In: Spiegel Online. Politik. 06.12.2014 [http://www.spiegel.de/politik/deutschland/csu-will-dass-migranten-zuhause-deutsch-sprechen-a-1006932.html] (letzter Zugriff: 12.05.2016).

Smith M. P. 2005. Transnational urbanism revisited. In: Journal of Ethnic and Migration Studies, 31 (2), 235-244.

Streule M. 2014. Trend zur Transdisziplinarität – Kritische Einordnung einer ambivalenten Praxis qualitativer Stadtforschung. In: Forum Qualitative Sozialforschung, 15 (1), Art. 17.

Treibel A. 1999. Migration in modernen Gesellschaften. Soziale Folgen der Einwanderung, Gastarbeit und Flucht. München: Juventa.

Welsch W. 1999. Transculturality. The Puzzling Form of Cultures Today. In: M. Featherstone (Hg.), Spaces of Culture: City, Nation, World. London: Sage, 194 -213.

Wildner K. 2015. Inventive Methods. Künstlerische Ansätze in der ethnographischen Stadtforschung. In: Ethnoscripts 17 (1): 168-185.

Zukin S. 1995. The cultures of cities. Oxford: Blackwell.

Auf dem Weg zu einem inklusiven Multikulturalismus in der Stadt: Diversifizierung der Kreativwirtschaft in East London

Konrad Miciukiewicz

1. Einführung

Die Stadt London als Heimat von 8,5 Millionen Menschen, die mehr als 300 Sprachen sprechen, ist ein transnationaler Raum *sui generis*. Ihre Multiethnizität (55 % der Londoner sind farbige britische Staatsbürger) macht die Stadt zu einem Anziehungspunkt für Menschen aus der ganzen Welt (37 % der Stadtbevölkerung wurden außerhalb Großbritanniens geboren), ihre Verkehrsinfrastruktur macht sie zum wichtigsten internationalen Verkehrsknoten (die sechs Londoner Flughäfen werden jährlich von 150 Millionen Reisenden genutzt), ihre Banken garantieren ihr (zusammen mit New York) den Spitzenplatz unter den Weltfinanzzentren, und ihre Werbebranche macht sie zur Welthauptstadt der Konsumentensehnsüchte. Sogar ihre biochemische Beschaffenheit ist im Wesentlichen transnational: Die gebaute Umwelt besteht aus importierten Materialien, mit Energie versorgt durch importierte fossile Brennstoffe, physisch errichtet von Wanderarbeitern und im Eigentum von abwesenden ausländischen Investoren. London ist ein Palimpsest einer zunehmend mehr globalen als nationalen oder lokalen soziotechnischen Assemblage, die Menschen, Kapital, Bilder und Ideen miteinander verwebt oder trennt.

London ist auch die Heimat Millionen unterschiedlicher Träume von einem besseren Leben - die vor Ort wie auch mehrere tausend Kilometer entfernt geträumt werden - ebenso wie von distinguierten Institutionen und deren Politiken, welche dabei helfen, diese Träume Wirklichkeit werden zu lassen, indem sie Gleichheit und Vielfalt schützen und sich für diese in sozialen, politischen, wirtschaftlichen und kulturellen Sphären einsetzen. Die Hinterlassenschaft des multikulturellen Kapitals des alten Empires ist in der nationalen, metropolitanen und lokalen Gesetzgebung eingebettet, ebenso wie in der unterschiedlichen ethnischen Herkunft von städtischen Verwaltungsbeamten. Seit Mai 2016 hat London zudem seinen ersten muslimischen Bürgermeister. Sadiq Khan, Menschenrechtsanwalt und ehemaliger Vorsitzender der Menschenrechtsinitiative „Liberty", geboren als Sohn eines pakistanischen Busfahrers und aufgewachsen in einer städtischen Sozialwohnung, verkörpert den Traum von einer inklusiven multikulturellen Stadt und bewegt die Herzen von jungen wie alten Londonern, die diesen Traum Wirklichkeit werden lassen wollen. Doch gleichzeitig wachsen in London Ungleichheiten und ethnische Spannungen. Die Radikalisierung einiger Religionsgruppen, die Flüchtlingskrise im Mittelmeer und der Aufstieg des sog. „Islamischen Staates" befeuern erneut die mit den New Yorker Terroranschlägen vom 11. September 2001 entfachte Islamfeindlichkeit. Die aus der Finanzkrise resultierende Sparpolitik des Wohlfahrtsstaates, welche die weniger wohlhabenden Londoner am härtesten trifft, begleitet von explodierenden Wohnkosten und einem die kommunalen Dienstleistungen unter Druck setzenden demographischen Wachstum, schürt gegen Immigration und Europa gerichtete Stimmungen. Neue Alternativen zu staatlichem Multikulturalismus, der meist aus einer Mischung von Neo-Assimilationismus und neoliberaler Wirtschaftspolitik besteht, führen tendenziell dazu, dass Minderheiten in größere Armut gestürzt und ethnische Spannungen verstärkt werden.

Der vorliegende Beitrag untersucht und plädiert für einen „inklusiven Multikulturalismus" in der Stadt, verstanden als gesellschaftliche Praxis, welche politisch diverse Repräsentationen verschiedener Minderheitengruppen mit der Schaffung von Perspektiven für deren wirtschaftliche Integration verbindet. Dabei wird argumentiert, dass der politische Diskurs ebenso wie einige neue nationale Maßnahmenpakete in Großbritannien zwar auf eine Abkehr vom „staatlichen Multikulturalismus" hindeuten, dass aber die breiten politischen Rahmensetzungen und städtischen Politiken vor Ort weiterhin als Katalysator für Multikulturalismus wirken. Darüber hinaus wird dargelegt, dass Netzwerken zwischen öffentlichen Institutionen, privaten Firmen und lokalen Organisationen ein Potential immanent ist, multikulturelle Praktiken zu initiieren und sich so mit bestehenden wie auch neuen gesellschaftlichen Rissen auseinanderzusetzen. Mittels einer Fallbeispielstudie zur Beschäftigung von Jugendlichen in der Kultur- und Kreativbranche von East London wird untersucht, wie inklusiver Multikulturalismus von einer Gruppierung in der Bildungs-, Kultur- und Kreativbranche im Queen Elizabeth Olympic Park umgesetzt wird, und welche Schlüsse aus diesen Prozessen für städtische und staatliche Politik gezogen werden können.

2. Der Niedergang des „staatlichen Multikulturalismus" und der Aufstieg des „muskulösen Liberalismus"

Die Unterscheidung zwischen Assimilationismus und Multikulturalismus hat in Westeuropa lange zur Konstruktion des binären Gegensatzes zwischen zwei als „das französische" und „das britische" Modell bekannten Integrationsparadigmen gedient. „Französischer Assimilationismus", gestützt auf bürgerlichen Individualismus und nationalen Modernismus, begreift ein abstraktes Individuum als Schlüsselsubjekt der politischen und wirtschaftlichen Staatsbürgerschaft, und als Mitglied einer nationalen „Gemeinschaft der Bürger" (Balibar 2012; Schnapper 1998) der Republik. Daher galt es als farbblinder Ansatz. „Britischer Multikulturalismus", dargestellt als die Antithese des französischen Integrationsmodells, schenkt der Einzigartigkeit ethnischer und lokaler Kulturen und deren Identitätsansprüchen viel mehr Aufmerksamkeit; er übersieht ethnische und rassische Diskriminierung nicht und bekämpft diese mittels ethnischen Monitorings und Fördermaßnahmen. Integrationspolitiken in einer Reihe von europäischen Ländern und Regionen werden oft mit einem dieser Modelle verbunden, etwa Österreich, Dänemark, Deutschland, Griechenland und Wallonien mit dem Assimilationismus-Ansatz und Finnland, Flandern, Irland, Italien, Schweden und die Niederlande mit britischem Multikulturalismus, wobei gemeinhin davon ausgegangen wird, dass der erstgenannte üblicherweise mit generöseren universalistischen Verteilungspolitiken des Wohlfahrtstaates verbunden ist. Während politische Philosophie-Debatten die Kontroverse um „Umverteilung oder Anerkennung" (Fraser 1995) und die Widersprüche einer Privilegierung von Gruppen- gegenüber individuellen Rechten (Edwards 1985) bereits seit Jahrzehnten thematisiert haben, wird in jüngeren Politikanalysen auch angeprangert, dass Multikulturalismuspolitiken eine zersetzende Wirkung für den Wohlfahrtsstaat gehabt, zu einem Staatsversagen bezüglich der Befriedigung grundlegender menschlicher Bedürfnisse beigetragen und soziale Probleme verstärkt haben (Banting, Kymlicka 2006).

Die jüngste Krise bzw. die Abwendung vom Multikulturalismus in Europa, insbesondere in Großbritannien und den Niederlanden, beruhte jedoch nicht auf seiner Bewertung als ineffizient in der Befriedigung menschlicher Bedürfnisse, sondern auf konservativer Integrationspolitikkritik in Folge der Terroranschläge vom 11. September 2001 in New York, vom 7. Juli 2005 in London und wiederholten städtischen Unruhen in britischen Städten im ersten Jahrzehnt des neuen Jahrtausends. Das auf Anti-Diskriminierung und Chancengleichheit basierende liberale Verständnis von Staatsbürgerschaft wurde teilweise von mehr essentialistischen Konzepten nationaler Identität abgelöst. Unter der Regierung von Gordon Brown wurde der Schwerpunkt der Bekämpfung gesellschaftlicher Exklusion durch aktive Förderungsmaßnahmen für Minderheiten und eine an ethnisch-kultureller Vielfalt orientierte Integration, wie sie zuvor in Großbritannien durch die von der Regierung eingesetzten Arbeitsabteilung gegen soziale Ausgrenzung (Social Exclusion Unit) verfochten worden war, abgelöst von einem kohäsionsorientierten Ansatz. Das neue politische Paradigma zielt auf Förderung und Sicherung einer gemeinsamen Bürgerkultur, welche „a common set of moral principles and codes of behaviour through which people conduct their relations with one another" (Kearns, Forrest 2000: 997) umfasst. Großbritannien und andere europäische Staaten haben im Verlaufe des ersten Jahrzehnts nach dem Millennium entweder einen Übergang von multikulturellen zu monokulturalistischen Interpretationen gesellschaftlicher Kohäsion oder eine Radikalisierung der letztgenannten erlebt, oder im besten Fall „a shift towards controlled multiculturalism whereby cultural diversity is supported only to the extent to which it can be accommodated in an unproblematic way inside the national cultural context of a European host society" (Miciukiewicz at al. 2012: 1866).

Dieser Wandel hin zu essentialistischen Konzepten nationaler Staatsbürgerschaft (Novy 2011) und zu neo-assimilatorischen Integrationspolitiken (Dukes,

Musterd 2012), der parallel zu den nach 2008 durchgeführten Sparmaßnahmen im Bereich öffentlicher Dienstleistungen eingetreten ist, hat zu einer wachsenden Konvergenz zwischen dem „französischen assimilatorischen" und dem „britischen multikulturalistischen" Integrationsmodell geführt (Bertossi 2007). Während die Abkehr von multikulturalistischen Politiken in Europa sich überwiegend gegen als potentiell bedrohlich für die nationale Identität und Sicherheit wahrgenommene Immigrantengruppen, insbesondere die der Muslime, richtete, hat die krisenbedingte Schrumpfung des Wohlfahrtsstaates zur Verarmung und Ausgrenzung von ethnischen Gruppen beigetragen, die - wie etwa die karibische Minderheit in Großbritannien - als ohne Arbeitsethos und somit als finanzielle Bürde für den Staat dargestellt werden. Darüber hinaus richtet sich die öffentliche Rhetorik, während im politischen Mainstream-Diskurs sub-staatliche nationale Minderheitengruppen, hybride urbane Kulturen, seit langem bestehende „gut-integrierte" ethnische Gemeinschaften, Expats und transnational mobile Fachkräfte gepriesen werden, in mehreren europäischen Ländern zunehmend gegen weniger produktive sub-staatliche Gruppen, wie etwa die Wallonen in Belgien, oder gegen als für die Aufnahmegesellschaft wirtschaftlich schädlich angesehene Minderheiten, wie etwa in Großbritannien unqualifizierte Arbeitskräfte aus Ost- und Südeuropa ebenso wie die ausländischen Londoner Superreichen.

Das Anwachsen des Neo-Assimilationismus hat oft zu einer Verschlimmerung der Probleme geführt, die eigentlich gelöst werden sollten. In den letzten Jahren hat Europa eine rapide Bildung neuer Bevölkerungskategorien und eine Vergrößerung der sozioökonomischen Vulnerabilität quer über den gesamten Kontinent erlebt, welche deutliche Folgen hatten: gewalttätige Unruhen in großen europäischen Hauptstädten, steiler Anstieg an Eigentumsdelikten, Zunahme des Fremdenhasses, Rassismus, Rechtsextremismus und die zunehmende Ausgrenzung europäischer Muslime. Diese Prozesse lagen in einer ganzen Anzahl von komplexen kulturellen, politischen und wirtschaftlichen Vorgängen begründet, doch maßgebliche europäische Politiker sahen ihre Ursache im Versagen von Multikulturalismus als staatliche Politik. Insbesondere wurde dies auf der Münchner Sicherheitskonferenz 2011 deutlich, als David Cameron, Angela Merkel und Nicolas Sarkozy darin übereinstimmten, dass es „staatlicher Multikulturalismus" sei, der zur Krise bezüglich der Zusammengehörigkeit geführt und zum Anwachsen des Terrorismus in Europa beigetragen habe. Der britische Premierminister führte auf der Konferenz aus:

> Under the doctrine of state multiculturalism, we have encouraged different cultures to live separate lives, apart from each other and apart from the mainstream. We've failed to provide a vision of society to which they feel they want to belong. We've even tolerated these segregated communities behaving in ways that run completely counter to our values. [...] Now we must build stronger societies and stronger identities at home. Frankly, we need a lot less of the passive tolerance of recent years and a much more active, muscular liberalism that says to its citizens, this is what defines us as a society: to belong here is to believe in these things. Now, each of us in our own countries, I believe, must be unambiguous and hard-nosed about this defence of our liberty (Cabinet Office, 2011).

Diese Rede von David Cameron, in der er das Ende des „staatlichen Multikulturalismus" und den Aufstieg des „muskulösen Liberalismus" ausrief, stellt eine der unverhülltesten politischen Aussagen dar, in der die Wandlung vom Wohlfahrts- zum Kriegsstaat (from Welfare State to Warfare State) angekündigt wird - welche freilich bereits seit längerem in westlichen Demokratien von Sozialwissenschaftlern beobachtet und untersucht wird (Peck 2003; McCulloch 2005). Unter diesem Regime, gekennzeichnet von neoliberaler Wirtschaftspolitik und überzogener Erzwingung gesellschaftlicher Integration, hat der Staat die Ausrichtung seiner Aufmerksamkeit von sozialer hin zu nationaler Sicherheit verschoben. Ungeachtet der Warnungen von Wissenschaftlern, zivilgesellschaftlichen Organisationen und kommunalen Verwaltungen wurde das Anstreben der Ziele des „muskulösen Liberalismus" begleitet von Mittelkürzungen für organisierte ethnische Gemeinschaften, Jugendzentren und Berufsausbildungen. Dieses politische Maßnahmenbündel ist später als einer der Hauptauslöser für die sich im August 2011 in London, Manchester, Birmingham, Liverpool und weiteren Städten ereignenden, größten und gewalttätigsten Straßenausschreitungen, die England je erlebt hat, bezeichnet worden. Dieser Sommer des Aufruhrs - ausgelöst durch die tödlichen Schüsse von Polizisten auf Mark Duggan, einen dunkelhäutiger Bewohner einer kommunalen Wohnsiedlung in Tottenham - war bezüglich der Randalierenden gekennzeichnet von einer Überrepräsentation von dunkelhäutigen, von der Arbeiterklasse zuzurechnenden weißen englischen sowie von osteuropäischen Jugendlichen, begleitet von einer Unterrepräsentation muslimischer Asiaten, deren kleine Geschäfte und Läden vielmehr häufig den Plünderungen zum Opfer fielen. Neben anderen Dingen spiegelte sich in den Unruhen eine Gesellschaft wider, deren Spaltung weniger auf ethnischen als auf Klassengegensätzen beruht, wobei sozioökonomische Faktoren und eine versagende Jugendpolitik in starkem Maße zur Krise der „gesellschaftlichen Kohäsion" beigetragen haben. Folglich sind neue Ansätze gefragt, mit denen die bestehenden Probleme der Zugehörigkeit quer zu sowohl ethnischen als auch Klassenschichten angegangen werden.

3. Inklusiver Multikulturalismus in der Stadt

Eines der Argumente, welches zur Erklärung der jüngsten gesellschaftspolitischen Probleme und der Ereignisse der genannten Art hervorgebracht werden kann, ist, dass die Regierung von Großbritannien weitgehend ihren Draht zu jungen Menschen verloren hat. Wirtschaftskrise wie globale Revolution in der Digitalwirtschaft haben die generelle Flexibilisierung des Arbeitsmarktes vorangetrieben. Der ökonomische Deregulierungsprozess ist durch tief greifende Veränderungen bezüglich der Geschäftsformen und der Bindungen an zunehmend nomadische Arbeitskräfte erneut verstärkt worden. Zu erwarten steht, dass die zwischen 1977 und 1994 geborene Altersgruppe der „Millennials" und die der jetzt in das Erwachsenenleben eintretenden, zwischen 1995 und 2012 geborenen „Generation Z" einmal als die ersten Generationen in der westlichen Welt ärmer als ihre Eltern sein werden; sie werden zudem kaum mehr in der Lage zur Absicherung einer Vollzeitbeschäftigung in der Zukunft sein. Während die zukünftigen Berufsaussichten für Jugendliche der weißen Mittelklasse ungewiss sind, erscheinen sie für Jugendliche aus der Gruppe der Schwarzen, Asiaten und ethnischen Minderheiten (*Black, Asian & Minority Ethnic – BAME*) als aussichtlos. Dabei kommunizieren Jugendliche über andere Kanäle und in unterschiedlichen Weisen, sie bilden neuartige soziale Gruppierungen und gehen oft nicht zu Wahlen.

Angesichts eines Ausbruchs von altem und „neuen Tribalismus" (Maffesoli 1988), der von muslimischem Fundamentalismus und europäischem Rechtsextremismus bis zu globalen Kulturen von Digital-Unternehmern an Londons zentralen Standorten reicht, sind die Verbindungen zwischen der Jugend und den Institutionen des liberalen Staates abgerissen; liberale Regierungen machen sich kaum noch einen Begriff davon, was junge Menschen denken, fühlen oder fürchten. Für diese Generation scheint der Gesellschaftspakt aufgekündigt zu sein, demzufolge sie – als Bürger, Erwerbstätige und Konsumenten von Waren und Dienstleistungen – sich an den liberalen Nationalstaat binden als einen Anker der Zugehörigkeit und politischen Gemeinschaft. Ein neuer Gesellschaftsvertrag wird gebraucht, um die modernen Institutionen zur Erfüllung ihrer Aufgaben zu transformieren und sie wieder mit den *BAME*-Jugendlichen zu verbinden. Ich spreche mich dafür aus, dass die Traditionen des „staatlichen Multikulturalismus" in diesen Gesellschaftsvertrag neben neuen Ansätzen für wirtschaftliche Inklusion und „differenzierte Staatsbürgerschaft" (Young 1989) zu integrieren sind. Somit befürworte ich einen „inklusiven Multikulturalismus", verstanden als eine Assemblage sozialer Praktiken, umgesetzt von soziale, kulturelle, politische und wirtschaftliche Sphären übergreifenden Netzwerken multipler Akteure, welche sich für Möglichkeiten politisch diverser Repräsentation und wirtschaftlicher Betätigung von *BAME*-Gruppen einsetzen. Obwohl ich behaupte, dass „inklusiver Multikulturalismus" eine Politik- und Praxisrichtschnur bezogen auf unterschiedliche Altersgruppen sein kann, konzentriert sich der vorliegende Beitrag im Folgenden auf *BAME*-Jugendliche, die soziokulturellen Brüchen am stärksten ausgesetzt sind und die daher am meisten von diesem Ansatz profitieren können.

Öffentliche Debatten, Politikprogramme und Vor-Ort-Praktiken sollten einen breiteren Multikulturalismus-Ansatz verfolgen, der Themen wie sozioökonomische Inklusion, Alter, Gender, Lebensstil und sexuelle Orientierung einschließt. Die den öffentlichen Diskurs dominierenden Debatten über Ethnizität und Religion müssen wieder Berührungspunkte zu anderen, soziale Probleme determinierende Faktoren entwickeln, insbesondere zu Themen wie sozioökonomische Ungleichheit und Vielfalt urbaner Jugendkulturen. Eine kulturelle Vielfalt in Harmonie ohne vergrößerte sozioökonomische Chancen für *BAME*-Jugendliche ist kaum vorstellbar. Dauerhafte Anstrengungen zur Beseitigung von Diskriminierung aus rassischen Gründen und von struktureller Ungleichheit im Wirtschaftsbereich stellen eine *conditio sine qua non* für Strategien dar, welche der Erzeugung eines größeren Zugehörigkeitsgefühls dienen sollen. Beschäftigungsmöglichkeiten, sichere Behausung und bessere Existenzgrundlagen waren es, durch welche Generationen von Immigranten in die Aufnahmegesellschaften in Australien, Kanada und den USA eingebunden worden sind. Und es sind die zunehmend versperrten Wege sozialer Mobilität und der Ausschluss von einem die Befriedigung wachsender Wohnbedürfnisse ermöglichenden Immobilienmarkt, welche maßgeblich zur gesellschaftlichen Entfremdung bei Migranten der dritten Generation beitragen. Aspekte der sozialen Klasse sind dabei sicherlich nicht die einzige Ursache dieser Entfremdung, aber ohne eine Auseinandersetzung mit den Problemen Armut und Nichterwerbstätigkeit, welche lang etablierte *BAME*-Gemeinschaften stärker als andere Kreise sozioökonomischer Schichten betreffen, ist eine bessere kulturelle Integration nicht erreichbar.

Sozioökonomische Inklusion von *BAME*-Jugendlichen ist ein Schlüssel nicht nur zu Begrenzung von Armut, Befriedigung menschlicher Bedürfnisse und Beförderung eines Zugehörigkeitsgefühls bei ethnischen Minderheiten, sondern auch zu deren Partizipation an der Formung einer neuen hybriden Wirtschaftskultur. Wirtschaftsprogramme und -initiativen zur Beschäftigung von *BAME*-Jugendlichen in den Kreativ-, Digital- und Technologiebranchen, neue Eigentümermodelle oder das Auftreten neuartiger lokaler Sozial- und Gemeinschaftsökonomien stärken nicht nur ihr Zugehörigkeitsgefühl und ihre Handlungsfähigkeit innerhalb eines breiteren Ganzen, sondern dienen auch als neue Wege demokratischer Partizipation.

> A democratic culture is more than representative institutions of democracy, and it is more than deliberation about public issues. Rather, a democratic culture in which individuals have a fair opportunity to participate in the forms of meaning-making that constitute them as individuals. Democratic culture is about individual liberty as well as collective self-governance; it is about each individual's ability to participate in the *production and distribution* of culture (Balkin 2004: 3 in Toivonen 2016: 7).

Die Beteiligung von *BAME*-Jugendlichen an der Kreierung solcher Formen wirtschaftlicher Aktivität unterstützt ihre freie Meinungsartikulation und bindet sie in den Prozess der Reproduktion und Transformation demokratischer Kulturen ein. „Inklusiver Multikulturalismus", so wie ich ihn verstehe, wird junge Menschen unterstützend dazu befähigen, unter Einbringung ihrer eigenen Kreativität, ihres kulturelles Erbes und der Bedürfnisse ihrer Gemeinschaft Wirtschaftskulturen ebenso wie Wege kultureller und politischer Repräsentation innovativ zu verändern. Die innovative Rekombination kultureller Materialien "that include not only artistic and digital content [...] but also artefacts such as business models, social enterprise strategies, digital architectures and ownership formats [...] around new priorities and missions constitutes an important form of democratic participation today" (Toivonen 2016: 2). Aufbau, Unterstützung und Ausbau wirtschaftlicher Aktivitäten von *BAME*-Jugendlichen einschließlich deren Einbeziehung in neue Wirtschaftsformationen durch Beschäftigungs- oder Ausbildungsprogramme hat ein großes Potential, diese Individuen persönlich zu stärken, Sickereffekte für ihre Gemeinschaften zu erreichen und ihre ethnischen Kulturen in die Kreierung neuer inklusiver multikultureller Wirtschafts- und Politikformationen einzuschließen.

Da neue Wirtschaftskulturen über moderne Formen deliberativer und partizipativer Demokratie hinausgehen (sowohl durch die Abwendung junger Menschen von traditionellen Politikwegen als auch durch die Entwicklung neuer Formen demokratischer Partizipation), ist in der Staatsbürgerschafts-Theorie die Herausbildung eines neuen Verständnisses erforderlich, um diesen Prozessen Rechnung zu tragen. Ich gehe davon aus, dass die neuen Wege, auf denen junge Menschen ihre Staatsbürgerschaft - sei es durch ethnisches Unternehmertum oder durch die Beteiligung an Initiativen zur Minderung globaler Armut - gestalten, für multikulturelle Nationalstaaten Chance und Herausforderung zugleich sind. Post-nationale Politiken, hybride urbane Jugendkulturen und zunehmend komplexere Diaspora-Politiken bieten neuen Raum zur Verhandlung von Mehrheit-Minderheit-Beziehungen, zum Legen neuartiger Fundamente für gegenseitiges Verständnis, zum Schmieden neuer Allianzen und zur Stärkung des Zugehörigkeitsgefühls von Minderheitengruppen. Die Erfüllung dieser Versprechen wird ein Umdenken bezüglich unseres Verständnisses von Staatsbürgerschaft erfordern. Das politisch-philosophische Konzept einer „differenzierten Staatsbürgerschaft“ (Young 1989) - welches bereits der Gesetzgebung in Kanada und Australien, wo Multikulturalismus als symbolischer Grundpfeiler (flexibler und gegenüber Veränderungen offener) nationaler Identität begriffen wird, zugrunde liegt - liefert dafür einen guten Ausgangspunkt. Jedoch verlangen die tief greifenden Veränderungen in der Art und Weise des menschlichen Zusammenlebens wie -arbeitens nach breiteren und stärker auf Inklusion setzenden Konzeptualisierungen und Umsetzungen „differenzierter Staatsbürgerschaft“, um besser die multiplen Seiten und Sphären, in denen Staatsbürgerschaft praktiziert wird, sowohl innerhalb als auch jenseits nationalstaatlicher Grenzen zu erfassen.

Der Ansatz des „inklusiven Multikulturalismus“ erfordert somit eine Aufweitung der Rolle des Nationalstaates - und dessen Politiken in den „multikulturalen“ Praktiken - von einem Regulierer und Wächter zu einem proaktiven Unterstützer pluralistischer kultureller, politischer und ökonomischer Staatsbürgerschaft. Grundsätzlich wird „inklusiver Multikulturalismus“ zwar am besten umgesetzt von einer Myriade miteinander verbundener Akteure wie öffentliche Einrichtungen, Unternehmen, Lobbygruppen, Gemeinschaftsorganisationen, Individuen und Kollektive, welche den Raum schaffen für eine pluralistische Vertretung von Minderheiten (z.B. durch die Veranstaltung von künstlerischen Aufführungen und Ausstellungen) und für ein Zusammenführung unterschiedlicher ethnischer, Klassen- und Berufskulturen (z.B. in Innovationszentren für Jugendliche). Jedoch kann zentralstaatlichen Institutionen eine Schlüsselrolle im kulturenübergreifenden Dialog zukommen, indem sie intersektorale Initiativen stärken, verbinden und deren Wirkungsvermögen erhöhen. Solch ein *bottom-linked approach* (Swyngedouw, Moulaert 2010), der *bottom-up*-Initiativen mit *top-down*-Politiken zusammenführt, kann auch zu Politikinnovationen führen, die *citizen-informed* und *citizen-designed* (Lindquist et al 2013) sind. Indem „inklusiver Multikulturalismus“ auf den Prinzipien von Pluralismus und Verbundenheit basiert, strebt er die Herstellung von Beziehungen zwischen unterschiedlichen (1) ethnischen, Klassen- und urbanen Kulturen, (2) Dimensionen (sozial, kulturell, politisch und wirtschaftlich) von Staatsbürgerschaft und (3) Governance-Niveaus und -Subjekten an.

Nicht zuletzt bin ich der Meinung, dass sich im Zeitraffer-Tempo wandelnde Stadtquartiere zugleich als *loci*, Laboratorien und Mustergebiete für „inklusiven Multikulturalismus" eignen. Ethnisch gemischte Städte sind die besten Orte, um multikulturelle Solidaritäten, hybride Kulturen und Mehrschichtenformen politischer Zugehörigkeit zu erkunden. Ethnische Minoritäten leben, lieben und arbeiten in urbanen Gebieten; Städte und Quartiere sind die Räume, in denen sie ihre Verbundenheitsgefühle zu Orten und Menschen aufbauen, und wo sie sich dazugehörig fühlen. Seit langem bekannt ist zudem, dass öffentliche Multikultur-Programme eher städtisch und lokal als national verortbar sind, denn der Begriff der „Stadtbürgerschaft" (*urban citizenship*) und seine gesellschaftlich spürbaren Dimensionen sind „inclusive, embracing all citizens at the local level, and devoid of a negative connotation" (Dukes, Musterd 2012: 1994). Da nationale Politiken zunehmend die in Geschichte, Kultur, Religion und Sprache verwurzelten vorherrschenden Identitäten und Werte der Aufnahmegesellschaften bevorzugen und zu verstärken suchen sowie neue Ausgrenzungsmechanismen entsprechend zunehmend komplexeren Hierarchien bezüglich der Immigranten-Status von Neuankömmlingen einführen, ist gesellschaftliche Integration zu einem Bereich der Stadtpolitik geworden.

Aber Verhandlungen von Vielfalt und Vielschichtigkeit sind keineswegs ein linearer Prozess. Urbane Quartiere in Städten, die – wie London – von Mega-Vielfalt und Akkumulation globalen Kapitals gekennzeichnet sind, durchleben Zyklen ökonomischen und sozioräumlichen Wandels, in denen multikulturelle Beziehungen Brüche erfahren und intensiv neu verhandelt werden. Ich argumentiere, dass diese Momente der urbanen Brüche, auch wenn sie häufig eine Intensivierung ethnischer Konflikte und Verdrängung urbaner Gemeinschaften mit sich bringen, trotzdem zur Generierung „gesellschaftlich kreativer Milieus" (André, Abreu 2009) beitragen können. Diese durch rapide sozioräumliche Transformationen hervorgerufenen Milieus bergen für urbane Gemeinschaften Risiken, Herausforderungen und Unsicherheiten. Aber sie mobilisieren auch alte wie neue Akteure und Netzwerke, um gesellschaftlich kreative Antworten auf neue Herausforderungen und seit langem bestehende soziale Probleme multikultureller Gesellschaften zu finden. Der folgende Abschnitt analysiert die Schaffung eines „gesellschaftlich kreativen Milieus" in dem sich rapid wandelnden Queen Elizabeth Olympic Park in London, in dem ein Netzwerk aus Bildungsanstalten, Kunstorganisationen, Kultur- und Kreativbetrieben, Gemeinschaftsorganisationen und kommunalen Behörden anstrebt, *BAME*-Jugendlichen neue Bahnen zur Kreativbeschäftigung zu ebenen und sie so in den Prozess der Erneuerung von East London einzubeziehen.

4. Aufbau eines multikulturellen Kreativsektors: Gestaltung von Wegen zur Beschäftigung von BAME-Jugendlichen

Die vier der sog. Olympia-Stadtgemeinden von East London, in denen die vorliegende Studie durchgeführt worden ist (Hackney, Tower Hamlets, Newham und Waltham Forrest), bilden das mit Abstand ethnisch vielfältigste urbane Gebiet Europas, und das nach Brooklyn zweitvielfältigste der Welt. Die dort lebenden 1,1 Millionen Menschen sprechen über 200 Sprachen. Alle vier Stadtgemeinden mit einer hohen Konzentration von asiatischen, afrikanischen und karibischen Gemeinschaften zeichnen sich nicht nur durch höchste Level ethnischer Vielfalt, sondern auch wachsender Ungleichheiten aus. Letzteres tritt am stärksten in Tower Hamlets zum Vorschein, wo Armutsgebiete neben den Inseln enormen Reichtums von Canary Wharf bestehen, sowie in Hackney, welches als Standort der „britischen Kreativ- und Digitalrevolution" über die vergangenen zwei Jahrzehnte eine Steigung der Wohnimmobilienpreise um 939 % erfahren hat - damit werden diesbezüglich sämtliche anderen Stadtteile im Land übertroffen. Alle Olympia-Stadtgemeinden haben zudem eine beispiellose Zuwanderung von neuen Bevölkerungsgruppen erfahren, die sich stark von den seit langem ansässigen lokalen Gemeinschaften unterscheiden, und zwar von junger Kreativbevölkerung aus Westeuropa, den USA und Australien in Hackney, von jungen Fachkräften und Bankern in Tower Hamlets sowie von Osteuropäern in den äußeren Bereichen von Newham und Waltham Forrest. Das einst wie ein Militärlager in East London angelandete globale Sportereignis und die transnationale Kreativrevolution verstärkten soziale Ausgrenzung (vgl. McCann 2007 und Peck 2005 für eine diesbezügliche Kritik an Florida), und die Weltwirtschaftskrise, durch die das Kapital der Superreichen dieser Welt aus Aktienmärkten in den Londoner Immobilienmarkt umgeleitet wurde, hat Wohnimmobilienpreise explodieren lassen.

Unsere Arbeit im Olympic Park und seinem Umfeld bestand aus drei Phasen. In Phase 1 führten wir eine Forschungsstudie durch um zu erfahren, wie lokale Bewohner den im Gang befindlichen Stadterneuerungsprozess erleben, und wie sie sich eine wohlhabendere Zukunft für sich, ihre Familien und Freunde vorstellen. Diese Etappe bestand aus 50 ausführlichen Interviews, eine Reihe öffentlicher Veranstaltungen und künstlerisch basierten Methoden mit 600 Forschungsteilnehmern. Dabei machten wir drei allgemeine Grundbesorgnisse ausfindig: zum ersten Sorge bezüglich steigender Wohnkosten, zum zweiten Sorge bezüglich Arbeitsplatz- und Unternehmermöglichkeiten in Verbindung mit den Entwicklungen nach Olympia und dem Boom der Kreativwirtschaft in Hackney und zum dritten Sorge bezüglich der Auswirkungen der sozioräumlichen Transformationen auf Nachbarschaftsbeziehungen in lokalen Gemeinschaften. Die zwei letztgenannten wurden vor allem betont von seit langem ansässigen asiatischen, afrikanischen und karibischen Bewohnern, die häufig Mieter kommunaler bzw. wohnungsbaugesellschaftlicher Bestände oder Wohneigentümer sind und daher der Unbeständigkeit des Wohnungsmarktes weniger ausgesetzt. Da die Analysen der Phase 1 deutlich machten, dass *BAME*-Gemeinschaften vor allem (für sich selbst und/oder ihre Kinder) Zugang zu Beschäftigung, Unternehmertum und der „Symbolkultur" der Kreativwirtschaft von East London wünschten, und zudem die genannten Aspekte als Eckpfeiler einer größeren sozialen Integration angesehen wurden, konzentrierten sich die anschließenden Phasen unserer „transdisziplinären Forschung" (Miciukiewicz et al. 2012) auf das Finden und Entwerfen von Wegen zur Beschäftigung von *BAME*-Jugendlichen im Kreativsektor.

In der zweiten Forschungsphase wurden die Ziele junger Menschen erkundet, ihre in Realität wie Vorstellungen existierenden Wege zu kreativen Beschäftigungsverhältnissen, die ihnen entgegenstehenden Barrieren, die Methoden, mit denen sie diese zu umgehen suchen, sowie die für ihr Gedeihen noch notwendige Unterstützung. Phase II bestand zum einen aus zwanzig Experteninterviews mit Managern von kleinen und mittleren Kultur- und Kreativ-Unternehmen im Umfeld des Olympic Park und von sich dort niederlassenden ausländischen Unternehmen sowie zum anderen aus dreißig videotechnisch aufgezeichneten Tiefeninterviews mit *BAME*-Jugendlichen. Durch Experten- wie Tiefeninterviews wurden Barrieren zur Beschäftigung von *BAME*-Jugendlichen in der Kreativbranche bestimmt, wie sie aus Sicht von Arbeitgebern und von Arbeitssuchenden bestehen. Arbeitsmarktfähigkeit ist in dieser Branche gebunden an ausgeprägte digitale und technische Fähigkeiten, unbezahlte Praktika und Verbindung zu spezialisierten, meist internationalen und informellen Netzwerken. Darüber hinaus sind die meisten Firmen der Kreativbranche in East London Kleinbetriebe mit nur selten langfristigem Kundenbestand. Daher sind ihre Kapazitäten zur Erzeugung nachhaltiger Beschäftigungsformen und zur Ausbildung ihrer (zukünftigen) Beschäftigten am Arbeitsplatz begrenzt. Es besteht nicht nur eine Kluft zwischen den lokal vorhandenen Arbeitnehmerfähigkeiten und den Arbeitnehmererwartungen, sondern auch eine Anzahl an Informations-, symbolischen und kulturellen Barrieren – wie beispielsweise ein Gefühl emotionaler Inkompatibilität mit der Kultur der „weißen Mittelklasse", ein Mangel an Selbstvertrauen (in afrikanischen und karibischen Minderheiten) und fehlende familiäre Unterstützung beim Einschlagen eines Karrierewegs in der Kreativwirtschaft (in asiatischen Minderheiten) – steht einer Besetzung von Jobs in der Kreativbranche mit *BAME*-Jugendlichen aus East London entgegen. Doch obwohl es diesen Jugendlichen an Selbstvertrauen und Ausbildung mangelte, strebten viele von ihnen dennoch Stellen im Kreativbereich an und begriffen diese als eine Möglichkeit, zum Prozess des kulturellen *meaning-making* (Balkin 2004) beizutragen. Phase II führte zu der Schlussfolgerung, dass – im Gegensatz zu einer Einbeziehung von *BAME*-Jugendlichen in Kunstprojekte – ihre Beschäftigung in der Kunst-, Kultur- und Kreativbranche einen wirklichen Wechsel bewirken und zur Verfechtung einer multikulturellen Gesellschaft in den Olympia-Stadtgemeinden beitragen würde.

In Phase III lag der Fokus auf dem Vorstellen, Entwickeln und Anstoßen von neuen Beschäftigungswegen für *BAME*-Jugendliche in der Kreativwirtschaft. Im Olympic Park wurde ein „gesellschaftlich kreatives Milieu" erkennbar, welches ein Geflecht kultureller, ökonomischer und politischer Faktoren vereint. Durch die Schaffung von drei neuen Geschäfts-, Kultur- und Bildungsvierteln im Olympic Park – Here East (ein Digital- und Technologiecluster), Stratford Waterfront (bestehend aus Außenstellen der University of the Arts London, des Victoria & Albert Museums, des Sadler's Wells Theatre und des Smithsonian Museum of Science) und UCL East (ein neuer Campus des University College London) – sollen bis zum Abschluss aller Investitionsvorhaben 2021 unmittelbar 15.000 Arbeitsplätze entstehen. Zu den sich dort niederlassenden ausländischen Unternehmen gehören zahlreiche große Organisationen, welche die Kapazität besitzen, ihre Beschäftigten im

Rahmen von Projekten der Weiterbildung am Arbeitsplatz und der persönlichen Entwicklung zu qualifizieren. Viele der Unternehmen sind zudem Organisationen mit öffentlichem Auftrag, welche von an ethische Grundregeln gebundenen öffentlichen Finanzzuschüssen abhängen, weshalb deren Leiter der Jugendintegration in ihren Entwicklungsplänen eine hohe Priorität zukommen lassen. Gleiches gilt für die auf Bürgermeisterebene gegründete Stadtentwicklungsgesellschaft (London Legacy Development Corporation), welche von den vier Stadtgemeinden bis 2030 die Planungshoheit über den Olympic Park übernommen hat. Diese Entwicklungsgesellschaft ist an das Olympische Vermächtnis gebunden, in welchem Jugendförderung ein Schlüsselelement darstellt. Nicht zuletzt wird von der Zentralregierung der Start eines neuen Auszubildendenrahmenprogramms vorbereitet, welches eine Möglichkeit dafür bietet, Auszubildende in der Kreativbranche und bei großen privatwirtschaftlichen Akteuren zu lancieren.

Die Entstehung des „kreativen Milieus" ermöglichte uns als Bestandteil von Phase III dieses transdisziplinären Forschungsprojektes die Erstellung einer sozialen Plattform von dreißig Firmen der Bildungs-, Kunst-, Kultur-, Kreativ-, Digital- und Technologiebranchen, welche bereits im Olympic Park ihren Standort haben oder bis 2021 haben werden, zum Zwecke der Mitgestaltung von Wegen für *BAME*-Jugendliche in die Kreativbranche. Zu diesem Zweck wurden mehrere von Jugendlichen aus East London mitgestaltete Workshops veranstaltet. Als Ergebnis wurden frühzeitige Abmachungen und Kollaborationen auf den Weg gebracht, um den Protoentwurf eines *Creative Employment Catapult Programme* für *BAME*-Jugendliche aus den Olympia-Stadtgemeinden zu erstellen; dieses Programm soll ihnen den Berufsweg in das neue Wirtschaftszentrum East London bahnen. Es besteht mittlerweile aus einer ganzen Anzahl von für den Zeitraum von 2016 bis 2021 vorgesehenen Initiativen: (1) einer gemeinsamen temporären Container-Anlage als *One Stop Shop* im Olympic Park, die von 2017 bis 2020 als Jugendzentrum fungieren und sowohl Beratung in Bildungs-, Berufskompetenz- und Beschäftigungsfragen als auch Raum für Co-working und Veranstaltungen bieten wird; (2) von Jugendlichen gestalteten Ausstellungen und Veranstaltungen, welche die Vielfalt von East London exponieren und zum Dialog zwischen unterschiedlichen ethnischen Gruppen beitragen; (3) gemeinsamen Kreativbildungsprogrammen veranstaltet in Central und West London, welche *BAME*-Jugendgruppen aus East London in das University College London, das Victoria & Albert Museum und dass Sadler's Wells Theatre führen werden; (4) Trainings- und Praktikumsprogrammen für *BAME*-Jugendliche, die von kleinen und mittleren Unternehmen der Kultur- und Kreativbranche in East London angeboten und von dort sich ansiedelnden ausländischen Unternehmen finanziell gefördert werden; (5) gemeinsamen, von den letztgenannten Unternehmen organisierten Auszubildendenprogrammen mit kreativen, technischen, administrativen und gemischten Zweigen sowie (6) der für 2016 vorgesehen Anstellung von Assistenzprogrammierern aus den Olympia-Stadtteilen im Victoria & Albert Museum und im Sadler's Wells Theatre, die in den bestehenden Standorten in West London arbeiten werden und dort die Basis für die zukünftige kulturelle Programmierung im Olympic Park erstellen werden.

Das *Creative Employment Catapult Programme* sieht zudem mehrere Initiativen nach 2021 vor, darunter die Einrichtung einer Hip-Hop-Akademie durch das Sadler's Wells Theatre, die Schaffung eines maßgeschneiderten Jugendlabors auf dem UCL East-Campus und *share economy*-Initiativen, im Rahmen derer Startup-Unternehmen kostenlos gewerbliche Nutzflächen als Gegenleistung für die Vermittlung von Kompetenzen an *BAME*-Gruppen erhalten.

Das *Creative Employment Catapult Programme* ist noch in der Erstellung, die Größenordnung des Einbezugs und des beruflichen Erfolgs von *BAME*-Gruppen ist schwer zu prognostizieren, die Sickereffekte für einzelne ethnische Gemeinschaften sind unbestimmt und die Übertragungsfähigkeit dieses Modells auf andere Wirtschaftscluster in Großbritannien oder andernorts unsicher. Doch die Initiative gewinnt an Fahrt wie Unterstützung von Seiten des öffentlichen wie privaten und gemeinschaftlichen Sektors. Das sich abzeichnende Programm dient als Entwicklungsversuch von Prototypen neuer Integrationsansätze, welche Identitätspolitiken mit interkulturellem Dialog und sozioökonomischer Integration verbinden.

5. Schlussfolgerungen

Im vorliegenden Beitrag wurden verschiedene Arten betrachtet, in denen Multikulturalismus von unterschiedlichen Akteuren auf nationaler, lokaler und quartiersbezogener Ebene neu gedacht worden ist. Gezeigt wurde das Verschmelzen des „britischen" und des „französischen" Integrationsmodell zu einem konservativeren neoliberalen politischen Regime, welches auf die Zunahme des religiösen Fanatismus und der Dominanz des Diskurses über nationale Sicherheit in britischer Politik gefolgt ist. Die Abkehr vom Multikulturalismus war gekoppelt an eine von Sparmaßnahmen gekennzeichnete (Nach-)Krisenzeit, in welcher der Rückbau des Wohlfahrtsstaates verschärft wurde. Diese Prozesse haben neben weiteren Faktoren die ethnischen und rassischen Beziehungen in vielen städtischen Gebieten negativ beeinflusst. Doch während aktuelle Politik- und Mediendiskurse sowie Statements führender Politiker auf ein Ende des „staatlichen Multikulturalismus" hinzudeuten scheinen, wurde das Vermächtnis des multikulturellen Staates in Regulierungspolitiken und Politikprogrammen bewahrt, wobei die Verantwortung für soziokulturelle Integration und aktive Förderungsmaßnahmen zugunsten von Minderheiten nicht beseitigt sondern eher auf die Ebene der Stadt verlagert wurde.

Die Argumentationslinie des vorliegenden Beitrages ist, dass diese Verlagerung des „staatlichen Multikulturalismus", neben tief greifenden Veränderungen in urbanen Ökonomien und der Entstehung hybrider Jugendkulturen, zu Herausforderungen wie auch Möglichkeiten zur Umsetzung eines „inklusiven Multikulturalismus" in der Stadt geführt hat. Die Fallstudie zur soziokulturellen und -ökonomischen Integration von *BAME*-Jugendlichen im Londoner Olympic Park ist auf den Weg gebracht worden, um die Schaffung eines die Voraussetzungen für einen solchen inklusiven Multikulturalismus bildenden „gesellschaftlich kreativen Milieus" zu untersuchen. Die Politiken des Sparens, durch welche die redistributive

Rolle des Staates radikal unterminiert und nur teilweise durch einen Fokus auf Beschäftigungsprogramme ergänzt wird, können unter bestimmten Voraussetzungen zu einem Anstieg gesellschaftlich innovativer Praktiken durch Akteursnetzwerke auf lokaler Ebene führen. Darüber hinaus können neue sozioräumliche, wirtschaftliche und kulturelle Umbrüche wie rasante Stadterneuerungsprozesse, Innovationen in der Digitalwirtschaft und neue hybride Jugendkulturen zur Formierung von „gesellschaftlich kreativen Milieus" beitragen, in welchen sektorenübergreifende Akteursnetzwerke nicht nur auf neue Herausforderungen reagieren sondern auch zur Lösung alter Probleme beitragen und so Rollen übernehmen, die geschichtlich dem Zentralstaat zukommen. Doch obwohl gesellschaftlich kreative Initiativen multipler Akteure damit einige traditionell vom Zentralstaat besetzte Rollen einnehmen, hängt der Erfolg ihrer lokalspezifischen Tätigkeit, Ausweitung und territorialen Verbreitung meist von Unterstützungen durch den Zentralstaat ab. Dies verstärkt wiederum den Rollenwechsel des Staates von einem Regulierer und öffentlichen Dienstleister zu einem Perspektiven schaffenden, proaktiven Akteur, bietet zudem aber auch Initiativen einer gesellschaftlich innovativen kulturellen Integration Möglichkeiten, sich in nationale wie städtische Politik einzubringen.[1]

Summary: Towards an inclusive multiculturalism in the city: diversifying East London's creative economy

This paper examines 'inclusive multiculturalism' in the city understood as a social practice that brings politically-plural representations of different minority groups together with creation of opportunities for their participation in the economy. While the political discourse and some new national policy packages in the United Kingdom suggest a retreat from 'state multiculturalism', broader policy frameworks and urban policies still act as catalysts of multiculturalism on the ground. Culturally diverse urban neighbourhoods undergoing rapid spatial transformation, which host both social challenges and opportunities for social innovation, can serve as *loci* of this inclusive multiculturalism. The paper claims that 'inclusive multiculturalism' can be enacted in urban 'socially creative milieux' by networks of interconnected public, private and civil society actors who have a capacity to mobilise diverse ethnic, class, generational and professional cultures to address both old and new societal ruptures. In doing so Section 1 examines the convergence of British and French integration models towards more neo-assimilationist neoliberal political regimes; Section 2 sets out a case for inclusive multiculturalism in the city; and Section 3 mobilises a case study of social inclusion and socio-cultural integration through creation of pathways to creative employment for East London's Black, Asian and Minority Ethnic (BAME) youth in the Queen Elizabeth Olympic Park.

[1] Übersetzung des englischsprachigen Originaltextes durch Alexander Tölle.

Literaturverzeichnis

André I., Abreu A. 2009. Social Creativity and Post-Rural Places: The Case of Montemor-o-Novo, Portugal. Paper presented at Changing Cultures of Competitiveness: Conceptual and Policy Issues - ESRC Seminar Series, Theme 6: Social Exclusion and Socially Creative Spaces. Newcastle upon Tyne, 13 July 2009.

Balibar E. 2012. The `impossible' community of the citizens: past and present problems. In: Environment and Planning D, 30 (3), 437-449.

Balkin J.M. 2004. Digital speech and democratic culture: A theory of freedom of expression for the information society. In: New York University Law Review, 79, 1–58.

Banting K., Kymlicka W. 2006. Introduction: Multiculturalism and the Welfare State: Setting the Context. In: K. Banting, W. Kymlicka (Hg.), Multiculturalism and the Welfare State: Recognition and Redistribution in Contemporary Democracies. Oxford: Oxford University Press, 1-48.

Bertossi C. 2007. French and British models of integration. Public philosophies, policies. ESRC Centre on Migration, Policy and Society. Working Paper No. 46. Oxford: Compas.

Cabinet Office 2011. PM's speech at Munich Security Conference 2011 (Transcript of the speech). London: Cabinet Office, Prime Minister's Office, 10 Downing Street and The Rt Hon David Cameron MP, 5 February 2015.

Dukes T., Musterd S. 2012. Towards Social Cohesion: Bridging National Integration Rhetoric and Local Practice: The Case of the Netherlands. In: Urban Studies, 49 (9), 1981-1997.

Edwards J. 1985. Group Rights v. Individual Rights: The Case of Race-Conscious Policies. In: Journal of Social Policy, 23 (1), 55-70.

Fraser N. 1995. From Redistribution to Recognition? Dilemmas of Justice in a 'Post-Socialist' Age. In: New Left Review, 1 (7-8), 68-93.

Kearns A., Forrest R. 2000. Social Cohesion and Multilevel Urban Governance. In: Urban Studies, 37 (5-6), 995-1017.

Lindquist E., Vincent S., Wanna J. (Hg.) 2013. Putting Citizens First. Engagement in Policy and Service Delivery for the 21st Century. Cranberra: The Australian National University Press.

Maffesoli M. 1988. Le temps des Tribus. Le déclin de l'individualisme dans les sociétés de masse [Die Zeit der Stämme. Der Niedergang des Individualismus in den Massengesellschaften]. Paris: Méridiens-Klincksieck.

McCann E.J. 2007. Inequality and politics in the creative city-region: questions of livability and state strategy. In: International Journal of Urban and Regional Research 31 (1), 188–196.

McCulloch J. 2005. (In)Security in the age of globalisation: human precariousness: the move from welfare to warfare state. In: Just Policy: A Journal of Australian Social Policy, 37 (9), 19-23.

Miciukiewicz K., Moulaert F., Novy A., Musterd S., Hillier J. 2012. Problematising Urban Social Cohesion: A Transdisciplinary Endeavour. In: Urban Studies, 49 (9), 1855-1872.

Novy A. 2011. Unequal diversity – on the political economy of social cohesion in Vienna. In: European Urban and Regional Studies, 18, 239-253.

Peck J. 2003. Geography and public policy: mapping the penal state. In: Progress in Human Geography, 27 (2), 222-232.

Peck J. 2005. Struggling with the creative class. International Journal of Urban and Regional Research, 29 (4), 740-770.

Schnapper D. 1998. Community of Citizens: On the Modern Idea of Nationality. New Brunswick, NJ: Transaction Publishers.

Swyngedouw E., Moulaert F. 2010. Socially Innovative Projects, Governance Dynamics and Urban Change. In: S. Gonzalez, F. Martinelli, F. Moulaert, E. Swyngedouw (Hg.), Can Neighbourhoods Save the City? Community Development and Social Innovation. London: Routledge, 219-234.

Toivonen T. 2016. Remixing Economic Culture: On Social Entrepreneurship, Youth & Democratic Participation. Paper presented at Friuli Future Forum 2016. Udine, 1-6 February 2016.

Young I. M. 1989. Polity and Group Difference: A Critique of the Ideal of Universal Citizenship. In: Ethics, 99, 250-274.

Migration zwischen Subsahara-Afrika und Europa: Neue Perspektiven auf Transitmigration und Transiträume

Zine-Eddine Hathat und Rainer Wehrhahn

1. Einführung

Migrationsbewegungen aus Subsahara-Afrika in Richtung Europa beschäftigen seit mehr als zwei Jahrzehnten Politiker[1] und Wissenschaftler aus unterschiedlichsten Wissenschaftsdisziplinen. Im Kontext der europäischen Grenz- und Sicherheitspolitik werden diese Migrationsbewegungen vor allem als irreguläre (Transit-) Migrationen verhandelt (UN/ECE 1993; ICMPD 2005), deren Ziel das europäische Festland ist. Die nordafrikanischen Länder werden hierbei primär als sogenannte Transitländer definiert, die eingebettet in ein europäisches Grenzregime diese Form der Migration unterbinden sollen. Aus europäischer Perspektive werden sie somit als „Transiträume" betrachtet oder gar zu einem einzigen „Transitraum" zusammengefasst, der durch irreguläre, nationalstaatliche Grenzen überschreitende „Durchgangsmigration" (in Richtung Europa) geprägt sei (vgl. u. a. Düvell 2006). In diesem Zusammenhang werden auch die Städte in Nordafrika lediglich als Bestandteile eines zusammenhängenden Netzwerks von Transitrouten angesehen, die als Umschlagsplätze z.B. für Schlepper und Waren Bedeutung erlangen, nicht jedoch als permanenter bzw. temporärer Lebensraum der Migranten.

Im Gegensatz zu dieser eher eingeschränkten, statischen und eurozentristischen Sicht auf die betreffenden Räume wird in diesem Beitrag eine differenziertere und zugleich auch kleinräumigere sowie primär auf die Migranten selbst ausgerichtete Perspektive eingenommen. Transiträume werden nicht mehr nur als „Durchgangsräume" mit einer (statischen) Bedeutungszuschreibung der Illegalität verstanden, sondern im Sinne einer translokalen Perspektive als *meeting places* und *translocal places* konzeptionalisiert.

Aus dieser differenzierten Perspektive heraus soll als zentrales Ziel die Frage erörtert werden, wie die Aneignung, (Re-)Produktion und Vernetzung dieser Städte sowie spezifischer Orte in den Städten mittels translokaler Praktiken der Mi-

[1] Aus Gründen der besseren Lesbarkeit wird im Text auf die jeweilige Benennung weiblicher und männlicher Formen verzichtet.

granten erfolgt. Die Auseinandersetzung mit dieser Fragestellung stützt sich auf zwei Annahmen:

- Die sozialen Vernetzungen der Migranten über die betroffenen Regionen hinaus haben einen entscheidenden Einfluss auf die Produktion und Reproduktion der Städte und Orte, in denen sie sich aufhalten und die sie ggf. wieder verlassen.
- Diese Räume wurden in einem historischen Prozess produziert, so dass sich in ihnen bereits Strukturen entwickelt haben, die es den Migranten erleichtern, die zusammenhängenden Prozesse der sozialen Vernetzung und Produktion aufrechtzuerhalten.

Ausgehend von dem Begriff der Transitmigration wird zunächst das Konzept des „Transitraums" thematisiert, präzisiert und für diesen Beitrag neu aufgearbeitet. In einem zweiten Schritt werden theoretische Ansätze in den Blick genommen, die sich mit den Ausformungen und der Aufrechterhaltung transnationaler und translokaler Praktiken von Migranten beschäftigen. Ziel ist es hierbei, eine konzeptionelle Grundlage zu entwickeln, die die sozialen Vernetzungen der Migranten und die damit zusammenhängenden Transformationsprozesse in den Städten besser zu verstehen hilft. Anschließend soll am Beispiel der Stadt Tamanrasset (Algerien) exemplarisch geprüft werden, inwieweit diese neue Perspektive auf transitmigratorische Prozesse empirischen Untersuchungen standhält.

2. Das Konzept der Translokalität im Kontext der Transitmigration

Der Begriff Transitmigration, dem Anfang der 1990er Jahre im Zuge der migrations- und sicherheitspolitischen Debatte eine bedeutende Aufmerksamkeit beigemessen wurde, ist ein sehr umstrittener und kritisierter Begriff (vgl. Collyer et al. 2012). Zentrale Kritikpunkte sind dabei vor allem die negative Konnotation mit dem Begriff der „irregulären" Migration sowie eine enge Assoziation mit Migrationsbewegungen in Richtung Europäische Union (vgl. hierzu genauer Düvell 2012, Hess 2012). Unterschiedliche Begriffe mit dem Präfix „Transit" wurden, so Düvell, während der genannten migrations- und sicherheitspolitischen Debatte erfunden und politisiert, um die Grenzziehung zwischen der EU und ihren benachbarten „Transiträumen" sowie zugehöriger Migrationsbewegungen noch deutlicher voranzutreiben (Düvell 2006). Dieser ausschließliche Fokus auf sicherheitspolitische Fragestellungen dominierte lange Zeit die migrationspolitische und in Teilen auch die wissenschaftliche Debatte um den Begriff der Transitmigration (vgl. Mattes 2006, Papadopoulou-Kourkoula 2008). Dabei liegt dem Verständnis von Transitmigration sowohl aus politischer als auch aus wissenschaftlicher Sicht oft ein Verständnis von Raum zugrunde, das diesen als einen abgeschlossenen und abgrenzbaren „Container" versteht, in dem soziale Interaktionen stattfinden und dessen Grenzen – im Fall von Transitmigration – überquert werden müssen, um in einen anderen „Container" – meist Europa – zu gelangen. Dieses Verständnis von Raum wird in der Migrationsforschung seit einiger Zeit kritisiert, weil es zur Erklärung von Migrationsprozessen nicht mehr ausreicht (Glick-Schiller et al. 1992). So ist zum Beispiel die Migration in Richtung Europa selten eine unidirektionale räumliche Mobilität, also keine klassische Migration im Sinne einer Aus- und Einwanderung, sondern sie schließt auch zirkuläre Migrationsbewegungen und mitunter auch Rückkehr und Wiederaufnahme der Migration ein. So konstatiert Düvell 2006 diesbezüglich,

> […] that it has become obvious that 'being in transit' is a stage of changing choice-making, of adaptations to given environments and of responses to the opportunity structures found in the countries, in which migrants stay for some time. Decisions made seem to be related to the nature of networks, to which migrants attach themselves, if at all, and the information circulating within these networks but also to the information and services available on the market (Düvell 2006: 10).

Die Etablierung und Aufrechterhaltung sozialer Beziehungen über Ländergrenzen hinweg im Rahmen von sozialen Netzwerken spielt in diesem Migrationsprozess eine besondere Rolle. So wählen Escoffier (2009) und Alioua (2014) eine andere Herangehensweise an diese Thematik und verstehen sogenannte Transitmigranten als Transmigranten. Den Grund hierfür sehen sie in den engen sozialen Beziehungen, die Transitmigranten über Nationalstaaten hinweg aufbauen und die sich zu einem raumübergreifenden Netzwerk entwickeln (Escoffier 2009: 44 ff., Alioua 2014: 82 ff.), was schließlich nach einer Neudefinierung des Raumes und somit auch nach einer neuen Raumkonzeption verlangt. Alioua verweist außerdem auf die politisch-restriktive Assoziation des Begriffs „Transit"; um diese zu umgehen, schlägt er vor, von *„staged transnational migration"* statt von Transitmigration zu sprechen (Alioua 2014: 82). Diese Herangehensweise basiert auf der bereits Anfang der 1990er Jahre entwickelten „neuen" Perspektive der Migrationsforschung, die die soziale Praxis von Individuen und die damit verbundene „neue" relationale Perspektive auf den Raum thematisiert (vgl. Glick-Schiller et al. 1992). Sogenannte Transmigranten spielen in aktuellen Konzepten von *transnationalism* (Vertovec 2009) und „transnationalen sozialen Räumen" eine bedeutende Rolle, da diese ihr Leben immer häufiger zwischen mehreren geographischen Räumen aufspannen, so dass ihre Sozialräume die exklusive Bindung an einen Ort verlieren (vgl. Pries 2010).

Eine Erweiterung dieses Ansatzes lässt sich im Konzept der Translokalität wiederfinden (vgl. Brickell, Datta 2011, Freitag, von Oppen 2010). Während die relationale Perspektive beispielsweise von Pries immer auch im Zusammenhang mit der Ebene des Nationalstaates gedacht wird, betonen Vertreter der translokalen Sichtweise, dass dadurch bestimmte Gruppen und Akteure nicht berücksichtigt würden, die zwar nicht migrieren, trotzdem aber Teil eines grenzüberschreitenden transnationalen Raumes seien (vgl. Verne 2012, Gilles 2015). Im Konzept der Translokalität wird also das „Lokale" und somit das „Sesshafte" als ein Ergebnis sozialer Organisation verstanden (Gilles 2015). Nationalstaatliche Grenzen bleiben jedoch nicht unberücksichtigt, wie Freitag und von Oppen hier verdeutlichen:

> [...] a multitude of possible boundaries which might be transgressed, including but not limiting itself to political ones, thus recognizing the inability even of modern states to assume, regulate or control movement, and accounting for the agency of a multitude of different actors (Freitag, von Oppen 2010: 12).

Die transnationale Perspektive begreift die Extension von sozialen Räumen und Beziehungen als einen (globalen) *space of flows* (Castells 1996), wohingegen die translokale Sichtweise auch einen (lokalen) *space of place* (Appadurai 2010, Giddens 2008) fokussiert. Translokalität ist also ein relationales Konzept, dass neue Perspektiven auf grenzüberschreitende Verflechtungen eröffnet, wobei das Ziel darin besteht, weder ausschließlich „Bewegungen" von Individuen und Kollektiven noch ausschließlich „Einrichtungen" in den Blick zu nehmen, sondern das Spannungsverhältnis zwischen diesen beiden Polen zu thematisieren (Freitag, von Oppen 2010: 2f.). Genau hier sieht auch Gielis den Vorteil der translokalen Perspektive und konstatiert: "It is precisely because the concept of translocality refers to a state of 'inbetweenness', that this concept is very useful for grasping the social complexity of migrant transnationalism" (Gielis 2009: 282). Da sich Transitmigranten im besonderen Maße in einer Phase zwischen Immigration und Niederlassung (vgl. auch Papadopoulou-Kourkoula 2008, Collyer 2007) befinden, bietet das Konzept der Translokalität einen geeigneten Rahmen, sich sowohl mit den fließenden und globalen als auch mit den Prozessen zu beschäftigen, die lokal stattfinden. Außerdem werden mit der translokalen Perspektive Bewertungen des Migrationsprozesses, wie sie in der migrations- und sicherheitspolitischen Debatte zu Beginn der 1990er Jahre vorgenommen wurden, vermieden. Freitag und von Oppen sehen auch in diesem Punkt einen weiteren großen Vorteil des Konzepts der Translokalität:

> Gegenüber gängigeren Begriffen der gegenwärtigen, vom Thema der Globalisierung geprägten Diskussionen, die das Mobile, Fließende und Grenzüberschreitende betonen, hat »Translokalität« den entscheidenden Vorteil, schon vom Begriff her den Blick auf diese Wechselbeziehung zwischen Transgression und Lokalisierung zu lenken. Eine *a priori* positive oder negative Bewertung von Bewegung und Mobilität oder gar eine lineardeterministische Betrachtung ihrer strukturellen Konsequenzen, wie sie in der Öffentlichkeit vielfach vorgenommen wird, ist damit ausgeschlossen (Freitag, von Oppen 2005: 3).

Basierend auf den Gedanken von Massey (1994) plädiert Gielis (2009) dafür, in Bezug auf die Debatte um die Transmigration von einem *global sense of migrant places* zu sprechen:

> [...] Rather, we also have to study urban life (and other social networks) in the house and family life (and other social networks) in the city. Only with an open, global and progressive idea of these migrant places are we able to observe the various crosscutting social networks in which transmigrants are involved in these places (Gielis 2009: 278).

Dabei unterscheidet Gielis zwischen *migrant places as meeting places* und *migrant places as translocalities* (Gielis 2009). Unter *meeting places* versteht er solche Orte, in denen sich soziale Netzwerke, zu denen sich die Migranten zugehörig fühlen und in denen sie miteinander interagieren, manifestieren. *Places as translocalities* werden hingegen als

Orte aufgefasst, über die Migranten mit anderen Migranten an anderen Orten durch elektronische Kommunikationsmöglichkeiten verbunden sind. Durch diese translokalen Praktiken werden diese Orte erfahrbar gemacht, sodass nicht mehr nur von Lokalität sondern von Translokalität gesprochen werden muss (Gielis 2009: 279f.). Die Konsequenz dieser Perspektive besteht darin, dass diese Orte dann konzeptionell nicht mehr als voneinander getrennt verstanden werden können (ebd.: 280).

Basierend auf den bereits dargestellten Konzepten werden die sogenannten Transiträume in diesem Beitrag als durch translokale Praktiken und im Rahmen von sozialen Netzwerken zusammenhängende und gleichzeitig hervorgebrachte *migrant places as translocality* und *migrant places as meeting places* verstanden. Das Konzept ist dabei dynamisch, mit permanenter (Re-)Produktion von Orten, denn

> [...] Places are never finished, but always a result of processes and practices. As such, places need to be studied in terms of the dominant institutional projects, the individual biographies of people negotiating a place, and the way in which a sense of place is developed through the interaction of structure and agency (Cresswell 2015: 68).

Die im Rahmen der hier vorgestellten Studie untersuchte Stadt Tamanrasset gilt entsprechend als aus mehreren *migrants places as meeting places* bestehend und wird als eine von zahlreichen *migrant places as translocality* aufgefasst, die sich auf den Routen der Migranten zwischen Subsahara-Afrika, der maghrebinischen Region sowie Europa befinden und so diese Regionen in einem Prozess miteinander verbinden.

3. Untersuchungsmethoden und Untersuchungsgebiet

In der Stadt Tamanrasset wurden Befragungen der Migranten in Form von narrativen Interviews durchgeführt. Durch diese Vorgehensweise wird den Befragten die Möglichkeit gegeben, ihre individuelle Sichtweise wiederzugeben, ohne dass dabei eine Prädetermination möglicher Handlungen und Ereignisse vorgenommen wird (vgl. Lamnek 2005). Die narrativen Interviews wurden zusätzlich durch teil-standardisierte Interviews sowie durch teilnehmende Beobachtung (Reuber, Pfaffenbach 2005: 124 ff.) unterstützt, da nur auf diese Weise das soziale Leben der Migranten und ihre sozialen Verbindungen als Ganzes herausgearbeitet werden konnten. Bei der Auswahl der Interviewpartner wurde auf gezieltes Sampling zurückgegriffen. Diese Herangehensweise ist dadurch charakterisiert, dass das Sample nicht von vornherein festgelegt ist, sondern vor dem Hintergrund des zu lösenden theoretischen Problems ausgewählt wird (Strauss, Corbin 1996: 155 ff.). Um die Forschungsfrage möglichst kontrastreich und zugleich umfassend zu beleuchten, wurde eine maximale Perspektivenvariation und Unterschiedlichkeit der Interviewpartner angestrebt. Von den während dreier Forschungsaufenthalte zwischen 2013 und 2015 geführten 38 Interviews wurden hier exemplarisch diejenigen ausgewählt, welche die maßgeblichen Prozesse in diesem Sinne am besten repräsentieren.

Der Zugang zu den Migranten, die teilweise segregiert in unterschiedlichen Stadtvierteln unterkommen, wurde durch den Kontakt zu Schlüsselpersonen erreicht (Schirmer 2009: 114), wobei zuvor auf nicht-teilnehmende Beobachtungen zurückgegriffen wurde, um mögliche Interviewpartner herausfiltern zu können. Wurde der Kontakt dann geknüpft, konnten daran anschließend so viele Migranten mit differenzierten Ansichten wie möglich interviewt werden, um ein gesamtes und genaueres Bild ihrer sozio-ökonomischen Organisation zu erhalten. Eine weitere wichtige Methode in diesem Vorhaben stellten die Stadtteilbegehungen (vgl. Macher 2007) dar. Mit Hilfe dieses Beobachtungsverfahrens konnten spezielle Orte identifiziert werden, die die Migranten aufsuchen und die für die sozioökonomische Organisation der Migranten eine entscheidende Rolle spielen.

Die Stadt Tamanrasset wurde in einem explorativen Forschungsaufenthalt aufgrund ihrer geographischen Lage und Beschaffenheit als Untersuchungsraum ausgewählt. Sie liegt im Süden Algeriens und befindet sich inmitten der Sahara. Durch die Stadt führt eine in Süd-Nord-Richtung verlaufende Schnellstraße, die Tamanrasset mit dem restlichen Subsahara-Raum verbindet. Diese Achse spielt für die Migranten in Tamanrasset eine wichtige Rolle, weil sich für sie entlang dieser Straße vielfältige Beschäftigungsmöglichkeiten ergeben.

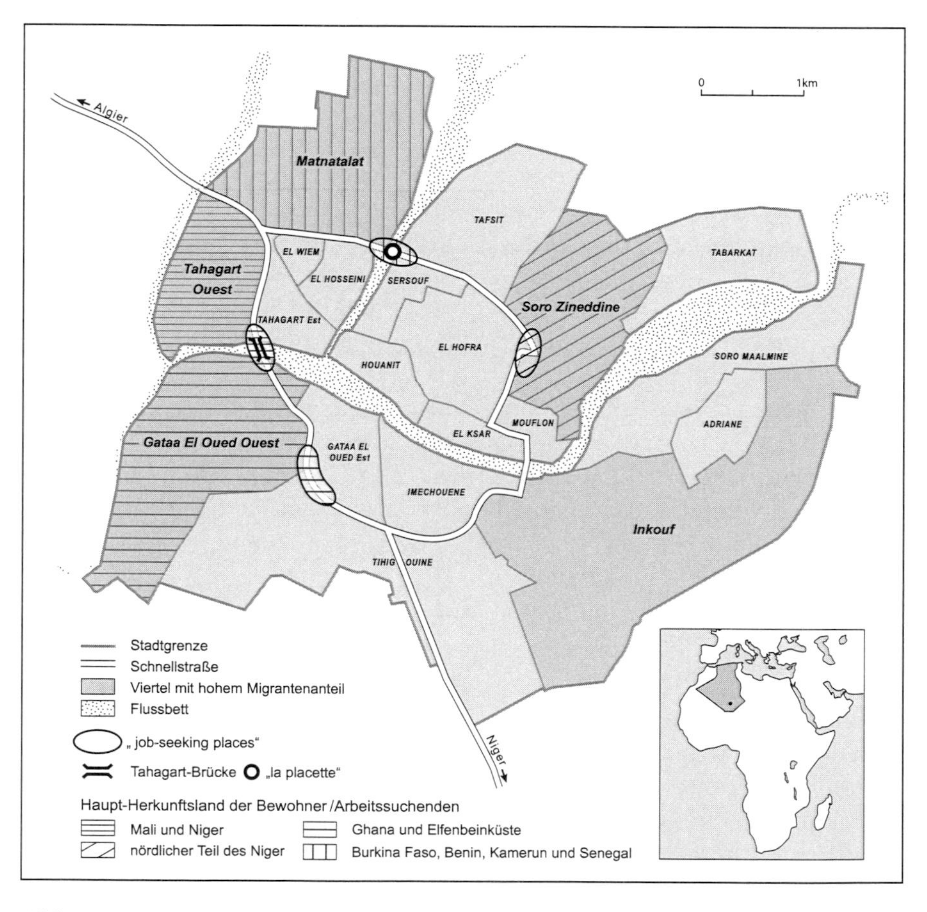

Abb 1: *Migrant meeting places* in Tamanrasset, Algerien
Quelle: Eigener Entwurf

Tamanrasset weist seit den 1970er Jahren ein enormes Bevölkerungswachstum auf. Lebten Anfang der 1920er Jahre nur etwa 50 Menschen in Tamanrasset, stieg diese Zahl in den folgenden 60 Jahren auf etwa 13.000 an; mittlerweile hat die Stadt mehr als 90.000 Einwohner (URBAB 2012). Dieser Anstieg kann teilweise auf Zuwanderungen in den 1970er und den 1980er Jahren aufgrund von Trockenheit sowie Tuareg-Konflikten in Mali und im Niger zurückgeführt werden (Bensaad 2009). Im Zuge dieser Migrationsbewegungen entwickelte sich in Tamanrasset eine sehr heterogene Bevölkerungsstruktur. Unterschieden wird grob zwischen Tuareg, Arabern, Berbern aus dem Norden, Haratins sowie der (heterogenen) subsaharischen Bevölkerungsgruppe. Diese verteilen sich in der Stadt auf insgesamt 20 Wohnviertel, wobei in fünf von ihnen - Tahagart Ouest, Matnatalat, Gataa El Oued Ouest, Soro Zineddine und Inkouf (vgl. Abb. 1) - eine überproportionale Anzahl an aktuell zugewanderten Migranten lebt. In diesen Vierteln befinden sich u.a. Migrantenheime, die die Migranten entweder eigenständig aufsuchen oder in die sie im Rahmen eines Schleppernetzwerkes verbracht werden. Neben diesen Unterkünften spielen auch Verkehrskreisel sowie die Tahagart-Brücke in Tamanrasset eine besondere Rolle für die Migranten, weil sich dort Beschäftigungsverhältnisse ergeben können. Im Folgenden werden diese Orte untersucht, um ihre Funktionen im Rahmen der migrantischen sozialen Praxis aufzuzeigen.

4. Tamanrasset: *Migrant places as meeting places* und *migrant places as translocality*

> [...] In drei Monaten, vier Monaten oder so werde ich durchkommen [...]. Ich werde nach Guinea zurückkehren, meinen Pass fertigmachen [...]. Nein, das sind 2.000 € oder so oder 2.500 € inklusive den Grenzpolizisten. Ich werde nach Spanien gehen. Hast du verstanden? Dort sind meine Freunde, die von hier aus nach Marokko gegangen sind (Moussa, Interview am 9.11.2013 in Blida, Algerien).

Dieses Zitat verdeutlicht zunächst die Entschlossenheit, mit der Moussa nach Europa migrieren möchte. Es zeigt aber auch, dass er sowohl nach Guinea - wo er herkommt - als auch nach Spanien, wo seine Freunde leben, Verbindungen pflegt und pflegen muss. Außerdem wird deutlich, dass seine Freunde denselben Weg gegangen sind und ihm davon erzählt haben, wie er was zu tun hat bzw. wie viel es kosten wird, die spanisch-marokkanische Grenze zu überqueren. Hier zeigt sich auch, wie Orte, hier die spanisch-marokkanische Grenze, erfahrbar gemacht werden. Im Gegensatz dazu soll folgende Interviewpassage verdeutlichen, dass nicht jeder Migrant Europa als Ziel hat:

> Für ihn! [...] Für mich nicht [...]. Nein. Ich kenne Hamid. [...] Ja. Ich werde, wenn er mir Arbeit geben kann, ich werde meine Eltern besuchen gehen und zurückkommen [...]. Ja, wenn ich die Möglichkeit habe, dann werde ich zurückkehren. Weil ich mich dort wohlfühle, wo ich mein Glück finde. Dort bleibe ich. Ich habe kein Land. Weder Mali noch Algerien (Abdourahmane, Interview in Tamanrasset, Algerien, am 12.02.2014).

Abdourahmane hatte ursprünglich vor nach Europa zu migrieren, aber nachdem er Arbeit in Tamanrasset gefunden hatte, entschied er sich dagegen. Mittlerweile lebt Abdourahmane bereits seit mehr als zwei Jahren in Tamanrasset und möchte zunächst einmal nicht weiter migrieren. Er fühlt sich dort wohl, weil er bei einer aus Mali stammenden Frau lebt, die bereits in den 1970er Jahren nach Tamanrasset migriert ist und die in Tahagart Ouest wohnt. Die Frau beherbergt ausschließlich Malier, die Abdourahmane zu Beginn sehr behilflich waren. Mit der Hilfe eines Maliers, der zusammen mit Abdourahmane in der gleichen Wohnung und bereits länger in Tamanrasset lebte, fand er Arbeit als Maler und konnte diese über zwei Jahre fortführen. Mittlerweile ist er in Tamanrasset bekannt und muss nicht mehr aktiv nach Arbeit suchen, weil er bereits über sehr viele Kontakte verfügt. Er geht inzwischen selbst zu den Verkehrskreiseln, um Migranten für sich zu beschäftigen. Dieses Beispiel zeigt zum einen die Relevanz der einzelnen Orte für verschiedene soziale Praktiken und zum anderen, dass die Migranten sich ständig in einer Phase des *changing-choice-making* befinden, so dass meist nicht von einem abgeschlossenen Migrationsprozess gesprochen werden kann.

Ob ein Migrant sich entscheidet weiter zu migrieren oder nicht, ist natürlich von mehreren Faktoren abhängig und kann an dieser Stelle nicht tiefer thematisiert werden (vgl. hierzu u. a. van der Velde, van Naersson 2011, Schapendonk 2012). Es kann jedoch festgehalten werden, dass es spezielle Orte gibt, die einen ausschlaggebenden Einfluss auf die Entscheidungen der Migranten haben und an denen sich ihre sozialen Netzwerke manifestieren. Als Beispiele sollen im Folgenden die Verkehrskreisel, die Tahagart-Brücke und Migrantenheime dienen (vgl. Abb. 1).

Migranten, die nach Tamanrasset kommen, sind zumeist darauf angewiesen, dort Arbeit zu finden, weil sie auf ihrem Weg dorthin in ihrem Budget nicht vorhergesehene Ausgaben leisten mussten. Insbesondere die zahlreichen *job-seeking places* sind für die Migranten zentrale Orte, die aufgesucht werden. Dabei stehen sie teilweise den ganzen Tag an diesen Kreiseln und der Tahagart-Brücke und warten darauf, dass ein Fahrzeug anhält und nach Arbeitnehmern sucht. Aufgrund der großen Anzahl von Migranten entsteht ein starker Konkurrenzdruck: „Ja. Sie sind viele, viele, viele, viele. Wir sind sehr viele." (Ahmed, Interview in Tamanrasset am 11.03.2015).

Diese Aussage von Ahmed ist nicht nur wegen der hier nicht näher ausgeführten Beschreibung der Orte interessant, sondern auch weil in ihr sichtbar wird, inwieweit sich die Migranten diesen Netzwerken zugehörig fühlen. Ahmed spricht hier von „Wir sind sehr viele" und meint damit sowohl sich, seine Freunde, mit denen er zusammen nach Tamanrasset gekommen ist, als auch alle anderen subsaharischen Migranten. Dieses Bewusstsein ist eine von vielen Triebfedern, die dafür sorgen, dass diese Räume angeeignet und (re)produziert werden. Die Erfahrungen und die Eindrücke, die die Migranten während ihrer Migration machen, teilen sie untereinander, weil sie ein ähnliches Schicksal vereint. Dies führt verstärkt zur Ausbildung, Aufrechterhaltung und Verstärkung der Netzwerke, die sich in diesen Orten manifestieren:

> Ja, ja, ja. Sie haben uns gesagt, in Tamanrasset, bevor wir gekommen sind. Sie haben uns gesagt, dass es einen Ort gibt, den wir „la placette“ nennen. Dort treffen wir uns morgens, um nach Arbeit zu suchen (Ukwe, Interview in Tamanrasset am 10.03.2015).

Mit „la placette“ meint Ukwe hier den Verkehrskreisel im Stadtteil Sersouf (vgl. Abb.1). Diese Orte sind bei den Migranten bereits bekannt, bevor sie nach Tamanrasset kommen, weil sie diese regelmäßig im Rahmen von sozialen Netzwerken untereinander kommunizieren. Auch die Migrantenheime werden in ähnlicher Weise erfahren und erfahrbar gemacht. Das Verständnis von Orten als *meeting places* und *places as translocality* ist eng miteinander verknüpft.

Da die Migranten den Großteil ihrer Zeit an diesen Kreiseln verbringen, dienen diese Orte auch dazu, miteinander zu kommunizieren und Informationen über sich verändernde Regularien und Entwicklungen auf den verschiedenen Routen auszutauschen. Es gibt insgesamt vier dieser Orte, wobei die Zuordnung der Migranten zu ihnen weitgehend nach Herkunftsregionen differenziert ist. Dies wiederum hängt eng mit den Wohnorten der Migranten und der historischen Entwicklung der Viertel zusammen. So findet man an der Tahagart-Brücke mehrheitlich Migranten aus Mali und dem Niger, weil sich dort bereits in den 1970er und 1980er Jahren Migranten sowie Tuareg aus Mali und dem Niger niedergelassen haben. An der Kreuzung in Sersouf halten sich mehrheitlich Migranten aus Burkina Faso, Benin, Kamerun und dem Senegal auf, weil im Viertel Matnatalat mehrheitlich Migranten aus diesen Ländern wohnen. In Soro Zineddine befinden sich mehrheitlich Migranten aus dem nördlichen Teil des Nigers. Und schließlich gibt es eine große Anzahl von Migranten aus Ghana und der Elfenbeinküste, die sich entlang der Straße aufhalten, die durch den Stadtteil Gataa El Oued führt.

Je nachdem, wie lange die Migranten planen in Tamanrasset zu bleiben und wie viel Geld sie besitzen, unterscheiden sich auch ihre Wohnformen. Es gibt Migranten, die eine „sichere“ Arbeit auf Baustellen haben, so dass sie oft auch dort wohnen. Andere wiederum, wie z.B. Abdourahmane, haben Migranten kennengelernt, die bereits länger in Tamanrasset leben und ihnen Wohnraum zur Verfügung stellen. Der größte Teil der Migranten jedoch lebt in einer Art „irregulärer“ Migrantenheime. Diese sind zum größten Teil in ein Netz von Schleppern und Schleusern eingebettet, so dass Migranten bereits einen Platz in einem dieser Heime bekommen können, bevor sie nach Tamanrasset kommen. Die Unterkünfte bestehen oft aus drei oder vier Zimmern, in denen jeweils zwischen 30 und 50 Migranten unterkommen. Auch diese Heime werden seitens der Migranten je nach Nationalität der Betreiber, die zumeist selbst einmal Migranten waren, differenziert: „[...] es sind Gabuner, Malier, Senegalesen. Also, es ist eine Vielzahl [...]. Jeder hat sein Ghetto“ (Ahmed, Interview in Tamanrasset am 11.03.2015).

Ähnlich wie bei den *job-seeking places* gibt es in jedem Migrantenviertel entsprechend Migrantenheime, die sich nach Nationalität bzw. Herkunftsregion ihrer Bewohner unterscheiden lassen. Da die Migrantenheime irregulär unterhalten werden, hat jedes einen speziellen Türcode, den sich die Migranten merken müssen, um in die Heime zu kommen. Dort lernen sie rasch andere Migranten aus demselben Land bzw. derselben Region mit der gleichen Sprache kennen. Diese Kontakte nutzen sie für erste Orientierung in der Stadt und zum Austausch von Informationen über Zielländer und potenzielle Routen. Zudem wird Migranten mit derselben Herkunft eher geholfen. Viele Migranten leihen auch Neuankömmlingen Geld oder sie bezahlen die Schulden bei den Schleppern und Schleusern, die z.B. deren Pass einbehalten haben, wenn die Migranten während der Reise kein Geld mehr für den Transport hatten.

Oft suchen Arbeitgeber auch die Heime auf, wenn sie Arbeit für Migranten haben. Jedoch sind diese Arbeitgeber häufig selbst Migranten, die bereits länger in Tamanrasset leben und die Betreiber der Heime kennen, wie z.B. Abdourahmane. Auf diese Weise lernte er auch Madjonke kennen, der, wie sich später herausstellen sollte, aus der gleichen Stadt - nämlich Gao - und sogar aus dem gleichen Viertel wie Abdourahmane stammt. Sie bauten während ihrer Zeit in Tamanrasset eine enge soziale Bindung auf und hielten den Kontakt noch aufrecht, als Madjonke bereits in Spanien bei seinem Bruder angekommen war. Abdourahmane, der noch in Tamanrasset lebt, ist im ständigen Kontakt mit der Mutter von Madjonke, die in Gao lebt und Abdourahmane oft anruft, um nach Madjonke zu fragen, da sie weiß, dass er im ständigen Kontakt mit ihrem Sohn steht. Diese translokalen Verbindungen verdeutlichen exemplarisch, inwieweit Tamanrasset als eine der Translokalitäten verstanden werden kann.

Zwischen den verschiedenen Orten innerhalb Tamanrassets wird somit insbesondere auf Grundlage der Nationalität unterschieden. Die verschiedenen Netzwerke, denen sich die Migranten zugehörig fühlen, manifestieren sich in den beschriebenen Orten, die die Migranten erfahren und für nachfolgende Migranten erfahrbar machen. Dieses Verständnis der translokalen Perspektive wird im Folgenden weiter konkretisiert.

Neue Migranten, die nach Tamanrasset kommen, suchen Orte auf, von denen sie gehört haben. Dies gilt genauso für die Orte und Städte nördlich von Tamanrasset in Algerien, Marokko, Libyen oder auch in Europa. Wie sind nun Migranten in Tamanrasset mit anderen Migranten in den weiter nördlich gelegenen Orten verbunden, und wie werden diese Orte wahrgenommen? Die Erzählungen der Migranten, die über Tamanrasset zum Beispiel nach Oran (Marokko) oder bereits nach Europa weiter gereist sind, spielen dabei eine zentrale Rolle.

> Ja. Ich habe. Ich habe. Sie sind den gleichen Weg gegangen. Genau. Wir kennen einige, die bereits in Europa sind. Sie sind es, die uns [...] leiten [...] wie es läuft. Dank ihnen haben wir einige Kontakte auf dem Weg (Muhammad, Interview in Tamanrasset am 11.03.2015).

Die Migranten sind in einem ständigen Kontakt mit Freunden oder Familienmitgliedern, wobei sie mindestens einmal am Tag das Internet dafür nutzen. In Tamanrasset gibt es zahlreiche sogenannte „Cyber-Cafés", die von Migranten für diesen Zweck aufgesucht werden. Die meisten Migranten haben einen irregulären Status, so dass sie keine Sim-Karte für ein Telefon kaufen können, da hierfür ein regulärer Status und ein Pass vonnöten sind. Deswegen weichen die meisten Migranten auf die Internetcafés aus, die zwar ein wenig mehr kosten, ihnen dafür aber auch bildlich (via Videotelefonie, Skype, Facebook etc.) mehr bzw. besser funktionierende Kontaktoptionen bieten. Sie setzen Videotelefonie ein und wissen so bereits, bevor sie weitermigrieren, wie es in den nächsten geplanten Orten aussieht und an wen sie sich dort wenden können: „Oran, das wird schon gehen. Weil mir die Leute gesagt haben, Oran ist gut" (Patrice, Interview in Tamanrasset am 11.03.2015). Die Informationen aus den Erzählungen und den Berichten sind für die Migranten essentiell. Nicht nur weil sie ihre Migration genauer planen können, sondern auch, weil sie den Migranten gewisse Hoffnungen und Träume ermöglichen. Dies wiederum hat einen wesentlichen Einfluss auf die Entscheidung für bzw. gegen eine Fortsetzung der Migration.

> Mein Traum ist Paris. Weil ich weiß, [...] wenn unsere Kameraden, unsere Freunde in den Kamerun kommen, während der Ferien, um zu feiern. Sie erzählen uns über Paris. Paris ist schön. Man findet dort das, es ist so und das ist so. Das ist es, was uns dazu bringt, das Land zu verlassen (Ahmed, Interview in Tamanrasset am 11.03.2015).

Hier wird ein bestimmtes Bild von Europa durch die Erzählungen und Berichte der Migranten, die bereits in Europa leben, konstruiert und durch die Transmigranten aufrechtgehalten. Wie diese Beispiele zeigen, ist Tamanrasset nicht nur mit dem Subsahara-Raum verbunden, sondern insbesondere mit den Grenzregionen und Orten sowie mit den Städten in Europa. Diese Verbindungen basieren auf den sozialen und translokalen Netzwerken, in deren Rahmen bestimmte für die Migranten wichtige Orte erfahrbar gemacht werden.

5. Fazit

Das Ziel dieses Beitrags war es, eine alternative Perspektive auf die von Migranten aus Subsahara-Afrika auf dem Weg nach Europa zu durchquerenden Transiträume zu entwickeln, indem die Aneignung, (Re-)Produktion und Vernetzung von Städten und spezifischen Orten in den in diesem Prozess als temporäre Aufenthaltsorte von den Migranten genutzten Städten in den Mittelpunkt gestellt wurden. Als Ergebnis kann zunächst festgestellt werden, dass die Migration in Richtung Europa keineswegs eine unidirektionale Migration im Sinne einer klassischen Aus- und Einwanderung ist, wie sie lange Zeit konzeptualisiert wurde. Zwar haben viele Migranten zunächst den Wunsch, nach Europa zu migrieren, sie lassen sich jedoch aufgrund verschiedener Motive oft auch in einer Stadt nieder, die auf ihrem Weg nach Europa liegt, oder sie tendieren dazu, wieder in ihre Herkunftsregion zurückzukehren.

Eine der Städte, die auf den Routen in Richtung Europa liegen und in denen sich viele Migranten niederlassen, ist Tamanrasset. Sie stellt aufgrund ihrer geographischen Lage und Beschaffenheit eine zentrale Stadt in diesem Migrationsprozess dar und wurde in diesem Beitrag basierend auf dem Konzept der Translokalität als eine Stadt verstanden, die zum einen aus mehreren *migrants meeting places* besteht und zum anderen eine von zahlreichen *translocalities* darstellt, die zwischen

Subsahara-Afrika und Europa liegen und durch den Migrationsprozess miteinander verbunden werden.

In einem historischen Prozess entwickelten sich in Tamanrasset aufgrund von vergangenen Migrationsbewegungen spezielle Orte, die die Migranten aufsuchen, wenn sie dort ankommen. Diese *meeting places,* wie zum Beispiel die nach Nationalität differenzierten Migrantenheime oder die *job-seeking places,* werden nicht nur als Unterkünfte bzw. für die Arbeitssuche genutzt, sondern auch um neue soziale Beziehungen aufzubauen sowie um Informationen über sich verändernde Regulierungen oder gefährliche Routen untereinander auszutauschen. Der Aufbau und die Aufrechterhaltung dieser sozialen Beziehungen sowie der Informationsaustausch funktionieren an diesen Orten besonders effizient, weil sich die Migranten dort täglich treffen und viel Zeit miteinander verbringen. Diese *meeting places* werden im Rahmen von sozialen Netzwerken erfahrbar gemacht und damit (re-)produziert, so dass die Migranten, schon bevor sie nach Tamanrasset kommen, wissen, wohin sie gehen müssen und was sie dort erwartet. Hierbei spielen nicht nur die Schlepper- und Schleusernetzwerke eine bedeutende Rolle, sondern insbesondere auch die elektronische Kommunikation, mit deren Hilfe nicht nur diese Orte, sondern auch die nördlich bzw. südlich von Tamanrasset liegenden Städte zu *translocalities* gemacht werden. Dabei sind insbesondere die Narrationen der Migranten, die bereits den Wanderungsprozess durchlaufen haben und entweder kurz vor Europa stehen oder bereits dort leben, ein wichtiger Bestandteil. Diese Erzählungen motivieren viele Migranten überhaupt erst, ihren Heimatort zu verlassen, weil sie glauben, ausreichend Wissen über den Weg und die Orte, die sie passieren werden, angesammelt zu haben. Die Stadt Tamanrasset in diesem Kontext als eine von zahlreichen Translokalitäten zu deuten, bereichert somit das Verständnis über Migrationsprozesse, die zwischen Subsahara-Afrika und Europa wie auch anderswo ablaufen. Es konnte dabei auch gezeigt werden, dass und wie translokale Verbindungen und damit auch die Translokalitäten vielfältige Funktionen repräsentieren. Im Gegensatz zur statischen und auf Europa fokussierten Perspektive auf „Transitmigration", bietet das Konzept der Translokalität eine alternative Sichtweise, mit der die alltäglichen Praktiken der Migranten besser erfasst und interpretiert werden können.

Summary: Migration between sub-Saharan Africa and Europe: new perspectives on transit migration und transit spaces

For several decades the movements of African migrants between sub-Sahara Africa and Europe attracted attention from numerous politicians and scholars across different disciplines. The European border and security policy addressed this kind of migration as illegal or irregular, which consequently should be combated. For this purpose North African countries have been defined as transit spaces in which, embedded in a European border regime, irregular mobility could be fought. Many cities in the Maghreb region have only been regarded as components of a coherent network of transit routes, which became important as transit centers, but not as a long-term or even a permanent place to stay for migrants. In contrast to this limited, static and eurocentric perspective on these spaces and places this paper suggests a differentiated perspective on 'transit migration' that focuses primarily on the everyday practices of migrants. By using a translocal perspective we conceptualize transit spaces as meeting and translocal places. Thus, the central aim of this contribution is to show how these specific cities as well as certain places within the cities are adopted, (re)produced and linked through translocal practices of migrants.

For this reason the city of Tamanrasset (Algeria) has been chosen as research area. Due to its geographical location and its configuration, it constitutes a very important stop for the migrants heading North. Participating and non-participating observations as well as narrative interviews with migrants have been conducted in Tamanrasset. The narrative interviews were additionally supported by semi-standardized interviews and several district analyses. The results show that in a historic process specific places were developed in Tamanrasset, which current migrants look for when they arrive at Tamanrasset. These meeting places that consist of several job-seeking areas and migrant housings are used for exchanging information about changing regulation and/or dangerous routes, but, more important, for establishing and maintaining social connections to other migrants. In the context of these social networks in turn the meeting places are experienced by the migrants, but at the same time are made experienced for following migrants, so that they are permanently reproduced within this process. With the help of electronic communication migrants get to know long before they arrive at Tamanrasset not only the places in this town, but also those that lay further in the North. They know also how these places look like and what they may expect there. Thus, our translocal approach offers a perspective on everyday practices of migrants and enables new insights in place making and the reproduction of urban space in so called transit migration processes.

Literaturverzeichnis

Alioua M. 2014. Transnational Migration. The Case of Sub-Saharan Transmigrants Stopping Over in Morocco. In: F. Düvell, I. Molodikova, M. Collyer (Hg.), Transit Migration in Europe. Amsterdam: Amsterdam University Press, 79-98.

Appadurai A. 2010. Disjuncture and difference in the global cultural economy. In: M. Featherstone (Hg.), Global culture: Nationalism, globalization and modernity. London: Sage, 295-310.

Bensaad A. 2009. L´immigration en Algérie: une réalité prégnante et son occultation officielle [Immigration in Algerien: eine prägnante Realität und seine offizielle Verschleierung]. In: A. Bensaad (Hg.), Le Maghreb à l´épreuve des migrations subsahariennes. Immigration sur émigration. Paris: Karthala, 15-42.

Brickell K., Datta A. 2011. Introduction: Translocal geographies. In: K. Brickell, A. Datta (Hg.), Translocal geographies: Spaces, places, connections. Farnham u. a.: Ashgate, 3-20.

Castells M. 1996. The Rise of the Network Society. Malden/Oxford: Wiley.

Collyer M. 2007. Undocumented sub-saharan african migrants in Morocco. In: N. Nyberg Sørensen (Hg.), Mediterranean Transit Migration. Copenhagen: Danish Institute for International Studies, 129-146.

Collyer M., Düvell F., de Haas H. 2012. Critical Approaches to Transit Migration. In: Population, Space and Place, 18 (4), 407-414.

Cresswell T. 2015. Place. An introduction. Chichester u. a.: Wiley.

Düvell F. 2006. Crossing the Fringes of Europe: Transit Migration in the EU's Neighbourhood. Centre on Migration, Policy and Society, Working Paper 33. University of Oxford.

Düvell F. 2012. Transit Migration: A Blurred and Politicised Concept. In: Population, Space and Place, (18) 4, 415-427.

Escoffier C. 2009. Transmigration et communautés d´itinérances au Maghreb [Transmigration und wandernde Gemeinschaften im Maghreb]. In: A. Bensaad (Hg.), Le Maghreb à l´épreuve des migrations subsahariennes. Immigration sur émigration. Paris: Karthala, 43-62.

Freitag U., von Oppen A. 2005. Translokalität als ein Zugang zur Geschichte globaler Verflechtungen. In: ZMO Programmatic Texts, (2), 1-8.

Freitag U., von Oppen A. 2010. Introduction: 'Translocality': An approach to connection and transfer in area studies. In: U. Freitag, A. von Oppen (Hg.), Translocality: The study of globalizing processes from a Southern perspective. Leiden/Boston: Brill, 1-24.

Giddens A. 2008. The Consequences of Modernity. Cambridge: Stanford University Press.

Gilles A. 2015. Sozialkapital, Translokalität und Wissen. Händlernetzwerke zwischen Afrika und China. Stuttgart: Franz Steiner.

Gielis R. 2009. A global sense of migrant places: towards a place perspective in the study of migrant transnationalism. In: Global networks: a journal of transnational affairs, 9 (2), 271-287.

Glick-Schiller N., Basch L., Blanc-Szanton S. 1992. Transnationalism: A New Analytic Framework for Understanding Migration. In: N. Glick-Schiller, L. Basch, S. Blanc-Szanton (Hg.), Towards a Transnational Perspective on Migration. Race, Class, Ethnicity, and Nationalism Reconsidered. New York: New York Academy of Sciences, 1-24.

Hess S. 2012. De-Naturalising Transit Migration. Theory and Methods of an Ethnographic Regime Analysis. In: Population, Space and Place, (18) 4, 428-440.

ICMPD 2005. Transit Migration – A Challenge for Migration Management. Presentation at 13th OSCE Economic Forum, Prague, 23-27 May 2005.

Lamnek S. 2005. Qualitative Sozialforschung. Methodologie. Weinheim: Beltz.

Macher H.-J. 2007. Methodische Perspektiven auf Theorien des sozialen Raums. Zu Henri Lefebvre, Pierre Bourdieu und David Harvey. München: AG-SPAK-Bücher.

Massey D. 1994. Space, Place and Gender. Cambridge: University of Minnesota Press.

Mattes H. 2006. Illegale Migration: Positionen und Bekämpfungsmaßnahmen der Maghrebstaaten. In: GIGA Focus, 2006 (9), 1-8.

Papadopoulou-Kourkoula A. 2008. Transit Migration: the missing link between emigration and settlement. Basingstoke/New York: Palgrave.

Pries L. 2010. Transnationalisierung. Theorie und Empirie grenzüberschreitender Vergesellschaftung. Wiesbaden: Springer VS.

Reuber P., Pfaffenbach C. 2005. Methoden der empirischen Humangeographie. Beobachtung und Befragung. Braunschweig: Westermann.

Schapendonk J. 2012. Migrants' Im/Mobilities on their Way to the EU. Lost in Transit? In: Tijdschrift voor economische en sociale geografie, 103 (5), 577-583.

Schirmer D. 2009. Empirische Methoden der Sozialforschung. Grundlagen und Techniken. Paderborn: Fink.

Strauss A, Corbin J. 1996. Grounded Theory: Grundlagen Qualitativer Sozialforschung. Wiesbaden: Beltz.

UN/ECE. 1993. International Migration Bulletin, Nr. 3.

URBAB 2012. Analyse démographique de la ville de Tamanrasset [Demographische Analyse der Stadt Tamanrasset]. Tamanrasset.

Van der Velde M., Naersson T. 2011. People, Borders, Trajectories. An approach to cross-border mobility and immobility in and to the European Union. In: Area, 43 (2), 218-224.

Vertovec S. 2009. Transnationalism. London: Routledge.

Verne, J. 2012. Living translocality: Space, culture and economy in contemporary Swahili Trade. Stuttgart: Franz Steiner.

Die Problematisierung transnationaler Migration innerhalb der EU: Aushandlungen um Zugehörigkeiten südosteuropäischer Roma

Verena Sandner Le Gall

1. Einführung

Migrationsprozesse innerhalb der Europäischen Union sind in Deutschland in jüngster Zeit vor allem im Kontext unterschiedlicher Einkommensniveaus zwischen Herkunfts- und Zielländern in den Fokus öffentlicher und politischer Aufmerksamkeit geraten. Insbesondere nach dem EU-Beitritt Rumäniens und Bulgariens im Jahr 2007 mit dem späteren Wegfall der Beschränkungen der Freizügigkeit Ende 2013 wird dabei verstärkt über Zusammenhänge zwischen einem konstatierten Wohlstandsgefälle, Armut und Migration sowie die in diesem Kontext identifizierten Probleme des Zusammenlebens, v.a. in urbanen Quartieren, debattiert. Während andere Migrationsformen, wie z.B. die Zuwanderung Hochqualifizierter, innerhalb der EU vergleichsweise wenig thematisiert werden und die Freizügigkeit der Wahl des Wohnortes für EU-Bürgerinnen und Bürger aus anderen Ländern weitgehend als selbstverständlich angesehen wird, scheint dies für die oft pauschalisierend als „Armutswanderung" bezeichnete Mobilität von Rumänen und Bulgaren weniger zuzutreffen.

Insbesondere Roma werden dabei in verschiedenen Zielländern der EU in medialen und politischen Debatten als spezifische Gruppe benannt und problematisiert, und ihrer Mobilität innerhalb der EU ebenso wie ihrer Anwesenheit in Großstädten der Zielländer scheint eine besondere Aufmerksamkeit zuzukommen. Zugleich richten sich aber nicht nur Debatten, sondern auch spezifische Handlungsansätze, -praktiken und politische Maßnahmen auf Roma als besondere Migrantengruppe, sei es in Form von Restriktionen wie z.B. Ausweisungen und Kontrollmaßnahmen oder über spezifische Integrationsansätze. Politisches Handeln auf verschiedenen Maßstabsebenen wirkt schließlich auch auf Mobilitätsmuster und -praktiken der Betroffenen zurück, zum Beispiel in Form von unfreiwilligen Wanderungen infolge von Räumungen.

Diese besondere Problematisierung der Mobilität von Roma und ihrer Folgen verweist auf einen breiteren Kontext von Aushandlungsprozessen der Zugehörigkeit und Bürgerschaft innerhalb der Europäischen Union. Während sich die

Forschung intensiv mit Abgrenzungsprozessen nach außen beschäftigt hat, sind Abgrenzungs- und Differenzierungsprozesse innerhalb des EU-Raumes bislang weniger thematisiert worden. Zugleich zeigen sich im Umgang mit Roma und den auf sie gerichteten Debatten und Praktiken Reflexe uralter Stereotypisierungen und Konstruktionen des „Anderen", des Bedrohlichen, die nun (erneut) in die Hervorbringung einer Sonderrolle im europäischen Binnenmigrationsraum einfließen.

Vor diesem Hintergrund ist es das Anliegen des vorliegenden Beitrages, einige Aspekte der Prozesse der Aushandlung von Zugehörigkeit und der Zuweisung dieser Sonderrolle zu beleuchten. Dabei soll auch der Frage nachgegangen werden, inwiefern Annahmen zur Mobilität und insbesondere transnationaler Migration und Alltagsgestaltung von Roma in die Konstruktion dieser Sonderrolle einfließen. Dies geschieht auf der Grundlage vorläufiger Erkenntnisse aus einem laufenden Forschungsprojekt, das mittels eines qualitativen Forschungsdesigns von der Autorin durchgeführt wird. In den Beitrag fließen Ergebnisse aus 12 qualitativen Interviews und teilnehmender Beobachtung ein, die während mehrerer kürzerer Forschungsaufenthalte in Frankreich (Paris, Bordeaux) und Rumänien (Bukarest, Cluj-Napoca) sowie in Deutschland zwischen 2011 und 2016 durchgeführt wurden. Interviews wurden dabei mit Personen, die bei Nichtregierungsorganisationen und Wohlfahrtsverbänden arbeiten, mit Vertretern städtischer Behörden sowie mit zuwandernden Roma geführt; die Beobachtungen beruhen auf der Teilnahme der Verfasserin an Versammlungen und themenbezogenen Workshops von Nichtregierungsorganisationen, individuellen Besuchen in besetzten Häusern und so genannten „Lagern" von Roma sowie der Begleitung von NRO-Personal zu verschiedenen Anlässen.

2. Zur konzeptionellen Einordnung in Ansätze zu *belonging* und *citizenship*

In der Migrationsforschung wird zunehmend Gewicht auf die Berücksichtigung der politischen Dimension von Wanderungen gelegt. Dabei kann die kritische Forschung zu *citizenship* und zu Grenzregimen fruchtbare Perspektiven liefern, unter anderem für die Beschäftigung mit transnationaler Migration in der geographischen Migrationsforschung. Der Begriff *citizenship* wird auch über das erst in jüngster Zeit theoretisierte und in der Geographie noch relativ wenig berücksichtigte Konzept von *belonging* aufgegriffen (vgl. Wright 2015), das hier zunächst als Ausgangspunkt der konzeptionellen Überlegungen behandelt werden soll.

Mit *belonging* lassen sich Prozesse und Praktiken der Herstellung von Zugehörigkeiten fassen, die auf verschiedenen Betrachtungsebenen stattfinden. Zugehörigkeit umfasst dabei die affektive Dimension emotionaler Verbundenheit und Identifikationen mit Orten oder Gruppen auf der individuellen Ebene, soziale Positionierungen im Kontext von Machtverhältnissen sowie gemeinsame ethische und politische Wertesysteme (Youkhana 2015: 12; Anthias 2006: 21). Das Konzept des *belonging* kann möglicherweise dazu beitragen, die Gefahren eines statisch-essentialistischen Verständnisses von Identität zu umgehen und über dieses hinauszuweisen. Dies gelingt, indem ein dynamischer, relationaler, auf soziale Praktiken ausgerichteter

Blick auf Prozesse der Aushandlung sozialer Positionierungen gerichtet wird. Die Herstellung von Zugehörigkeit kann somit als performativ verstanden werden, als Prozess, der durch Praktiken von Individuen, aber auch durch das Wirken von Institutionen, Regulationen und Politik entsteht (Wright 2015: 10), wobei unterschiedliche Handlungs- und Wirkebenen verknüpft betrachtet werden können.

Die Aushandlung von Zugehörigkeit geht nach der von Judith Butler inspirierten Perspektive Christensens (2009: 26) immer mit einer gleichzeitigen Konstruktion von *unbelonging* einher. Nicht-Zugehörigkeit lässt sich als Abgrenzung und als symbolischer Ausschluss derjenigen verstehen, die zum Beispiel nicht als Teil einer Nation als vorgestellter Gemeinschaft im Sinne Andersons (2006) aufgefasst werden. Fragen der machtvollen Ausgestaltung und Aushandlung differenzierter Zugehörigkeiten, also der Hervorbringung eines „innen" und „außen", werden unter dem Begriff „politics of belonging" gefasst (Yuval-Davis et al. 2006), wenngleich Mee und Wright (2009) darauf hinweisen, dass Aushandlungen von *belonging* immer als höchst politischer Prozess zu verstehen sind.

Das Konzept des *belonging* eignet sich zur Betrachtung transnationaler Migrationsprozesse auch deshalb, weil es eine räumliche Perspektive beinhaltet, die eine Verknüpfung des Lokalen mit dem Globalen erlaubt, dabei aber eine binäre Unterscheidung aufbricht (Albiez et al. 2011: 23). Anthias (2006: 26) verwendet dazu den Terminus *translocational positionality*, der gelebte Praktiken sozialer Positionierung und die strukturellen Bedingungen ihrer Entstehung einschließt. *Belonging* wird demnach nicht notwendigerweise an nationalstaatliche Grenzen oder andere, vordefinierte räumliche Grenzziehungen geknüpft, sondern lässt ein fluideres Raumverständnis bei gleichzeitiger Anerkennung der Bedeutung lokaler Verankerungen zu und ist daher anschlussfähig an Perspektiven auf transnationale soziale Räume und Translokalität.

Wichtige Aspekte in Aushandlungen von Zugehörigkeit sind Ethnizität sowie Fragen nationalstaatlicher Zuordnungen im Sinne von Staatsbürgerschaft (vgl. Pfaff-Czarnecka 2011). In der jüngeren, kritischen *citizenship*-Forschung geht der Begriff Bürgerschaft dabei über den einer rechtlichen Kategorie von Staatsangehörigkeit hinaus, indem Bürgerschaft relational und als im Kontext sozialer Praktiken von Mitgliedschaft durch verschiedene Akteure produziert verstanden wird (Ehrkamp, Leitner 2003). Diese Aushandlung als komplexes und dynamisches Geflecht findet im Spannungsfeld von Zivilgesellschaft und Staat statt und schließt verschiedene, auch informelle Praktiken ein (Hess et al. 2014).

Bürgerschaft im Sinne eines solchen Konzepts von *citizenship* ist im vorliegenden Beitrag weniger im Sinne formaler, nationaler Staatsangehörigkeit von Interesse als in Bezug auf Fragen der Herstellung differenzierter, hierarchisierter Mitgliedschaften Migrierender als Bürgerinnen und Bürger der Europäischen Union, um sich dabei den speziellen Problematisierungen der Migration von Roma in der EU widmen zu können. Aus der Forschung zu Migrationspolitik und Grenzregimen ist vielfach die Abgrenzung Europas nach außen thematisiert worden. Die Außengrenze wird dabei weniger als Sperre verstanden denn als selektive Membran des Ein- und Ausschlusses (Walters 2004: 252), an der erwünschte Mitglieder von anderen differenziert werden (Rigo 2012). Durch die Deterritorialisierung der Grenze muss diese Funktion des Filters zunehmend nicht mehr nur an den räumlichen Demarkationslinien stattfinden. In der Governance von Migration werden Bilder der *homely nation* produziert, deren Sicherheit und Ordnung zu bewahren sei, was Walters (2004) mit dem Begriff *domopolitics* beschreibt. Im Zuge dieser depolitisierten Governance wird Sicherheit im Kontext von Territorium und Nation zur Notwendigkeit erklärt, die über geeignete Praktiken herzustellen sei (Darling 2014). Die Herstellung von Sicherheit und Abgrenzung erfolgt zugleich durch die Konstruktion eines imaginierten „Anderen", einer Subjektfigur des Fremden (Ratfisch 2015: 4), eines globalen „outsiders" (Cetti 2012: 9). Diese externe migrantische, bedrohliche Figur steht einer Subjektfigur des Unionsbürgers gegenüber (Ratfisch 2015: 3), der sich, mit bürgerlichen Rechten ausgestattet, im europäischen Binnenraum weitgehend frei bewegen kann. Europäische Bürgerschaft ist dabei als *„nested citizenship"* (Kivisto, Faist 2010: 66) mit multiplen Ebenen der formalen Zugehörigkeit und den jeweiligen Rechten zu denken (Bauböck, Guiraudon 2009: 439).

Während diese Innen-/Außen-Perspektive in der Forschung häufig im Kontext von Flucht und Migration von Personen außereuropäischer Herkunft aufgerufen wird, lässt sich am Beispiel europäischer Roma zeigen, dass auch die EU-Bürgerschaft nicht einheitlich gilt, sondern innerhalb der Europäischen Union ebenfalls Figuren des „Anderen", des bedrohlichen Außenseiters, konstruiert werden. Dass es dabei nicht nur um Diskurse geht, zeigt sich an der Anwendung von speziell auf Roma gerichteten Sicherheitsmaßahmen, Räumungen und Ausweisungen in Frankreich und Italien, die insbesondere um das Jahr 2010 mediale und politische Aufmerksamkeit erhielten (vgl. Legros, Vitale 2011). Bauböck und Guiraudon (2009: 445) zufolge belegen diese, dass Bürgerschaftsrechte in Europa differenziert werden und die angenommene einheitliche Figur des Unionsbürgers mit dem Recht auf Bewegungsfreiheit in der EU so einheitlich nicht ist.

Anknüpfend an diese Vorüberlegungen soll nun die Problematisierung transnationaler Mobilität von Roma beleuchtet und dabei nachgezeichnet werden, welche Aspekte bei der Konstruktion einer Figur eines internen europäischen Außenseiters eine Rolle spielen und letztlich zu einer Differenzierung des Freizügigkeitsraumes der EU beitragen. Berührt werden dabei auch Narrative der Erwünschtheit, der Bedrohlichkeit und Unsicherheit sowie der moralischen Dimension des Anrechtes auf wohlfahrtsstaatliche Leistungen im Sinne von *deservingness* (vgl. Yarris, Castañeda 2015).

3. Mobilität und transnationale Migrationen von Roma in Europa

Der medialen Aufmerksamkeit, die das Themenfeld der Migration von Roma aus Rumänien und Bulgarien und die damit verknüpften Problematisierungen des Zusammenlebens in städtischen Räumen erfährt, steht in Bezug auf Deutschland bislang nur eine vergleichsweise geringe wissenschaftliche Beschäftigung mit der Thematik gegenüber (z.B. bei Matter 2015; Sandner Le Gall 2014; Castañeda 2015; Koch

2005; Jonuz 2009). Mit Bezug auf Frankreich und Italien widmet sich hingegen eine große Vielfalt an Publikationen aus verschiedenen Disziplinen aktuellen, auf Roma bezogenen Fragen der Exklusion, städtischer Governance und Migrationspolitik, und auf gesamteuropäischer Ebene wurden Konstruktionen einer europäischen Figur des Außenseiters intensiv wissenschaftlich behandelt (van Baar 2011; Stewart 2012). Allerdings sind empirische Forschungen zu dem Kernthema Migration und Mobilität von Roma und dabei insbesondere zu Motiven und Biographien der Betroffenen bislang rar. Auch quantitative Daten zu Migrationsprozessen existieren kaum, unter anderem, da von staatlichen Stellen der Zielländer keine ethnischen Zuordnungen erhoben werden, wie z.B. in Deutschland. Aussagen zur Anzahl migrierender Personen, die sich als Roma bezeichnen, beruhen daher meist auf groben Schätzungen. Die mediale Aufmerksamkeit kann Cahn und Guild (2010: 33) zufolge aber bereits bei der Ankunft von wenigen Hundert Roma massiv sein. In Italien wurden unter heftige Kritik geratene Registrierungsmaßnahmen eingeführt, mit denen über Kontrollmaßnahmen in so genannten Roma-Lagern über die Erfassung persönlicher Daten und Fingerabdrücke der Versuch der Registrierung von Roma unternommen wurde (Clough Marinaro, Daniele 2011: 624).

Roma haben bereits seit Jahrzehnten an Migrationsbewegungen innerhalb Europas partizipiert. Im Rahmen der Gastarbeiter-Wanderungen zogen auch Roma aus dem ehemaligen Jugoslawien nach Deutschland; später traten Asylbewerber hinzu (Koch 2005). Nach 1990 migrierten Roma aus Bulgarien und Rumänien sowie dem ehemaligen Jugoslawien in verschiedenen Phasen vor allem nach Italien, Spanien, Frankreich, Deutschland und Großbritannien. Im Folgenden sollen zunächst einige Aspekte dieser Migrationsbewegungen aufgegriffen werden.

In Bezug auf Migrationsentscheidungen und -motive wird zunächst häufig pauschal „Armut" als überwiegendes Motiv angenommen. Tatsächlich ist das Leben von Roma in den Herkunftsländern in besonderem Maße von Armut, Arbeitslosigkeit und fehlenden Partizipationsmöglichkeiten auf den Arbeitsmärkten gekennzeichnet (vgl. FRA 2012). Dies lässt sich zum einen im Kontext postsozialistischer Transformationen in Rumänien und Bulgarien interpretieren, da Roma besonders stark vom Verlust ihrer Arbeitsplätze in Industrie und Landwirtschaft betroffen waren (vgl. Sigona, Trehan 2009). Für die geringere Beteiligung an formalen Beschäftigungsverhältnissen spielen aber auch Stigmatisierung und Diskriminierung sowie ein vergleichsweise niedrigeres Niveau formaler Bildung eine Rolle.

Allerdings dürfen Migrationsentscheidungen nicht pauschal auf den sozioökonomischen Aspekt von Armut reduziert werden, da auch andere strukturelle Faktoren wie z.B. der erschwerte Zugang zu Gesundheits- und Bildungssystemen dazu beitragen, wie Benedik et al. (2013) feststellen. In ihrer Studie zu Roma-Migrantinnen und Migranten in Graz zeigen die Autoren auf, dass temporäre Migrationen, hier zum Zweck des „Bettelns", als selbstbestimmte und bewusst gewählte Coping-Strategie gegen Armut und zur Verbesserung der Bildungschancen des Nachwuchses interpretiert werden können. Diesen Befund bestätigt die eigene empirische Arbeit mit einem Interview, das mit einer Familie rumänischer Roma in Bordeaux geführt wurde: Als wichtigste Motivation für ihren von unzureichenden Lebensumständen geprägten Aufenthalt in Frankreich nannten die Eltern den Schulbesuch ihrer Kinder, für den sie auch die harte Tätigkeit des „Bettelns" um Geld bei Passanten auf sich nähmen.

Umgekehrt sind es möglicherweise nicht immer die am stärksten von Exklusion und Armut betroffenen Gruppen, die sich als mobil erweisen. So beteiligen sich beispielsweise die auf der Abfalldeponie Pata Rat in Cluj-Napoca (Rumänien) unter extrem prekären Umständen lebenden Roma nicht an Migrationsprozessen (im Jahr 2015 in Cluj-Napoca geführte Interviews mit leitenden Personen zweier Hilfsorganisationen). Inwiefern zusätzlich Diskriminierung und Stigmatisierung unmittelbar als Migrationsmotive eine Rolle spielen, ist offen; so nehmen Clough Marinaro und Sigona (2011: 584) diesen Zusammenhang an und verweisen auf Phänomene gegen Roma gerichteter Gewalt. Einer Studie der UNDP (Cherkezova, Tomova 2013) zufolge ist Diskriminierung jedoch kein besonders starkes Migrationsmotiv. Die Autorinnen sehen vielmehr auf der Basis umfangreicher Befragungen Belege dafür, dass sich Migrationsmotive von Roma nicht wesentlich von denen anderer Migrantinnen und Migranten unterscheiden und sich aus einem Geflecht aus miteinander verwobenen Ursachen wie Arbeitslosigkeit, geringe Einkommensmöglichkeiten und der Wohnsituation zusammensetzen. Insgesamt ordnet sich die Migration von Roma in allgemeine Prozesse postsozialistischer Ost-West-Wanderungen ein, was sich Olivera (2015: 44) zufolge auch daran zeigt, dass Schätzungen des Anteils von Roma an rumänischen Migranten mit ihrem Anteil an der Gesamtbevölkerung korrespondiert.

Die Ausgestaltung von Wanderungsverläufen und -biographien von Roma weisen empirischen Studien zufolge eine große Vielfalt auf, wie z.B. von Toma et al. (2014), Olivera (2015) und Benedik et al. (2013) für verschiedene räumliche Kontexte beschrieben. Dabei spielen insgesamt zirkuläre, temporäre und transnationale Wanderungen mit einer hohen Bedeutung der Aufrechterhaltung translokaler Beziehungen und Verankerungen eine wichtige Rolle; so bezeichnen Toma et al. (2014: 49) den Großteil der Wanderungen rumänischer Roma als transnationale Migrationen und als nicht abgeschlossen. In der Realisierung von Wanderungen spielen auch Netzwerke eine wichtige Rolle, wie Matras et al. (2015) am Beispiel von nach Manchester zugewanderten Roma zeigen. Bislang wenig untersucht wurde die Wirkung von Rimessen; insbesondere die Frage, welchen Beitrag diese meist in den Hausbau fließenden Investitionen in den Herkunftsdörfern zur Verbesserung der Lebensumstände vor Ort haben können, ist dabei bislang wenig thematisiert worden (vgl. Toma et al. 2014).

4. Konstruktionen von Figuren des Anderen: Roma als Sonderfall europäischer Binnenmigration

Im Folgenden sollen Aspekte diskutiert werden, die in Konstruktionen von Roma als besonderem Fall der EU-Binnenmigration und zugleich in die Problematisierung ihres Aufenthaltes in städtischen Räumen einfließen. Dies soll mit dem Ziel unternommen werden zu klären, wie *belonging* und Bürgerschaft als Zugehörigkeit zu einem Binnenraum der Europäischen Union in Bezug auf die Freizügigkeit von Migration verhandelt und ausgestaltet werden. Zunächst lässt sich anknüpfend an die Frage nach Migrationsmotiven, -verläufen und -biographien feststellen, dass oft ein wenig differenziertes Bild der Mobilität von Roma verwendet wird. So verschleiert der in Deutschland nicht ausschließlich, aber häufig auf Roma angewandte Begriff der „Armutsmigration" (z.B. Bund-Länder-Arbeitsgemeinschaft Armutsmigration aus Osteuropa 2013) die Vielfältigkeit von Migrationsformen und -biographien. Dabei wird nicht nur pauschal „Armut" als Auslöser von Migration angesetzt, sondern es werden immer wieder auch Fragen nach einer gezielten Inanspruchnahme von Sozialleistungen als Hauptmigrationsmotiv und des Rechtsmissbrauchs im Kontext der Freizügigkeit gestellt (z.B. BMI 2014; Deutscher Städtetag 2016). Wenngleich hier nicht ausdrücklich Roma angesprochen werden, so existiert doch die Vermutung, es handele sich um eine im Kern gegen Roma gerichtete, „antiziganistische Scheindebatte" (Hanewinkel, Oltmer 2015: 14). Die Frage, inwiefern sich Aussagen wie die des Duisburger Oberbürgermeister Link „Ich hätte gern das Doppelte an Syrern, wenn ich dafür ein paar Osteuropäer abgeben könnte" (WAZ 18.9.2015) auf Roma beziehen, lässt sich jedoch nicht klären.

Europaweit sind Argumentationsmuster in den öffentlichen Debatten zu finden, die auf der Basis mangelnden Arbeitswillens und moralisch nicht vertretbarer Migrationsmotive eine Figur des migrantischen *profiteers* begründen (van Baar 2011: 205). Brücker et al. (2014) zufolge lässt sich in Bezug auf Deutschland jedoch aus den Daten zu rumänischen und bulgarischen Zuwanderern insgesamt kein Hinweis auf gesteigerte Neigung zum Sozialmissbrauch ableiten. Darüber hinaus persistieren Erzählungen von organisierten, auf das „Betteln" spezialisierten Gruppen (z.B. „Bettelmafia", Focus online 26.9.2012). Diese Narrative von Clans mit mächtigen „Chefs" und kriminellen Hintermännern lassen Migrationsmotive und -verläufe von Individuen in den Hintergrund treten und beschreiben diese in ihrer Mobilität als fremdbestimmt. Matter (2015) bemüht sich um die Entlarvung solcher Vorstellungen als Mythen, für die empirische Belege fehlen (vgl. auch Benedik et al. 2013). Diskurse um die Verknüpfung von Armut und Migration, Erwünschtheit und Nützlichkeit verweisen auf die Aushandlung von Zugehörigkeit (*belonging*) zur Gemeinschaft der EU-Bürger, die nicht nur die formale Bürgerschaft mit ihren Rechten auf Freizügigkeit der Wahl des Wohnortes einschließt. Über die in den Debatten verwobenen Motive der fragwürdigen oder moralisch nicht vertretbaren Migrationsmotivationen wird dabei eine Ausschließung produziert.

Von außen auf Roma projizierte Vorstellungen finden sich auch in essentialisierenden und ethnisierenden Vorstellungen einer „nomadischen" Kultur der Roma (vgl. Benedik et al. 2013). Der Mythos des Nomadischen impliziert dabei nicht nur Bewegung und Flüchtigkeit, sondern auch eine angenommene fehlende Verankerung an konkreten Orten. Raum und Ort sei nach dieser Vorstellung für Roma nicht von Bedeutung und ein (vorgestelltes) *homeland* als Bezugspunkt von Zugehörigkeit existiere nicht, woraus sich die Figur des *placeless gypsy* ableitet (Kabachnik 2010: 198). In Konstruktionen einer bedrohlichen Figur des Anderen (ebenso wie auch in Exotisierungen einer sehnsuchtsvollen Vorstellung des Vagabundierens) fließt diese Ortsungebundenheit mit ein. Allerdings ist in der Forschung intensiv bearbeitet worden, dass die historische Mobilität von Roma weniger im kulturellen Kontext als in Abhängigkeit von jeweiligen sozioökonomischen und vor allem politischen Rahmenbedingungen zu verstehen ist. Zu großen Teilen wurden Mobilität - sowie auch Sesshaftigkeit - dabei von politischen Entscheidungen der jeweils Herrschenden bestimmt, sei es durch Verbote der Ansiedlung oder durch Zwangssedentarisierungen in sozialistischer Zeit (Bancroft 2005).

Mit dem Alltagsleben und Mobilitätsmustern decken sich stereotypisierenden Vorstellungen eines mobilen Lebensstils selten, da nur ein sehr geringer Anteil von Roma eine dauerhaft mobile Lebensweise aufweist. Hingegen zeigt sich, dass Orte und Räume im Sinne von Verankerungen und translokalen Beziehungen zu Herkunftskontexten auch bei transnationalen Migrantinnen und Migranten eine wichtige Rolle spielen. So beschrieben beispielsweise rumänische Roma, die in Frankreich befragt wurden, ihre enge, zum Heimatdorf fortbestehende Verbundenheit, die u.a. über häufige Besuche, Telefonanrufe und die Investition in den Hausbau aufrechterhalten wird. Auch bei identitären Abgrenzungen und territorialen Grenzziehungen zwischen verschiedenen Roma-Gruppen im Ankunftskontext werden solche Verankerungen und Zugehörigkeiten sichtbar, wie Benarrosh-Orsoni (2011) am Beispiel von Montreuil/Paris zeigt.

Dass Roma als in besonderem Maße mobile Gruppe von Migranten aufgefasst werden und ihre vermeintlich hochmobile Lebensweise als Problem definiert wird, äußert sich nicht nur in medialen Debatten, sondern ebenso im politischen Umgang mit ihnen (Olivera 2015: 49, Van Baar 2015: 9; Pusca 2010). Die Auflösungen von Wohnlagern in Frankreich lassen sich auch in diesem Kontext interpretieren. Nicht erst seit 2010, als die Räumungen informeller Lager in französischen Großstädten zum europaweit medial und politisch debattierten Thema wurden, werden auf kommunaler Ebene Räumungen, teils in Verbindung mit Rückführungen in die Herkunftsländer, unternommen. Diese Praxis ist nach wie vor aktuell; so wird von Menschenrechtsorganisationen die Zahl der im Jahr 2015 von Räumungen betroffenen Personen auf ca. 11.000 geschätzt (ERRC 2016). In der politischen Praxis der Räumungen drückt sich dabei nicht nur die Unerwünschtheit der Anwesenheit von zugewanderten Roma aus, sondern auch ein fehlender kommunalpolitischer Wille zur Integration, wenn nur für sehr geringe Anteile der Betroffenen Ersatzwohnraum angeboten wird (OHCHR 2015). In Interviews wurde außerdem von Vertretern zivilgesellschaftlicher Organisationen in Frankreich die These geäußert, dass sich eine fehlende Unterstützung seitens der Behörden für die Integration von Roma-Kindern in das Bildungswesen aus der Annahme ableite, dass diese ohnehin hoch mobil leben, so dass ihnen ein fehlender Wunsch zur Integration unterstellt würde. Auch das aus der Sicht von Vertretern verschiedener Nichtregierungsorganisationen zu schwache und für Roma schwer zugängliche wohlfahrtsstaatliche Angebot wurde in Interviews als Beleg für die Nicht-Anerkennung einer dauerhaften Präsenz dieses spezifischen Teils der Stadtbevölkerung interpretiert, was sich zum Beispiel darin äußere, dass die medizinische Grundversorgung ebenso wie die Beratung zum Erhalt von Sozialleistungen von Organisationen wie den „Médécins sans Frontières“ zu leisten sei (Interviews und teilnehmende Beobachtung in Bordeaux und Paris).

Die auf der kommunalen Ebene angesiedelten Praktiken der Räumungen sind nicht nur Ausdruck des Umgangs von Städten mit lokalen Phänomenen urbaner Governance, die z.B. durch die in Frankreich teils von mehreren Hundert bis Tausend Personen bewohnten Lagern entstehen (vgl. Legros, Olivera 2014). Vielmehr lässt sich in diesen eine Verwobenheit der kommunalpolitischen Ebene mit nationalstaatlichen migrationspolitischen Zielen erkennen, die letztlich auf städtischer Ebene umgesetzt werden. An diesem Beispiel wird die Differenzierung von Zugehörigkeit (*belonging*) zur Europäischen Union besonders deutlich.

Zugleich wirken diese auf kommunaler Ebene umgesetzten Politiken zurück auf Mobilitätsmuster und -entscheidungen sowie die Alltagsgestaltung und Überlebenssicherung von Roma. Indem in Folge von Räumungen Wohnraum verloren geht, werden ungewollte Umzüge notwendig, die als eine Art erzwungene Wanderung interpretiert werden können, wie sie in analoger Weise von Parker und López Catalán (2014: 390) am Beispiel Barcelonas als *forced mobility* beschrieben werden (für Italien Clough Marinaro, Daniele 2011). Der Druck, der auf die Betroffenen durch diese erzwungenen Wanderungen entsteht, ergibt sich durch die oft nur kurze Vorwarnzeit, die es nicht immer erlaubt, sämtliche persönliche Besitztümer mitzunehmen. Unter Umständen entstehen somit durch den Verlust u.a. auch von Ausweispapieren neue Unsicherheiten der Betroffenen, und Integrationsbemühungen wie z.B. der Schulbesuch von Kindern gehen verloren bzw. müssen am neuen Wohnort oder in einem anderen Stadtteil erneut aufgebaut werden, wie in Bordeaux und Paris mit betroffenen Roma sowie mit Nichtregierungsorganisationen geführte Interviews zeigen.

Da bislang in Deutschland kaum bzw. nur in geringem Ausmaß oder temporär lager-ähnliche Wohnräume von Roma existieren (z.B. in Frankfurt a.M. und Berlin), sind erzwungene Migrationsbewegungen durch Lagerräumungen nicht in vergleichbarem Ausmaß zu beschreiben. Wenn die Wohnsituation von Roma in Deutschland als Problem thematisiert wird, ist meist von überbelegten Mietwohnungen bzw. -häusern die Rede; so gab es in Berlin-Neukölln 2014 um die 30 solcher „Schrottimmobilien“ mit Überbelegungen und teils einzeln vermieteten Schlafplätzen (Bezirksamt Neukölln 2014: 19). Mit Begriffen wie „Problemhaus“, „Horrorhaus“ oder „Roma-Haus“ wird in den Medien über diese Wohnverhältnisse berichtet, die in verschiedenen Städten zu Konflikten mit Anwohnern oder Immobilien-Eigentümervereinen führen (z.B. Welt/N24 vom 10.8.2015). Neben Problematiken wie erhöhter Belastungen durch Lärm und Abfallansammlungen werden dabei Wertverluste angrenzender Immobilien befürchtet und das Eingreifen von Kommunen durch verschiedene Akteursgruppen gefordert (Kieler Nachrichten vom 16.7.2015).

Inzwischen existiert eine Vielzahl von Ansätzen zur Lösung dieser Problematiken wie z.B. durch Quartiersmanagement im Rahmen des Bund-Länder-Programmes Soziale Stadt, durch Einzelprojekte oder Kooperationsangebote der Verwaltung (Bezirksamt Neukölln von Berlin 2014). Allerdings bleiben Fragen, die über die lokalisierten Konflikte des Zusammenlebens hinausgehen, als Herausforderungen für Kommunen bestehen, was nicht nur für Städte wie Duisburg, Dortmund oder Berlin gilt, sondern auch für Städte mit kleiner geschätzten Zahlen zugewanderter Roma wie z.B. Kiel. Aktuell werden hier von Stadtverantwortlichen die Problematiken unterbezahlter, instabiler Arbeitsverhältnisse sowie überbelegten Wohnraums thematisiert, von dem vor allem die beteiligten Vermieter profitieren (Kieler Nachrichten 11.11.2016). Inwieweit auch in Deutschland durch angedrohte Räumungen unfreiwillige Umzüge von Roma notwendig werden und wie sich Mobilitätsmuster in diesem Zusammenhang gestalten, ist allerdings bislang noch nicht wissenschaftlich ausreichend untersucht worden. Festzuhalten bleibt, dass Wohnverhältnisse von Roma auch in Deutschland in den Fokus öffentlichen Interesses geraten. Bei den als „Problemhäuser" behandelten Immobilien handelt es sich im Vergleich zu den französischen lagerähnlichen Siedlungsformen um wesentlich kleinere, räumlich begrenzte Phänomene. Trotzdem werden in beiden Fällen Vorstellungen von Ordnung, Sicherheit, Sauberkeit und von geordneten Räumen aufgerufen.

In Frankreich werden dabei im Zusammenspiel zwischen dem Motiv Sicherheit und der Zuwanderung von Roma Konstruktionen einer bedrohlichen Figur des devianten, kriminellen Subjekts bemüht, dessen Anwesenheit im städtischen Raum aufgrund der möglichen Gefährdung öffentlicher Ordnung zu kontrollieren und zu begrenzen sei, wie z.B. die Äußerungen des ehemaligen Präsidenten Sarkozy zeigen (vgl. Legros und Vitale 2011: 3, van Baar 2011: 206). Ideen einer Bedrohung von Sicherheit, Devianz und Kriminalität gehören, ebenso wie die Idee des Nomadischen, zu den seit Jahrhunderten überdauernden antiziganistischen Bildern (vgl. Bogdal 2011), deren Reflexe sich hartnäckig im Sprechen über Roma halten. Solche rassistischen Vorstellungen äußern sich in Frankreich allerdings nicht nur in medialen und politischen Debatten, sondern fließen in konkretes politisches Handeln ein, wie die Anordnungen an Kommunalverwaltungen in Frankreich zur Reduzierung der Roma-Bevölkerung zeigen (Ministère de l'Intérieur 2010). Roma werden dabei als Sicherheitsbedrohung konstruiert, die es vom Staatsterritorium zu entfernen gilt, um die öffentliche Ordnung bewahren zu können. Hier zeigen sich Analogien zu Abgrenzungen der EU nach außen mit den zu beobachtenden Tendenzen der Versicherheitlichung von Migration, die sich unter anderem darauf erstreckt, migrantische Gruppen als Sicherheitsrisiko für einen bestimmten Raum zu definieren (vgl. Squire 2015). Auch hier differenziert sich Zugehörigkeit zur Europäischen Union, indem eine spezifische Gruppe als Bedrohung für die Gemeinschaft konstruiert wird. Die Sicherheit der betroffenen Gruppe selbst, in diesem Fall von migrierenden Roma, wird dabei ausgeblendet. Auf die durch Räumungen gesteigerte Unsicherheit der Betroffenen wird beispielsweise in Frankreich von Menschenrechts- und Unterstützungsorganisationen sowie von Wissenschaftlerinnen und Wissenschaftlern hingewiesen (z.B. Legros, Vitale 2011: 10).

Für eine Übertragung dieses Motivs der Versicherheitlichung auf die Zuwanderung von Roma nach Deutschland lassen sich bislang nur indirekt Hinweise finden. Zwar werden einerseits in Mediendarstellungen Roma durchaus in Zusammenhang mit Kriminalität genannt. Beispielhaft sei hier die ARD-Sendung „Reinhold Beckmann" zum Thema „Trauma Einbruch, hilflos gegen Diebesbanden?" (ARD 2015) angeführt, in der eine suggerierte Zunahme von Einbrüchen unmissverständlich mit dem Wohlstandsgefälle in der Europäischen Union und der daraus abgeleiteten Migration begründet und anschließend am Beispiel einer als Einbrecher tätigen Familie von Roma dargestellt wird – durchaus mit Verständnis für die ausweglose Situation. Auch der Zentralrat Deutscher Sinti und Roma (2011) prangert antiziganistische Äußerungen, z.B. von Politikern an und weist auf dementsprechende Reden von Ministern hin. Inwieweit das Motiv Sicherheit in kommunalpolitischem Handeln speziell in Bezug auf Roma eine Rolle spielt, ist bislang jedoch offen.

In Deutschland werden neben den Wohnverhältnissen vor allem Aspekte der Beschäftigung, der Beanspruchung von Sozialleistungen sowie zum Teil auch des Zugangs zu Bildung thematisiert. Dass die Zuwanderung von Menschen aus den jüngeren Beitrittsländern Rumänien und Bulgarien nach Deutschland von Kommunen problematisiert wird und davon auch Roma berührt sind, zeigt sich zum Beispiel am Positionspapier des Deutschen Städtetages (2013). Darin wird für die Kommunen Unterstützung des Bundes gefordert, da viele Städte aufgrund des hohen Armutsniveaus der Zuwandernden mit der Lösung der damit verbundenen Problematiken überfordert seien.

Auch die Frage von Arbeitsverhältnissen zugewanderter Roma gerät in den Fokus öffentlicher Aufmerksamkeit, wobei vor allem informelle Tätigkeiten zu nennen sind, wie z.B. das so genannte „Betteln" (vgl. zu Österreich Benedik et al. 2013) oder das Sammeln von Schrott. Legros und Vitale (2011) führen am Beispiel Frankreichs aus, dass die Sichtbarkeit dieser Aktivitäten im öffentlichen Raum dabei zum Problem für Roma wird, indem sich Abwehrreflexe der Mehrheitsgesellschaft an der Präsenz von als Roma identifizierten Personen, z.B. in Fußgängerzonen, entzünden.

5. Fazit

Aushandlungen von Zugehörigkeit (*belonging*), die auch die Frage nach Bürgerschaft im Sinne von *citizenship* als Mitgliedschaft in der Europäischen Union einschließen, werden in Bezug auf migrierende Roma auf verschiedenen Maßstabsebenen sichtbar. So geraten Roma in Debatten um Zusammenhänge zwischen Migrationsbewegungen und Armut als besonders relevante, vermeintlich homogene Gruppe in das Zentrum der Aufmerksamkeit. Aspekte der Armut und Annahmen über Mobilität vermischen sich dabei mit moralischen Argumenten und Infragestellungen der Legitimität von Ansprüchen auf Aufnahme und Unterstützung, der Erwünschtheit und Nützlichkeit sowie der Bedrohung von Sicherheit auf der jeweiligen nationalen Betrachtungsebene.

Am Beispiel Frankreichs zeigt sich, wie nationalstaatliche migrationspolitische Ziele der Reduzierung der Zahlen zuwandernder Roma auf kommunaler Ebene durch Räumungen, z.T. in Verbindung mit Ausweisungen, umgesetzt werden. Roma werden dabei als spezifische Gruppe problematisiert und zum Ziel politischer Interventionen gemacht, die nicht auf andere Gruppen migrierender Menschen angewendet werden. In diesem Fall wird die Zugehörigkeit von Roma zur Europäischen Union als freizügigkeitsberechtigte Bürger problematisiert und in Frage gestellt, so dass letztlich eine Hierarchisierung von EU-Bürgerschaft entsteht. In den Debatten um die Anwesenheit von Roma mischen sich dabei eine Vielzahl uralter Stereotypisierungen wie z.B. zur angenommenen kulturell verankerten Mobilität, zu Fragen des Arbeitswillens und der Gesetzeskonformität von Arbeitsaktivitäten bis hin zu Aspekten von Ordnung, Sicherheit und Sauberkeit in städtischen Räumen bei einer gleichzeitigen Homogenisierung, Essentialisierung und Ethnisierung solcher Aspekte. Diese Motive werden dabei nicht nur in Frankreich, sondern in verschiedenen Zielländern in medialen Darstellungen sowie in öffentlichen und politischen Debatten bemüht. Zum Teil fließen sie auch in kommunales Handeln ein.

Insgesamt erscheinen Debatten und politische Praktiken in Deutschland im Vergleich zu den offen exkludierenden Praktiken und Politiken in Frankreich und Italien vergleichsweise integrativer ausgerichtet. Dies soll allerdings nicht darüber hinwegtäuschen, dass hier möglicherweise subtilere Mechanismen der Exklusion wirken, die weniger offengelegt werden. Anknüpfend an wissenschaftliche Diskurse zur Depolitisierung stellt sich außerdem die Frage, ob die Fokussierung auf kleinräumige Problematiken wie „Problemhäuser" mit Abfallansammlungen im Kontext von Überbelegungen von Wohnraum letztlich nicht eine politische Thematisierung der Aushandlung von Zugehörigkeiten überdeckt und unsichtbar werden lässt.

Abschließend lässt sich festhalten, dass die Problematisierung von Migration und transnationaler Mobilität einer spezifischen Gruppe von EU-Bürgerinnen und Bürgern mit vielfältigen Argumentationslinien erfolgt, indem diese weiterhin als Bedrohung, als „gypsy ‚menace'" (Stewart 2012, Buchtitel) und als Europas „internal outsiders" (Bancroft 2005: 1) konstruiert werden. Dies zeigt letztlich, dass Subjektfiguren des unerwünschten „Anderen" nicht nur an der Abgrenzung Europas nach außen aufgerufen werden, sondern auch innerhalb des vermeintlich freien Binnenraumes der Europäischen Union.

Summary: Expounding the problems of transnational migration in the EU: negotiations on belongings of South-East European Roma

The contribution discusses processes of negotiating belonging and citizenship in the context of EU internal migration with a focus on Romani migrants from Romania and Bulgaria. Transnational mobility and migration of Roma from these member states has been problematized and widely discussed in media and political debates, e.g. in France, Germany and Italy. At the same time, Romani migrants have been targeted in specific political practices and measures on the local level, for example in measures of control or in forced evictions in France and Italy, but also in concepts for integration.

The paper explores in how far these debates and political practices form part of a process of constructing Roma migration as a specific case of EU internal mobility, which is considered as less desirable than other forms of mobility such as the free movement of highly qualified persons. Questions of a lower degree of desirability in conjunction with argumentations leaning on old anti-Roma stereotypes, such as criminalisation and ethnicization of poverty can be seen as expressions of antiziganism, but also in terms of a construction of an outsider position within the EU internal space of free mobility. Transnational migration is, in this case, rather regarded as undesirable, as part of unstable ways of life and as an obstacle to integration. This external interpretation of Romani mobilites may sometimes even contribute to lower efforts by urban administrations to work towards inclusion of Roma or even may be used as justification for expulsions and other restrictions. At the same time, public and political discourses about Romani migration rarely take into account the wide diversity of mobilities, trajectories and biographies, and at the same time they rarely include voices of Roma migrants themselves.

Restrictions to mobility which are applied specifically to Roma such as repatriations from France show a clear example for the construction of a position of exception. They can be interpreted as a part of processes of differentiation and hierarchisation of belonging and EU-citizenship. In the case of Germany, exclusionary processes seem to be less visible as they do not explicitly take place through political practices on the urban level. However, the debates about problems identified as related to Roma mobilites also work towards a differentiation of belonging as they express stereotyped assumptions about Roma mobility, poverty and economic activities and call for specific measures.

Literaturverzeichnis

Albiez S., Castro, N., Jüssen, L., Youkhana, E. (Hg.) 2011. Ethnicity, Citizenship and Belonging: Practices, Theory and Spacial Dimensions. Frankfurt a.M.: Iberoamericana/Vervuert.

Anderson B. 2006. Imagined Communities: Reflections on the Origin and spread of Nationalism (revised edition). London: Verso.

Anthias F. 2006. Belongings in a Globalising and Unequal World: Rethinking Translocations. In: Yuval-Davis N., Kannabiran K., Vieten U. (Hg.), The Situated Politics of Belonging. London: Sage, 17-31.

Bancroft A. 2005. Roma and Gypsy-Travellers in Europe. Modernity, Race, Space and Exclusion. Aldershot/Burlington: Ashgate.

Bauböck R., Guiraudon V. 2009. Realignments of citizenship: Reassessing rights in the age of plural memberships and multi-level governance. In: Citizenship Studies, 13, 439-450.

Benarrosh-Orsoni N. 2011. Bricoler l'hospitalité publique: réflexions autour du relogement des Roms roumains à Montreuil. [Basteln an der öffentlichen Gastfreundschaft: Reflektionen um die Umsiedlung rumänischer Roma in Montreuil]. In: Géocarrefour, 86 (1), 55-65.

Benedik S., Tiefenbacher B., Zettelbauer H. 2013. Die imaginierte „Bettlerflut". Temporäre Migrationen von Roma/Romnija – Konstrukte und Positionen. Klagenfurt/Wien: Drava Diskurs.

Bezirksamt Neukölln von Berlin 2014. 4. Roma-Statusbericht. Kommunale Handlungsstrategien im Umgang mit den Zuzügen von EU-Unionsbürgern aus Südosteuropa. Berlin. http://www.berlin.de/ba-neukoelln/politik-und-verwaltung/beauftragte/eu-angelegenheiten/artikel.94966.php (10.11.2016).

BMI (Bundesministerium des Innern) 2014. Abschlussbericht des Staatssekretärsausschusses zu „Rechtsfragen und Herausforderungen bei der Inanspruchnahme der sozialen Sicherungssysteme durch Angehörige der EU-Mitgliedstaaten". http://www.bmi.bund.de/SharedDocs/Pressemitteilungen/DE/2014/08/abschlussbericht-armutsmigration.html (3.11.2016).

Bogdal K.-M. 2011. Europa erfindet die Zigeuner. Eine Geschichte von Faszination und Verachtung. Berlin: Suhrkamp.

Brücker H., Hauptmann A., Vallizadeh E. 2014. Zuwanderungsmonitor Bulgarien und Rumänien März 2014. IAB. http://doku.iab.de/arbeitsmarktdaten/Zuwanderungsmonitor_1403.pdf (1.10.2016).

Bund-Länder-Arbeitsgemeinschaft Armutswanderung aus Osteuropa 2013. Abschlussbericht. http://www.einwanderer.net/fileadmin/downloads/unionsbuergerInnen/Abschlussbericht_der_Bund-Laender-Arbeitsgemeinschaft_Armutszuwanderung.pdf (12.10.2016).

Cahn C., Guild E. 2010. Recent Migration of Roma in Europe. Commissioner for Human Rights, OSCE. http://www.osce.org/hcnm/78034 (1.3.2014).

Castañeda H. 2015. European Mobilities or Poverty Migration? Discourses on Roma in Germany. In: International Migration, 53 (3), 87-99.

Cherkezova S., Tomova I. 2013. An Option of Last Resort? Migration of Roma and Non-Roma from CEE countries. Roma Inclusion Working Papers, UNDP. http://www.undp.org/content/dam/rbec/docs/Migration-of-Roma-and-Non-Roma-from-Central-and-Eastern-Europe.pdf (5.3.2014)

Christensen A.-D. 2009. Belonging and Unbelonging from an Intersectional Perspective. In: Gender, Technology and Development, 13 (1), 21-41.

Cetti F. 2012. Asylum and the European „security state": the construction of the „global outsider". In: Talani L. S. (Hg.), Globalisation, Migration, and the Future of Europe. Insiders and outsiders. London/New York: Routledge, 9-21.

Clough Marinaro I., Daniele U. 2011. Roma and humanitaranism in the Eternal City. In: Journal of Modern Italian Studies, 16 (5), 621-636.

Clough Marinaro I., Sigona N. 2011. Introduction. Anti-Gypsyism and the politics of exclusion: Roma and Sinti in contemporary Italy. In: Journal of Modern Italian Studies, 16 (5), 583-589.

Darling, J. 2014. Asylum and the Post-Political: Domopolitics, Depoliticisation and Acts of Citizenship. In: Antipode, 46 (1), 72-91.

Deutscher Städtetag 2013. Positionspapier des Deutschen Städtetages zu den Fragen der Zuwanderung aus Rumänien und Bulgarien. http://www.staedtetag.de/imperia/md/content/dst/internet/fachinformationen/2013/positionspapier_zuwanderung_2013.pdf (10.11.2016)

Deutscher Städtetag 2016. Deutscher Städtetag erleichtert über Neuregelung der Sozialleistungen für EU-Bürger. http://www.staedtetag.de/presse/statements/077611/index.html (10.11.2016).

Ehrkamp P., Leitner H. 2003. Beyond national citizenship: Turkish Immigrants and the (Re) Construction of Citizenship in Germany. In: Urban Geography 24 (2), 127-146.

ERRC (European Roma Rights Centre) 2016. Forced evictions in France: inhuman and illegal. http://www.errc.org/blog/forced-evictions-in-france-inhuman-and-illegal/98 (12.11.2016).

FRA (Agentur der Europäischen Union für Grundrechte) 2012. Die Situation der Roma in elf EU-Mitgliedsstaaten. http://fra.europa.eu/de/publication/2013/die-situation-der-roma-elf-eu-mitgliedstaaten-umfrageergebnisse-auf-einen-blick (4.3.2014).

Hanewinkel V., Oltmer J. 2015. Länderprofil Deutschland. Focus Migration. http://www.bpb.de/gesellschaft/migration/laenderprofile/208594/deutschland (10.11.2016).

Hess S., Heimeshoff L.-M., Kron S., Schwenken H., Trzeciak M. 2014. Einleitung. In: Heimeshoff L.-M., Hess S., Kron S., Schwenken H., Trzeciak M. (Hg.). Grenzregime II. Migration. Kontrolle. Wissen. Transnationale Perspektiven. Berlin/Hamburg: Assoziation A, 9-39.

Jonuz E. 2009. Stigma Ethnizität. Wie zugewanderte Roma-Familien der Ethnisierungsfalle begegnen. Opladen: Budrich UniPress.

Kabachnik P. 2010. England or Uruguay? The persistence of place and the myth of the placeless Gypsy. In: Area, 42 (2), 198-207.

Kivisto P., Faist T. 2010. Beyond a Border. The Causes and Consequences of Contemporary Immigration. Los Angeles u.a.: Pine Forge Press.

Koch U. 2005. Herstellung und Reproduktion sozialer Grenzen. Roma in einer westdeutschen Großstadt. Wiesbaden: VS Verlag für Sozialwissenschaften.

Legros O., Olivera M. 2014. La gouvernance métropolitaine à l'épreuve de la mobilité contrainte des „Roms migrants" en région parisienne. In: Espaces Temps.net, 21.03.2014. http://www.espacestemps.net/articles/lmobilite-contrainte-des-roms-migrants-en-region-parisienne/ (05.09.2016).

Legros O., Vitale T. 2011. Les migrants roms dans les villes françaises et italiennes: mobilités, régulations et marginalités [Die Roma-Migranten in französischen und italienischen Städte: Mobilitäten, Regulierungen und Marginalisierungen]. In: Géocarrefour, 86 (1), 3-13.

Matter M. 2015. Nirgendwo erwünscht. Zur Armutsmigration aus Zentral- und Südosteuropa in die Länder der EU-15 unter besonderer Berücksichtigung von Angehörigen der Roma-Minderheiten. Schwalbach: Wochenschau Verlag.

Matras Y., Leggio D.V., Constantin R., Tanase L., Stutac M. 2015. The immigration of Romanian Roma to Western Europe: Causes, effects, and future engagement strategies (MigRom). Report on the Extended Survey. The University of Manchester. http://migrom.humanities.manchester.ac.uk/wp-content/uploads/2015/08/Yr2report_Mcr.pdf (15.09.2016).

Mee K.J., Wright S. 2009. Geographies of belonging. Why belonging? Why geography? In: Environment and Planning A, 41 (4), 772-779.

Ministère de l'Intérieur, de l'Outre-Mer et des Collectivités territoriales 2010. Circulaire du 5 août 2010. Veröffentlicht durch Le Canard Social. http://www.lecanardsocial.com/upload/IllustrationsLibres/Circulaire_du_5ao%C3%BBt_2010.pdf (8.12.2016)

OHCHR (United Nations Office of the High Commissioner for Human Rights) 2015. Zeid urges France, Bulgaria to halt forced evictions of Roma. http://www.europe.ohchr.org/EN/NewsEvents/Pages/DisplayNews.aspx?NewsID=10054&LangID=E (7.12.2016)

Olivera M. 2015. Roma and Gypsies in France: Extent of the diversity versus permanence of public policies. In: Alietti A., Olivera M., Riniolo V. (Hg.), Virtual Citizenhsip? Roma communities, Inclusion Policies, Participation and ICT Tools. Mailand: McGraw Hill, 37-54.

Parker O., López Catalán O. 2014. Free Movement for Whom, Where, When? Roma EU Citizens in France and Spain. In: International Political Sociology, 8, 379-395.

Pfaff-Czarnecka J. 2011. From 'identity' to 'belonging' in Social Research. Plurality, Social Boundaries, and the Politics of the Self. In: Albiez S., Castro N., Jüssen L., Youkhana E. (Hg.), Ethnicity, Citizenship and Belonging. Practices, Theory and Spatial Dimensions. Frankfurt a.M.: Iberoamericana/Vervuert, 199-219.

Pusca, A. 2010. The "Roma" Problem in the EU. Nomadism, (in)visible architectures and violence. In: Borderlands 9 (2), 1-17.

Ratfisch P. 2015. Zwischen nützlichen und bedrohlichen Subjekten. Figuren der Migration im europäischen „Migrationsmanagement" am Beispiel des Stockholmer Programms. In: Movements. Journal für kritische Migrations- und Grenzregimeforschung, 1 (1), 1-21.

Rigo E. 2012. Citizens despite borders. Challenges to the territorial order of Europe. In: Squire V. (Hg.), The Contested Politics of Mobility. Borderzones and Irregularity. London/New York: Routledge, 199-215.

Sandner Le Gall V. 2014. Mobilität in der erweiterten EU: Migrationen von Roma im Kontext von Armut und Exklusion. In: Geographische Rundschau, 66 (10), 18-25.

Sigona N., Trehan N. 2009. Introduction: Romani Politics in Neoliberal Europe. In: Dgl. (Hg.), Romani Politics in Contemporary Europe. Poverty, Ethnic Mobilization, and the Neoliberal Order. London: Palgrave Macmillan, 1-20

Squire V. 2015. The Securitisation of Migration: An Absent Presence? In: Lazaridis G., Wadia K. (Hg.), The Securitisation of Migration in the EU. Debates since 9/11. London: Palgrave Macmillan, 19-36.

Stewart M. (Hg.) 2012. The Gypsy „Menace": Populism and the New Anti-Gypsy Politics. London: Hurst & Company.

Toma S., Tesăr C., Fosztó L. 2014. The immigration of Romanian Roma to Western Europe: Causes, effects, and future engagement strategies (MigRom). Report on the Extended Survey. ISPMN Cluj-Napoca. http://migrom.humanities.manchester.ac.uk/wp-content/uploads/2015/08/Yr2report_Cluj.pdf (15.9.2016).

Van Baar H. 2011. Europe's Romaphobia: problematization, securitzation, nomadization. In: Environment and Planning D: Society and Space, 29, 203-212.

Van Baar H. 2015. The Perpetual Mobile Machine of Forced Mobility: Europe's Roma and the Institutionalization of Rootlessness. In: Jansen Y., de Bloois J. de, Celikates R. (Hg.): The Irregulaitziation of Migration in Contemporary Europe: Deportation, Detention, Drowning. London/New York: Rowman & Littlefield, 71-86.

Walters W. 2004. Secure Borders, Safe Haven, Domopolitics. In: Citizenship Studies, 8 (3), 237-260.

Wright S.L. 2015. More-than-human, emergent belongings: A weak theory approach. In: Progress in Human Geography, 39 (4), 391-411.

Yarris K., Castañeda H. 2015. Introduction. Special Issue Discourses of Displacement and Deservingness: Interrogating Distinctions between "Economic" and "Forced" Migration. In: International Migration, 53 (3), 64-69.

Youkhana E. 2015. A Conceptual Shift in Studies of Belonging and the Politics of Belonging. In: Social Inclusion, 3 (4), 10-24.

Yuval-Davis N., Kannabiran K., Vieten U. (Hg.) 2006. The Situated Politics of Belonging. London: Sage.

Zentralrat Deutscher Sinti und Roma 2011. Arbeitspapier zur EU-Strategie zur Verbesserung der Lage von Roma und Sinti in Europa. http://zentralrat.sintiundroma.de/ (29.9.2011).

Tageszeitungen und Online-Journalismus

Focus online 26.9.2012: Banden in Deutschland unterwegs. Wie die Bettelmafia aus Mitleid Geld macht. http://www.focus.de/panorama/welt/tid-27441/bettelmafia-wenn-leid-und-mitleid-von-menschen-ausgenutzt-werden_aid_825113.html (7.12.2016).

Kieler Nachrichten, 11.11.2016: Gaardens Wohnprobleme wachsen. http://www.kn-online.de/News/Nachrichten-aus-Kiel/Gaardens-Wohnprobleme-wachsen (12.12.2016).

Kieler Nachrichten, 16.7.2015: Anwohner fühlen sich massiv belästigt. http://www.kn-online.de/News/Nachrichten-aus-Kiel/150-Menschen-leben-im-Kirchenweg-34-in-Kiel-Anwohner-fuehlen-sich-belaestigt (1.9.2015).

WAZ, 18.9.2015: Skandalsatz. http://www.derwesten.de/staedte/duisburg/wie-duisburgs-ob-soeren-link-ueber-zuwanderer-aus-osteuropa-spricht-id11098608.html (12.11.2016)

Welt/N24, 10.8.2015: Einsamer Kampf einer Frau im Berliner „Horrorhaus". https://www.welt.de/vermischtes/article145019060/Der-einsame-Kampf-einer-Frau-im-Berliner-Horrorhaus.html (15.11.2016)

Filmmedien

ARD 2015. Trauma Einbruch – hilflos gegen Diebesbanden? Reinhold Beckmann. Erstausstrahlung 27.4.2015. http://www.ardmediathek.de/tv (Stand 1.10.2015).

Transnationale Bildungs- und Mobilitätsbiographien von Absolventinnen und Absolventen Deutscher Auslandsschulen

Birgit Glorius

1. Transnationale Bildungsinstitutionen und Bildungsbiographien

Bildung und Migration weisen Verknüpfungen auf, die im Kontext von Globalisierungs- und Transnationalisierungsprozessen von zunehmender Bedeutung sind. Die Transnationalisierung von Bildungsräumen und Bildungsbiographien vollzieht sich sowohl auf institutioneller wie auch auf individueller Ebene, mit verschiedenen Koppelstellen in Raum und Zeit. Während auf der institutionellen Ebene die internationale Expansion von Bildungsangeboten wie z.B. Auslandsschulen, internationale Schulen, der universitäre Harmonisierungsprozess auf EU-Ebene oder die Gründung von *education hubs* ins Auge fallen, ist es auf der individuellen Ebene die Zunahme von Bildungsmobilität, die sich unter anderem in der Mobilität internationaler Studierender ausdrückt. Die wissenschaftliche Aufmerksamkeit gilt einerseits den Konsequenzen von Bildungsmigration für weitere Mobilitätsereignisse im Lebenslauf, die auf der Makroebene eine Anknüpfung an die *brain drain/brain gain* Debatte finden. Zum anderen wird auf die Folgen von institutionellen Transnationalisierungsprozessen für die Herstellung sozialer Ungleichheit und die Wirkungen von Exklusionsmechanismen fokussiert (Jahnke 2014).

Empirische Studien weisen darauf hin, dass eine hohe Bleibewahrscheinlichkeit internationaler Studierender im Gastland nach dem erfolgreichen Abschluss besteht (z.B. Dreher, Poutvaara 2011; Rosenzweig 2008). Jüngere Studien zeigen zudem, dass ein Auslandsstudium vielfach dezidiert als Test für eine längerfristige Emigration oder gar als „Eintrittskarte" zu einer längerfristigen Arbeitsmigration betrachtet wird (Pratsinakis et al. 2017). Wir können hier also eine Koppelung von institutionellen und formalen Strukturen sowie individuellen Handlungsstrategien vermuten, die unter anderem durch transnationales soziales Kapital möglich wird.

Deutsche Auslandsschulen sind eine bedeutsame strukturgebende Institution in einer zunehmend internationaler werdenden Bildungslandschaft. Weltweit gibt es mehr als 140 Deutsche Auslandsschulen, an denen das deutsche Abitur abgelegt werden kann. Hinzu kommen 1.100 nationale Schulen, die das Deutsche Sprachdiplom der Kultusministerkonferenz anbieten (Bundesverwaltungsamt 2016). Absolvent/innen Deutscher Auslandsschulen gelten in Deutschland als Bildungsinländer/innen und haben somit uneingeschränkten Zugang zu deutschen Hochschulen. Alumni-Befragungen zeigen, dass ein beträchtlicher Anteil der Absolvent/innen Deutscher Auslandsschulen beabsichtigt, ein Studium in Deutschland aufzunehmen. Dies waren im Jahr 2013 ein Drittel von 5.118 Auslandsschulabsolvent/innen sowie ein Viertel der rund 59.000 Absolvent/innen des Deutschen Sprachdiploms (Meyer-Engling 2014).

In diesem Beitrag wird aus der Perspektive von Absolvent/innen Deutscher Auslandsschulen und entsprechend spezialisierter Sprachgymnasien die Relevanz und Ausgestaltung transnationaler soziale Räume als Konsequenz ihrer spezifischen Bildungssozialisation analysiert. Dabei wird auf Pries (1997) rekurriert, der transnationale soziale Räume als wichtige Referenzstruktur für soziale Positionierungen begreift, die die alltagsweltliche Lebenspraxis, biographische Projekte und Identitäten strukturieren. Am empirischen Beispiel von Sprachschul- und Auslandsschulabsolvent/innen, die in Deutschland studiert haben, werden die Folgen dieser transnationalen Bildungssozialisierung für weitere Bildungs- und Mobilitätsentscheidungen dargestellt. Mit Hilfe des Bourdieu'schen Kapitalbegriffs werden die transnationale Verortung und Inwertsetzung des sozialen, kulturellen und ökonomischen Kapitals der Auslandsschulabsolvent/innen analysiert und ihre Aushandlungsprozesse und Argumentationsmuster hinsichtlich des Schulbesuchs, des Studiums in Deutschland sowie der Rückkehr in ihr Herkunftsland aus einer transnationalen Perspektive untersucht. Dabei wird von besonderer Bedeutung sein, wie sich die räumlichen Bezüge der Absolvent/innen und ihre transnationalen Deutungsmuster und konkreten transnationalen Praktiken vor dem Hintergrund von veränderlichen strukturellen Rahmenbedingungen (z.B. ökonomische Bedingungen im Herkunftsland) entwickeln, in welcher Form sich die transnationale soziale Verortung konkret konstituiert und wie transnationales Kapital in verschiedenen sozialräumlichen Kontexten eingesetzt werden kann.

2. Transnationales Kapital und seine Inwertsetzung

Bevor auf die Frage der Inwertsetzung transnationalen Kapitals und die konkreten transnationalen Praktiken in diesem Zusammenhang eingegangen werden kann, ist es nötig, den Bildungsbegriff vor dem Hintergrund seiner Kapitalisierbarkeit genauer zu definieren. Dabei muss zwischen dem humanistischen Bildungsbegriff und dem stärker (human)kapitalorientierten Bildungsbegriff differenziert werden (Jahnke 2014: 153f). Im Kontext des humanistischen Weltbildes bedeutet Bildung mehr als das Erlernen von spezifischen Fähigkeiten und Fertigkeiten. Bildung wird vielmehr als wechselseitiger Erschließungsprozess von Ich und Welt verstanden, in welchem sich das Individuum als eigenständiges Wesen entwickelt (Klafki 1993). Es soll die Fähigkeiten ausbilden, über sich selbst bestimmen zu können, in der Welt mitzubestimmen sowie Empathie und Mitgefühl zu entwickeln und auf dieser Basis gesellschaftlich wirksam zu werden.

In der Humankapitaltheorie wird Bildung als Ressource betrachtet, die sich in Form von Produktivität auf dem Arbeitsmarkt in Wert setzen lässt (Hummelsheim, Timmermann 2010). Nach Bourdieu (1983) kann Bildung als kulturelles Kapital bezeichnet werden, das in Form individueller Kenntnisse, Fähigkeiten und Fertigkeiten vorliegt. Interessant ist in diesem Zusammenhang die Koppelung der Kapitalien, indem z.B. ökonomisches Kapital notwendig ist, um Zugang zu kulturellem Kapital zu erhalten, oder soziales Kapital in Form von persönlichen Netzwerken oder institutionalisierten Beziehungen eingesetzt werden muss, um kulturelles Kapital angemessen in Wert zu setzen.

Während auf der Makroebene vorwiegend der Frage nachgegangen wird, wie sich die Mobilisierung von Leistungsträger/innen auf die Ökonomie von Herkunfts- und Gastland auswirkt, erscheint diese Thematik auf der Mikroebene wesentlich facettenreicher. Denn auf der Basis des Individuums ist zunächst von Bedeutung, welche Formen sozialen Kapitels auf welche Weise transferiert und in Wert gesetzt werden können, und welche Kontextfaktoren dabei eine Rolle spielen. Damit einher geht die Frage, wie Bildungs- und Mobilitätsbiographien miteinander interagieren und welchen Stellenwert die transnationale Bildungserfahrung hierbei einnimmt. Mehrere Evaluationsstudien zur Bildungsmigration untersuchen den Wert von Auslandserfahrung für die berufliche Integration rückkehrender Graduierter im europäischen Migrationsraum. Die am breitesten angelegte Studie ist eine Panelstudie zur Erasmus-Mobilität, die unter den Erasmus-Jahrgängen 1988/89, 1994/95 und 2000/01 durchgeführt wurde (Teichler, Janson 2007). Die Studie ergab unter anderem, dass mit der zunehmenden Verbreitung internationaler Erfahrungen unter Universitätsabsolvent/innen die Bedeutung von Auslandserfahrungen für die berufliche Integration und Karriere zurückging. Eine Ausnahme bildeten lediglich Graduierte aus Mittel- und Osteuropa, die im Gegensatz zu westeuropäischen Erasmus-Studierenden einen höheren Nutzwert des Auslandssemesters auswiesen. Weitere quantitativ angelegte Studien zur beruflichen Integration rückkehrender Graduierter erbrachten ambivalente Ergebnisse: So wurde für rückkehrende Graduierte nach Griechenland eine höhere Wahrscheinlichkeit für Arbeitslosigkeit und Dequalifizierung nachgewiesen (Lianos et al. 2004). Ähnliches zeigte eine norwegische Studie, wobei die berufstätigen Rückkehrer andererseits ein höheres Einkommen erreichten, als die Kontrollgruppe der im Land ausgebildeten Hochschulabsolventen (Wiers-Jenssen, Try 2005).

Eine qualitative Untersuchung von rückkehrenden Graduierten aus Großbritannien in die Slowakei zeigt, dass weniger die formale Qualifikation der Graduierten, als vielmehr ihr im Ausland erworbenes soziales und kulturelles Kapital beruflich in Wert gesetzt werden konnte (Baláž, Williams 2004). Eine differenzierte Typologie zur Verwertung von im Ausland erworbenem Wissen und Fähigkeiten entwickelte Wolfeil (2013) in ihrer Studie zu rückwandernden polnischen Studierenden. Sie ergänzt dabei Bourdieu's Kapital-Begriff mit einem stärker ausdifferenzierten Wissensbegriff, um zu beschreiben, wie die Rückwander/innen spezifische Fähigkeiten am Arbeitsplatz einsetzen (können). Dabei unterscheidet sie unter Berufung auf Williams (2006) sowie Williams und Baláž (2008) zwischen explizitem, objektivierbarem Wissen und stillem Wissen (*tacit knowledge*). Letzteres teilt sich wiederum auf in kognitive und praktische Fähigkeiten sowie Wissen, das sich durch

Sozialisierung in spezifischen Kontexten aufbaut bzw. dass in spezifische Organisationskulturen eingebettet ist. Während sich die ersten beiden Wissensformen problemlos mobilisieren lassen, ist das kontextspezifische oder organisationsspezifische Wissen schwieriger zu transferieren. Es bedarf hierzu der „Übersetzung", und zwar nicht nur sprachlicher Art, sondern auch hinsichtlich stillerer Formen des Wissens, wie etwa Umgangsformen, Verhandlungskulturen etc. (Wolfeil 2013: 263). Den Typus, der in hohem Maße sowohl explizites als auch stilles Wissen einsetzt und übersetzt, nennt Wolfeil demzufolge „*knowledge translator*".

Eine weitere Ausdifferenzierung dieses Gedankens bieten die Arbeiten von Grabowska (2016) sowie Grabowska et al. (2016), die die Übertragbarkeit und Wirksamkeit non-formaler Bildungserträge in den Blick nehmen. Indem Rückkehrer/innen non-formale Wissensbestände und soziale Praktiken in die Herkunftsgesellschaft in Form von *social remittances* einfließen lassen, wirken sie einerseits als *agents of change* und können andererseits selbst eine soziale Aufwärtsmobilität erzielen. Unter *social remittances* sind dabei migrationsbedingte Formen des kulturellen bzw. sozialen Wandels zu verstehen, die durch die Diffusion von Ideen, Werten, Verhaltensnormen, Praktiken und sozialem Kapital zustande kommen (vgl. Grabowska, Garapich 2016, de Haas 2010, Levitt 1998). Grabowskas empirische Studien zeigen, dass vor allem das evaluative Handeln und das individuelle Reflexionsvermögen eine hohe Bedeutung für die soziale Aufwärtsmobilität und für soziale Innovation besitzen (Grabowska 2016).

3. Empirische Einblicke

Die Frage, der dieser Beitrag nachgeht, ist die Wirkung von transnationalen Bildungsimpulsen auf die weitere Organisation von Bildungsbiographien. Empirisch konzentriert sich der Beitrag auf Absolvent/innen Deutscher Auslandsschulen bzw. vertiefter sprachlicher Bildungsgänge, in denen sowohl sprachlich als auch hinsichtlich des Lehrkonzepts die Basis für ein Studium in Deutschland gelegt wird. Zugleich wird auf eine Generalisierung der Ergebnisse hingearbeitet, denn die Institution des Deutschen Auslandsschulwesens ist lediglich ein Baustein der global existierenden transnationalen Bildungsinfrastruktur.

3.1 Material und Methode

Für die Analyse werden vier Lebensgeschichten von Absolvent/innen deutscher Auslandsschulen (Tab. 1) herangezogen, welche im Rahmen zweier Projekte erhoben wurden. Die Interviews mit Rania[1] und Franz wurden im Herbst 2008 an der Martin-Luther-Universität Halle-Wittenberg im Rahmen eines Forschungsprojekts zu Mobilitätsaspirationen internationaler Studierender durchgeführt (vgl. Glorius 2016). Es wurde ein biographischer Zugang gewählt, mit dem Ziel zu verstehen, wie zukünftige Migrationsentscheidungen vor dem Hintergrund bisheriger Migra-

[1] Bei den hier verwendeten Namen handelt es sich um Pseudonyme.

tionserfahrungen ausgehandelt werden. Während der biographischen Interviews trat die große Bedeutung Deutscher Auslandsschulen für die transnationale Gestaltung von Bildungsbiographien zutage: allein fünf der 19 interviewten Studierenden (Bachelor/Diplom/Master) hatten eine Deutsche Auslandsschule absolviert.

Die Interviews mit Anelia und Luba wurden im Rahmen eines Forschungsprojektes zur Rückwanderung bulgarischer Graduierter[2] im Herbst 2015 bzw. Frühjahr 2016 durchgeführt. Während das Gespräch mit Anelia als biographisches, narratives Interview durchgeführt wurde, ist das Interview mit Luba als Expertinnen-Interview einzuordnen. Im Zuge des Gesprächs zur Wirksamkeit von Rückkehrer/innen aus Deutschland erfolgten jedoch viele Einlassungen zur eigenen Biographie, die hier herangezogen werden. Für die Analyse werden drei Teilfragen verfolgt:

1.) Welche Art transnationalen Kapitals wird im Rahmen des Schulbesuches aufgebaut und welche Wechselwirkungen ergeben sich zwischen transnationalem Kapital und transnationaler Verortung?

2.) Welche Rolle spielt der transnationale Sozialraum als Referenzstruktur? Welche Bedeutung hat die konkrete geographische Positionierung von Akteur/innen im transnationalen Sozialraum für die eigene Positionierung und zukünftige Mobilitäten?

3.) Inwiefern ist eine Nachhaltigkeit der transnationalen sozialen Verortung zu erkennen? Wie äußert sich diese in konkreten Praktiken, insbesondere bezogen auf transnationale Wissensbestände?

Tab. 1: Kurzbiographien der Interviewpartner/innen

„Es war schon immer mein Traum gewesen, nach Deutschland zu kommen." (Rania, 18 Jahre, aus Ägypten, studiert Wirtschaft und Politik in Halle/Saale):
Rania wurde in Saudi-Arabien geboren und verbrachte dort ihre Kindheit. Sie wurde in die Deutsche Schule eingeschult und erlebte den Alltag in Saudi-Arabien als vorwiegend durch die deutsche Sprache und den deutschen Schulalltag geprägt, was sich durch das abgeschottete Leben in einer *gated community* für Ausländer/innen verstärkte. Sie entwickelte ein starkes Interesse an der deutschen Sprache und Kultur und las alle deutschen Bücher, derer sie habhaft werden konnte. Als Rania zwölf Jahre alt war, zog die Familie zurück nach Kairo, wo Rania ebenfalls die Deutsche Schule besuchte. Ihr Wunsch nach einem Studium in Deutschland entwickelte sich durch Einblicke in die Deutsche Universität in Kairo und die Bekanntschaft mit einem Deutschen, der ihr auch die ersten Schritte zum Hochschulstudium in Deutschland ebnete (u.a. leistete er Überzeugungsarbeit bei Ranias Eltern, die damals minderjährige Rania allein ins Ausland zu schicken). Sie ist mit ihrer Entscheidung sehr zufrieden und plant, auch nach Abschluss des Studiums in Deutschland zu bleiben und zu arbeiten. Probleme sieht sie lediglich in der Tatsache, dass sie aus religiösen Gründen ein Kopftuch trägt, was ihrer Ansicht nach von vielen deutschen Arbeitgebern nicht akzeptiert wird.

[2] Das Projekt „Rückwanderung und Lebenslauf: Das Beispiel rückkehrender Graduierter nach Bulgarien" wird durch die Deutsche Forschungsgemeinschaft gefördert (Projektnummer GL 683/3-1).

„Ich glaube ich verwirkliche das Traum meines Vaters hier." (Franz, 23 Jahre, aus Ecuador, studiert Sportwissenschaft in Halle/Saale):

Franz besuchte die Deutsche Schule in Guayaquil/Ecuador und legte dort sein Abitur ab. Seine Eltern (Arzt/Sprachlehrerin) hatten eine Zeit lang in Österreich gelebt, wo Franz auch geboren wurde. Die große Affinität zur deutschen Sprache und Kultur und die hohe Meinung von der Qualität des deutschen Bildungssystems wurde Franz durch seine Eltern vermittelt. Auch während seiner Schulzeit an der Deutschen Schule in Guayaquil wurde Werbung für deutsche Universitäten gemacht. Nach dem Besuch der Deutschen Schule recherchierte Franz Studienmöglichkeiten in den USA, Deutschland und Kuba. Ein Studium in Ecuador schloss er von vornherein aus. Für Deutschland sprachen vor allem die hohe Qualität des Studiums, die günstigen Lebenshaltungskosten und die gute Sicherheitslage. Den Ausschlag für die Studienortwahl gaben ecuadorianische Freunde, die bereits in Halle studierten. Inzwischen studiert auch Franz' jüngere Schwester an dieser Hochschule. Im Vergleich zu einem Studium in Ecuador hebt er das wissenschaftliche und technische Niveau und die Möglichkeiten der Spezialisierung hervor. Nach dem Studienabschluss möchte er zunächst in Europa bleiben, schließt aber eine Rückkehr nach Ecuador nicht aus, wo internationale Bildungsabschlüsse hoch anerkannt sind.

„Nach Deutschland zu gehen, war das Einfachste." (Anelia, aus Bulgarien, studierte ab 2002 BWL in Berlin, kehrte 2009 nach Sofia zurück und arbeitet inzwischen dort bei einer deutschen Firma):

Anelia bestand nach der 6. Klassenstufe die schwierige Aufnahmeprüfung für das Deutsche Gymnasium in Sofia, das als eine der besten Sekundarschulen des Landes gilt, und schloss ihre Schulausbildung mit dem Abitur ab. Die anschließende Entscheidung, ein Studium in Deutschland aufzunehmen, begründet sie mit dem Hinweis, das sei der normale Weg der Sprachschulabsolvent/innen, zumal sie aufgrund der schwierigen Abiturprüfungen keine Zeit fänden, für die Aufnahmeprüfungen an einer bulgarischen Universität zu lernen. Tatsächlich gingen 24 ihrer insgesamt 26 Mitschüler/innen nach Deutschland zum Studium. Anelia entschied sich für ein Studium in Berlin, vor allem weil ein Freund aus Sofia den gleichen Weg einschlug. Sie hatte zunächst Schwierigkeiten, in dem neuen Umfeld Fuß zu fassen, vermisste ihre Familie und baute sich ein Netzwerk aus vorwiegend bulgarischen Kommiliton/innen auf. Nach dem Diplomabschluss erhielt sie durch ein Betriebspraktikum ein Arbeitsangebot in Berlin, entschloss sich jedoch dann während des Weihnachtsurlaubs in Bulgarien, stattdessen in Sofia zu bleiben. Sie begründet diese Entscheidung mit Heimweh und der Tatsache, dass der größte Teil ihres bulgarischen Freundeskreises ebenfalls nach dem Auslandsstudium zurückkehrte. Sie fand rasch Arbeit, wechselte jedoch nach einigen Jahren zu einem deutschen Arbeitgeber, da sie den Wunsch verspürte, ihre Deutschkenntnisse aktuell zu halten und wieder mehr Begegnungen mit Deutschland und den Deutschen zu haben. Jetzt, einige Jahre nach der Rückkehr, reflektiert sie sehr deutlich die positiven und negativen Aspekte des Lebens in Deutschland und Bulgarien und macht sich Gedanken über Bulgariens zukünftige Entwicklung.

„Man muss aktiv sein." (Luba, aus Bulgarien, studierte Philosophie in Leipzig und kehrte anschließend nach Bulgarien zurück. Sie engagiert sich unter anderem als deutsche Honorarkonsulin für die deutsch-bulgarischen Beziehungen):

Unsere Gesprächspartnerin Luba wurde vor allem in ihrer Rolle als Expertin für das deutsch-bulgarische Migrationsfeld kontaktiert. Sie steht mit ihrer eigenen Biographie in der Tradition eines *translators of knowledge* (Wolfeil 2013). Hauptberuflich mit einer eigenen Firma im Bereich Marketing/Unternehmenskommunikation tätig, ist sie aktive Netzwerkerin und Kulturaktivistin in ihrer Heimatstadt Plovdiv und zudem Honorarkonsulin der Bundesrepublik Deutschland. In ihren Einlassungen zur Rolle der Zivilgesellschaft in ihrem Heimatland kommt sie immer wieder auf die Auslandsrückkehrer/innen zu sprechen, die durch ihre Auslandserfahrung das richtige Gefühl für die Bedeutung von Netzwerken und ehrenamtlichem Engagement erlangt haben und zudem sehr gut vernetzt sind. Auf Luba's Bestreben formierte sich ein deutsch-bulgarischer Stammtisch, über den zahlreiche rückkehrende Studierende den ersten Job gefunden haben. Ihr größter „Coup" jedoch ist die Initiierung der erfolgreichen Bewerbung Plovdivs als Kulturhauptstadt Europas 2019, die sie nur durch gute Organisation, Selbstbewusstsein und Zähigkeit in den Verhandlungen mit Behörden vorantreiben konnte. Ihrer Ansicht nach braucht Bulgarien die Rückkehrer/innen, da diese zu den begabtesten Köpfen des Landes gehörten und zudem im Ausland gelernt hätten, selbst etwas auf die Beine zu stellen.

Quelle: eigene Erhebung und Darstellung

3.2 Transnationales soziales Kapital und seine Wirksamkeit für transnationale Bildungsentscheidungen

Der Aufbau transnationalen sozialen Kapitals durch den Besuch der Deutschen Schule wurde in den hier vorgestellten Fallbeispielen maßgeblich durch das soziale Umfeld gefördert, insbesondere durch die Eltern, welche für ihre Kinder die Entscheidung über die Schulform treffen. Dabei mischen sich institutionelle und familienbiographische Erwägungen: Zum einen stehen die Deutschen Schulen in den Bildungssystemen der hier betrachteten Länder Ägypten, Ecuador und Bulgarien an einer hohen Position und können eine überdurchschnittliche Ausbildungsqualität bieten. Dieses Argument wird in der folgenden Interviewpassage von Anelia erläutert. Deutlich wird in dieser Passage auch, dass Einflüsse aus dem sozialen Umfeld, also Personen, die als Rollenvorbild dienen können, ebenfalls zu der Entscheidung für die Schulwahl beitragen.

> Es ist in Bulgarien sehr typisch, ab der siebten Klasse gibt es diese Prüfungen zu diesen speziellen Schulen, also Sprachgymnasien, und man bewirbt sich, und je nachdem, was man für eine Note kriegt an dem Prüfung/Ich glaub, das ist die schlimmste Prüfung im Leben jedes Bulgaren. Und dann äh entscheidet man sich. Und eigentlich die best/ also die Schule mit der höchsten, mit der höchsten äh Note, ja, Ruf/Ich glaub' an dem Jahr, 1997, war das, hat die Deutsche Schule, das Deutsche Gymnasium, das erste Mal das, das Englische überholt. Bis dahin war immer das Englische Gymnasium an erster Stelle, und die, das Deutsche an zweiter, und dann in, als ich mich beworben hab', war die Deutsche Schule/ Und ich, Englisch konnte ich schon einigermaßen, für mich kam's also, ja, kam's eigentlich nicht in Frage, weil Englisch lernt man sowieso. Ich wollte eine zweite

> Sprache lernen, und dann/ Meine Cousine war auch an der Deutschen Schule schon, sie ist zwei Jahre älter. Und deswegen auch. Also keine, aus Liebe zu Deutschland oder zu der Sprache, einfach weil's die beste Schule war (Anelia, Z. 152-166).[3]

Zum anderen ist unter den Schüler/innen Deutscher Auslandsschulen eine starke transkulturelle Prägung teilweise bereits in der Familie angelegt, so etwa bei Franz, der seine biographische Erzählung auch anhand seines deutschen Vornamens einleitet:

> Fangen wir besser mit meinem Namen also an. Ich heiße Franz, ziemlich komisch, ja, ich weiß. [...] Ja, und das ist, weil mein Vater Medizin studiert und danach er wollte sich spezialisieren und er ist nach Österreich gegangen mit meine Mutter. Da bin ich geboren. [...] In Österreich. Damals gab's einen Fußballspieler, der (*Name eines österreichischen Fußballers, BG*) heißt oder hieß...keine Ahnung, ob er immer noch lebt, und meine Mutter hat die Name gefallen und, ja, sie hat mich so genannt. [...] O.K. Jetzt dass meine Eltern Deutsch wussten, so, die wollten so dass ich auch Deutsch lerne und vielleicht die Möglichkeit habe hierher zu kommen, auch zu studieren und alles... und dann hab ich diese Deutsche Schule besucht (Franz, Z. 20-31).

Auch bei Rania, die in Saudi-Arabien aufgewachsen ist, mischen sich das Argument der Bildungsqualität mit einer familiären Migrationsepisode, während derer ihre deutschsprachige Sozialisation vorangetrieben wurde und damit auch ein starkes Interesse an einem Aufenthalt in Deutschland entstand.

> Rania: Ich bin ja in Saudi-Arabien geboren und dort aufgewachsen, zwölf Jahre lang und dann war ich sechs Jahre in Ägypten und dann hier in Deutschland. [...]
>
> Interviewer: Und, em, Deutschland hast du gewählt, weil das Interesse halt schon da war, also das kam für dich gar nicht in Frage, irgendwie in Ägypten oder in Saudi-Arabien zu studieren?
>
> Rania: Nein, überhaupt nicht. Ich wollte auf Deutsch weiter studieren und ich wollte endlich mal wissen, also ich studier' schon so lange Deutsch, ich hab noch nie Deutschland gesehen, nicht mal in den Weihnachtsferien oder Sommerferien oder wie auch immer und deswegen wollt ich auch mal nach Deutschland. [...] Ich habe in Saudi-Arabien zuerst gelebt und da war ich praktisch nur an der Deutschen Schule und abends in so einem, wie gesagt, wie in einem „*Compounds*", so eine Riesenmauer, mit sehr vielen Villen darin, Schwimmbecken und so'n Real-Center, also so'n Riesenkaufcenter. Ja, und deswegen habe ich nur Deutsch gesprochen (Rania, Z. 21-33, 279-283).

Die Entscheidung, nach dem Schulabschluss ein Studium in Deutschland zu beginnen, wird von Rania, Franz und Anelia als Abwägungsprozess dargestellt, in dem das transnationale kulturelle Kapital in Form des deutschen Schulabschlusses und der deutschen Sprachkenntnisse eine große Rolle spielen. Auffällig ist in ihren Narrationen, dass die Bildungsmigration nach Deutschland als natürlichster Weg

[3] Die Transkription gibt die Sprechpassagen authentisch wieder, inklusive grammatikalischer Fehler und abgebrochener Sätze (durch / gekennzeichnet). Betonungen werden in Großbuchstaben dargestellt, nonverbale Äußerungen stehen in runden Klammern, Sprechpausen sind mit drei Punkten gekennzeichnet, Auslassungen im Transkript mit eckigen Klammern.

dargestellt wird. Das wird unmittelbar in den Worten von Anelia deutlich, die betont, das Studium in Deutschland sei die einfachste Alternative gewesen.

> Wie gesagt, ich hab' das äh Deutsche, das Deutsche Gymnasium hier besucht, und ich glaube, es war also einfach nach Deutschland zu gehen, war das Einfachste (*lacht*), es war einfacher eigentlich nach Deutschland zu gehen, als hier in Bulgarien zu studieren, weil/ [...] Ich glaube von meiner Klasse, von 27 Leuten sind so ungefähr 24 oder 25 nach Deutschland gegangen, um zu studieren, ja. Äh, als erstes, weil ähm, wir waren auch/ Ich hab' an einer ähm speziellen Klasse gelernt, also wir waren Bildungsinländer. Wir haben das deutsche Abitur gemacht und dann waren wir Bildungsinländer. Und ja, wir mussten das deutsche Abitur machen, und hier in Bulgarien gibt es Aufnahmeprüfungen für die Universitäten, also für uns war es fast unmöglich sich äh für beides vorzubereiten. Ja. Deshalb war es viel einfacher eigentlich nach Deutschland zu gehen als hierzubleiben und eine Aufnahmeprüfung an einer Universität zu machen und dann vielleicht irgendeinen Studiengang hier in Bulgarien zu, anzufangen. Also von daher glaube ich, also ich hab' nicht wirklich so nachgedacht und überlegt, ob ich nach Deutschland gehe, ob ich anderswo hingehe. Für mich war das so: Alle gehen nach Deutschland (*lacht*), ich auch (Anelia, Z. 11-26).

Anelia stellt die Entscheidung für ein Studium in Deutschland als unmittelbare logische Folge ihrer schulischen Sozialisation dar, die sich vor allem durch die institutionellen Rahmenbedingungen ergibt und in der Frage mündet, ob Bildungszeit in die Vorbereitung auf die bulgarischen Aufnahmeprüfungen investiert werden solle, oder vielmehr in die Vorbereitung auf das deutsche Abitur. Die Wertigkeit der Entscheidung wird durch die Wortwahl betont: auf der einen Seite steht der Fachausdruck „Bildungsinländer", der auf das Wissen um die Privilegien, die diesem Status inhärent sind, hinweist, auf der anderen Seite steht die eher vage und abwertende Formulierung, die für die „bulgarische Alternative" gewählt wird, nämlich, dass sie „vielleicht irgendeinen Studiengang hier in Bulgarien" anfangen könne. Die in dem Text transportierten faktischen Argumente („von 27 Leuten sind so ungefähr 24 oder 25 nach Deutschland gegangen") verstärken den Eindruck, ein Studium in Deutschland sei nach dem Absolvieren des deutschen Sprachgymnasiums in Bulgarien der natürlichste Weg.

In Franz' Erzählung wird das Studium in Deutschland im Vergleich zu inländischen und anderen ausländischen Studienstandorten als qualitativ bester und ökonomisch tragfähigster Weg dargestellt, der vor allem durch das bereits erworbene kulturelle Kapital in Form von Sprachkenntnissen in Frage kam.

> Franz: Schon in der Schule wurde viel erzählt über deutsche Universitäten so, dass sie gut sind. Die Ausbildung, das man hier kriegt, besser als ...auf jeden Fall besser als in unsere Heimat. Ja, und deswegen bin ich hier. Ich bin Sportstudent und, ehrlich gesagt, in meine Heimat so als Sportstudent hat man das echt schwer. Beruflich auch und deswegen bin ich hierhergekommen um ein bisschen mehr ....Chancen zu haben, Kontakt mit neue Technologie oder so zu haben, dass wir nicht haben bei uns und ja halt eine andere Sprache. [...] Am Anfang, also ich war hier in Deutschland als Austauschüler auch in der 9. Klasse. Hat mir nicht so gut gefallen, Deutschland, und daher hab ich mich entschieden nicht hier zu studieren am Anfang. Wollte nach USA oder Kuba. Wollte was mit Sport machen. Na irgendwie hat es nicht geklappt.

Interviewer: Warum hat es nicht geklappt?

Franz: Also USA wegen Geld, also finanzielle Sachen so. Kuba wegen, tja, weil die Familie hat sich ein bisschen Sorgen gemacht wegen...Kuba ist nicht so das Paradies oder so und Deutschland hab ich am Ende entscheiden, weil ich konnte schon Deutsch und ja warum nicht? [...] Und dann ich hatte hier paar Freunde schon, also aus meine Heimat, die hierhergekommen sind, um zu studieren auch. Die haben gesagt: Ja, komm' einfach nach Halle (Franz, Z. 31-51).

Franz begründet zunächst seinen Entschluss, im Ausland zu studieren, mit seinen Studieninteressen und stellt dann den familiären Abwägungsprozess zwischen drei internationalen Studienorten (USA, Kuba, Deutschland) auf eine rationale Art und Weise dar. Es wird deutlich, dass aus seiner Sicht die Entscheidung für Deutschland keine Priorität hatte, zumal seine ersten Kontakte zu Deutschland keinen positiven Eindruck hinterlassen hatten. Einfluss auf seine Entscheidung, dann doch nach Deutschland zu gehen, hatten seine Eltern, die Lehrkräfte in seiner Schule sowie Freunde, die bereits vor Ort waren.

In einer späteren Interviewpassage begründet er seine Entscheidung ex post auf der Basis der inzwischen gewonnenen Erfahrungen. Dabei spielen zum einen familiäre bzw. emotionale Gründe eine Rolle („Ich glaube, ich verwirkliche das Traum meines Vaters hier"), zum anderen jedoch auch rationale Argumente wie die bessere Studienqualität, die ihm den Aufbau hochwertigen kulturellen Kapitals ermöglicht.

Aus den Einlassungen der Interviewpartner/innen geht hervor, dass das durch die deutschsprachige Schulausbildung aufgebaute kulturelle Kapital tatsächlich einen stark vorstrukturierenden Charakter hinsichtlich weiterer Bildungsetappen besitzt. Die genossene Bildung erhält ihre Bedeutung vor allem im Vergleich zum Bildungssystem des eigenen Landes, also auf Grundlage einer transnationalen Referenzebene. Hinsichtlich der Entscheidungsfindung kommen jedoch auch Faktoren zum Tragen, die man generell aus der Migrationsforschung kennt, nämlich die Koppelung von rationalen mit emotionalen Argumenten und der starke Einfluss sozialer Netzwerke für die Migrations- und Zielortentscheidung.

3.3 Zwischen Hier und Dort: Bewegungen im Transnationalen Sozialen Raum und die Bedeutung Transnationalen Sozialen Kapitals

Der Bildungsbiographie der Auslandsschulabsolvent/innen folgend, stellt sich die Frage der zukünftigen Positionierung im Übergang vom Studium in die Berufstätigkeit. Dabei ist insbesondere von Interesse, wie bei entsprechenden Karriere- und Mobilitätsentscheidungen auf die transnationale Verortung Bezug genommen wird.

Die transnationale Referenzstruktur ist bei allen Interviewpartner/innen zu erkennen. So beginnt Anelia auf den Erzählimpuls ihre Rückkehrgeschichte mit den Worten: „Ähm, eigentlich, vielleicht ist es mir einfacher, also die Frage zu beantworten, warum ich zurückgekommen bin, wenn ich die Frage beantworte, warum ich jetzt nicht nach, in Deutschland arbeiten würde" (Anelia Z. 48-49). Durch diese Aussage stellt sie die beiden geographischen Referenzräume Deutschland und Bulgarien auf eine Ebene und handelt im Folgenden die verschiedenen Charakteristika dieser Räume auf einer transnationalen Referenzebene aus: So hätte der deutsche Arbeitsmarkt verschiedene - insbesondere ökonomische - Vorzüge, wohingegen für Bulgarien die Nähe zu Familie und Freunden, das gute Wetter und der daraus resultierende nach außen orientierte Lebensstil sowie eine größere Freiheit und Flexibilität in der Lebensführung sprächen. Letztlich führt sie jedoch emotionale Gründe als Ursache für die Rückkehr an: „Aber ich glaube, ich bin hauptsächlich zurückgekommen, weil ich mich in Deutschland nicht zu Hause gefühlt habe" (Anelia, 100-101). Dabei hatte ihre enge Bindung an die Familie und die Schulfreunde, die größtenteils ebenfalls vom Auslandsstudium zurückgekehrt sind, einen maßgeblichen Einfluss, auch als Rollenvorbild.

> Meine engsten Freunde sind eigentlich die Freunde von der Schule. Und meine engsten Freunde, von meinen engsten Freunden sind die meisten zurückgekommen nach Bulgarien. Von daher hatte ich eigentlich einen, einen viel wichtigeren Freundeskreis hier wieder gefunden, und vielleicht deswegen, das hat auch seine große Rolle gespielt dafür, dass ich geblieben bin. Weil ich wieder mit meinen engsten Freunden zusammen sein konnte. [...] ich hatte nicht wirklich so Freunde, die ... besonders erfolgreich schon, schon waren, als ich zurückgekommen bin. Ne, aber einfach, dass sie da sind, dass sie da waren und jetzt immer noch sind, das hat mit eine große Rolle gespielt (Anelia, Z. 260-275).

Auch bei Franz spielt die unmittelbare Nähe zu vertrauten Personen eine Rolle für mögliche Rückkehrentscheidungen. Selbst wenn unter modernen Kommunikationsbedingungen Kontakte unabhängig von der geographischen Distanz leicht gepflegt werden können, kann das tägliche Skype-Gespräch oder der Besuch von Facebook-Gruppen die echte Begegnung nicht ersetzen. Dies wird deutlich in seiner Erwiderung auf die Frage des Interviewers, wie oft er seine Familie sähe:

> Nicht oft. Naja sagst du so hier, dass ich neben meiner Familie sitze oder durch die Kamera im Internet oder so. Ja, also nee, meine Familie sehe ich nicht. September letztes Jahres war ich da kurz, aber davor waren zweieinhalb Jahre, die ich die nicht gesehen habe. Meine Schwester, die da ist, hab' ich, bevor sie nach Deutschland gekommen ist, nicht in drei Jahren gesehen, weil sie war woanders. Aber es ist schön jemanden von der Familie hier zu haben, also. Du hast hier jemanden, der Dich richtig kennt, wie Du bist und alles, Deine Probleme versteht und alles, eine paar schöne Worte Dir sagen kann so „Ey hier", sag' ich so „Kopf hoch", aber es ist auf jeden Fall schön (Franz, Z. 333-340).

Ähnlich wie Anelia wägt Franz die objektiv besseren ökonomischen Möglichkeiten eines Verbleibs in Deutschland gegen die Bedeutung einer Rückkehr in sein Herkunftsland ab. Dabei antizipiert er sowohl mögliche Veränderungen der Rahmenbedingungen in seiner Heimat, die gegen eine Rückkehr oder für eine erneute Emigration sprächen, als auch Veränderungen seiner persönlichen Situation, insbesondere was Partnerschaft und Familiengründung anbelangt. Hier misst er dem Familienleben in vertrauter Umgebung einen hohen Stellenwert bei und expliziert dies mit der Erfahrung seines Vaters, dessen Migrationsprojekt aus diesem Grund zum Ende kam:

> Wenn ich richtig nachdenke...naja ich bleibe hier nur wenn ich einen richtigen Job hier bekomme. Einen guten Job, also...sagen wir einfach, nur einen Job. Ja, da wo ich mich meine Wohnung bezahlen kann, mein Essen und alles so, dann bleibe ich hier. Aber zumindest hier in Europa. Es ist nicht so, dass ich nicht zu meiner Heimat gehen möchte, so...ja, also vier Jahre, fünf Jahre, sechs Jahre dein Land verändert sich auch und die Leute vielleicht auch. Verschiedene Regierungen und so. Kann passieren, dass du zurück kommst und dann findest du ein anderes Land, so hier früher war es so und so und so und jetzt ist es so und so und so...ich fühle mich nicht wohl...was mache ich hier, ja... oder arbeiten, man verdient bei denen nicht so gut erstens, zweitens ja wir versuchen uns in Sportbereichen zu entwickeln und alles, aber es fehlt immer das Geld, also wenn einer kommt und sagt ‚Macht das, hier ist das Geld', dann können wir das machen, aber diese finanzielle Unterstützung haben wir noch nicht so wirklich gut, und Heimweh, ja... Klar man hat Heimweh und alles so. Dass ist der Grund zum Beispiel, dass mein Vater zurückgekommen ist, so. Er konnte nicht mehr das durchhalten. Ich bis jetzt ja, aber es wäre auch schön so zu arbeiten und normal zu verdienen, ja, also nicht schlecht aber so mal mit seiner Familie an seiner Seite (Franz, Z. 398-409).

Ähnlich wie bei Anelia hat auch für Franz die Beziehung zu alten Freunden aus der Schulzeit einen hohen Stellenwert, was auch in Verbindung mit einem Rückkehrwunsch gebracht wird, insofern die Freunde ebenfalls zurückkehren.

Während Anelia bereits auf ihre Rückkehr zurückblicken kann und Franz diese unter Rückgriff auf familiäre Erfahrungen oder Pläne seiner *peer group* antizipiert, steht Rania noch stärker in der Studienphase, so dass die Frage des Arbeitsmarkteinstiegs und daran gekoppelter Migrationsentscheidungen noch sehr weit entfernt scheint. In ihren Überlegungen dominieren Reflexionen der vergangenen Migrationsetappe, nämlich der Migration nach Deutschland und der Aufnahme des Studiums.

> Interviewer: Der Abschluss, ich sag' mal der Schulabschluss da an der Deutschen Schule, war das dann äquivalent mit dem, was wir hier in Deutschland haben?
>
> Rania: Em, also eigentlich schon, dass was wir in der Schule gemacht haben ist ähnlich, aber es wurde hier nicht anerkannt, weil's aus Ägypten ist. Weil es gehört ja nicht zu Europa oder sowas und deswegen musste ich hier sozusagen noch das Studienkolleg machen. Das ist sozusagen hier die dreizehnte Klasse weil ich hab' dort nur zwölf Jahre gemacht in Ägypten. Und, tja, die Frau vom Studienkolleg hat dann gemerkt, ich schaff' das locker, also es sind normalerweise zwei Semester, die hat dann gemerkt, ich schaff das schon, dann hat sie mir gesagt „O.K., Du kannst beide Semester in einem machen." Hab' ich auch gemacht und hab' mich sehr gefreut, dass ich das durfte und ich hab mich auch angestrengt und ich hab dann 'ne 1,9 gekriegt (Rania: 68-78).

In Ranias Reflexion zeichnet sich deutlich der Stolz darauf ab, sich in dem fremden Umfeld durchsetzen zu können, obgleich sie aufgrund ihrer Jugend, ihres Geschlechts, ihrer außereuropäischen Herkunft und ihres muslimischen Glaubens verschiedenste Differenzkategorien überwinden muss. Sie beruft sich auf ihr exzellentes kulturelles Kapital, vor allem ihre perfekten Deutschkenntnisse, durch die sie ihre bisherigen Bildungsergebnisse relativ reibungsarm in den neuen Kontext übertragen konnte.

In ihren weiteren Reflexionen spielt die kulturelle Differenz eine große Rolle, wobei sie die Problematik eher auf der Seite der Deutschen sieht und sich selbst in der Rolle als Botschafterin zwischen den Kulturen betrachtet. So gibt sie gerne Auskunft über ihr Herkunftsland und ihren Glauben und bescheinigt den deutschen Kommiliton/innen „herkunftsbedingt" Unwissenheit hinsichtlich religiöser Themen:

> Aber auch von den Kommilitonen her, da hab ich das auch ganz oft bemerkt. Aber das ist deren Sache. Ich werde niemanden zwingen, mit mir zu reden. Aber ich habe auch gemerkt, dass es sehr, sehr viele gibt, die auch vieles über mich erfahren wollen. Und besonders die aus meiner Übung, die merken, ich kann reden, ich kann auch antworten, ich kann auch Fragen stellen und so. Dann wollen die nach der Übung auch mit mir reden. Die wollen wissen: „Wer ist dieses vermummte Mädchen da?" Tja, und die stellen mir auch sehr viele Fragen, find ich auch ganz O.K. Also, ich hab' nie Angst vor solchen Fragen, was meine Religion betrifft, was mein Kopftuch betrifft, da habe ich keine Angst vor und beantworte ich ganz offen. […] Weil die kennen das ja hier nicht in Deutschland, sind die damit nicht aufgewachsen. Die kennen das nur durch die Medien, und die Medien verbreiten nur das, was die verbreiten wollen (Rania, Z. 212-223).

Rania zeigt in diesen Reflexionen, dass sie einerseits erfolgreich kulturelles Kapital im transnationalen Kontext übertragen konnte, und dass sie andererseits sensibel und selbstbewusst genug ist, um die Differenzkategorien, die ihr vom deutschen Umfeld entgegengebracht werden, aufzulösen. Auf dieser Grundlage zeigt sie sich zuversichtlich, auch zukünftige Hürden, etwa hinsichtlich des Arbeitsmarkteinstieges in Deutschland, zu meistern.

> Wird nicht so einfach sein mit Kopftuch, aber ich hab' immer noch Hoffnung. Genauso wie ich diesen Job bei der Sparkasse gefunden hab, äh, obwohl es auch natürlich nicht erlaubt ist mit Kopftuch. Aber naja, die haben gemerkt, ich hab' Fähigkeiten, ich habe viele Vorteile, ich bin qualifiziert genug, dass ich da arbeiten kann. Und, na ja, ich kann ja auch viele Sprachen, ich mag auch die Sprachen und so deswegen (Rania, Z. 328-333).

Die Frage nach einer möglichen Rückkehr wird von den Interviewpartner/innen nicht ausschließlich auf der Grundlage von ökonomischen und familiären Erwägungen beantwortet. Vielmehr schwingt in machen Überlegungen die Verpflichtung mit, dem eigenen Land „etwas zurückzugeben". So formuliert Franz und führt weiter aus, dass dies ein gängiges Argument unter seinen *age peers* im Ausland sei, um die geplante Rückkehr nach dem Studium zu begründen.

> Sagen wir fast die Hälfte möchte zurückgehen. Einfach weil, die sagen „Das ist mein Land" oder den Gedanken „Ich muss was für mein Land machen", weißt Du, O.K, die sind im Ausland ausgebildet so mit schöne Ausbildung und alles. Dann zurückkommen und das alles lehren und um unsere Studiumsstruktur zu verbessern oder keine Ahnung also. Diese Gedanken hatte ich auch. So hier ich muss was für mein Land machen, also… (Franz, Z. 456-460).

Auch Anelia, die bereits zurückgekehrt ist, wurde von dieser Überlegung angespornt, zumal sie die Probleme des *brain drain* aus Bulgarien deutlich erkennt. Jedoch ist nach der Rückkehr diesbezüglich Ernüchterung eingetreten.

> Also damals habe ich auch daran gedacht, dass es äh/ Ich glaub', ein Grund dafür, dass ich zurückgekommen bin, war auch, dass, dass ich mich irgendwie auch verpflichtet gefühlt habe, also meine, dem Land gegenüber. [...] Der Gedanke, dass so viele Leute ins

> Ausland gehen zu studieren und dann dort bleiben und nicht mehr nach Bulgarien kommen, das hat mich nicht so gefreut. Also das hat auch so, ich weiß nicht, ob ich das nur DESWEGEN gemacht hätte, aber damals hab ich's schon gedacht. Jetzt bin ich anderer Meinung. (*lacht*) Ja, jetzt bin ich nicht so sicher, ob das, ob ich/ (*Kindergeschrei*) Ja. Ich bin ein bisschen verzweifelt, was das angeht. (*Lachen*) Ob das überhaupt jemandem hilft und ob das/ (I1: Das Zurückkommen?) Ja. (I1: Dass man zurückkommt?) Ja. Ne, also ich/ Damals hab' ich gedacht, dass ich, dass wenn viele zurückkommen, sie vielleicht was machen können, also für Bulgarien, einfach für die Zukunft von Bulgarien. Und jetzt [...] ich denke nicht mehr so positiv, was die Zukunft von Bulgarien angeht (*lacht*). Ja. Leider. Aber das sind so politische Sachen, ja (Anelia, Z. 277-293).

Die Frage, wie die Rückübertragung von Sozialkapital, zum Beispiel in Form sozialer Innovationen, gelingen kann, und welche Strukturen und individuelle Eigenschaften dafür notwendig sind, wird im folgenden Abschnitt thematisiert.

3.4 Transnationale „Übersetzungspraktiken" und Wissenstransfer

Die dritte Frage, der in diesem Beitrag nachgegangen wird, ist auf die Nachhaltigkeit der transnationalen Bildungsbiographie und des transnationalen Wissens ausgerichtet. Dabei steht die Frage im Mittelpunkt, wie sich diese in konkreten Praktiken äußert, die in den konzeptionellen Erörterungen als *social remittances* oder soziale Innovation angesprochen wurden, und die an die Existenz und die Eigenschaften eines *knowledge translators* bzw. *agent of change* gekoppelt sind.

Dabei ist zunächst von Interesse, wie von den Interviewpartner/innen „Bildung" konzeptualisiert wird und welchen Stellenwert kulturelles Kapital in ihren Augen einnimmt. Es zeigt sich zunächst eine starke Würdigung der Sprachkenntnisse, die durch die bisherige Bildungsbiographie erworben wurden. Hierbei sind zum einen die Deutschkenntnisse zentral, die schließlich die Eintrittskarte zum Studium in Deutschland waren und auch im Herkunftsland als Teilbereich internationaler Erfahrungen gewürdigt werden. Aus einer transnationalen Perspektive sind jedoch auch die herkunftssprachlichen Kenntnisse für das Gastland von Bedeutung. Dies thematisiert Rania, die durch ihre Arabischkenntnisse in der Lage ist, mit Migrant/innen aus anderen arabischsprachigen Ländern am Universitätsstandort zu kommunizieren.

> Und hier gibt es ja auch sehr viele arabische Studenten. Zwar nicht aus Ägypten, aber aus Jemen, Syrien, Libanon, Marokko, aus allen verschiedenen arabischen Ländern. Und da spricht man auch nur Arabisch, mit natürlich ein paar verschiedenen Dialekten. Aber wir verstehen uns trotzdem (Rania, Z. 301-305).

Ähnlich ergeht es Franz mit seinen Spanischkenntnissen, die ihn zum Teil der ethnischen *community* am Universitätsstandort machen. „Also die ersten Leute, die ich hier kennengelernt habe, sind einfach nur Latinos, also spanischsprachige Leute, also ja und dadurch können wir sagen, wir fühlen uns gut hier" (Franz, Z. 446-448).

Anelia – nach der Bedeutung ihres deutschen kulturellen Kapitals für ihre Beschäftigung bei einer deutschen Firma in Bulgarien gefragt – negiert den unmittelbaren Wert des Deutschen, sondern sieht vielmehr jedwede Lebenserfahrung als wertvoll an, die die Persönlichkeitsentwicklung voranbringt:

> Also Deutsch ist eigentlich keine Pflicht. Ja, auf jeden Fall ist das ein großer Vorteil, dass ich in Deutschland studiert habe, ja, würde ich nicht sagen, dass es/ Ich meine ... Ich gl/ Ich glaube, dass die Erfahrungen, die man hat, die Person irgendwie for/ for/ ähm so... formen? Und da ich, also viele Erfahrungen gemacht habe in meinem Leben, haben sie mich in irgendeiner Weise geformt, und von daher spielt jede Erfahrung eine Rolle. (*lacht*) Ich meine, ich habe viel entwickelt, dass ich in Ausland gewohnt habe, dass ich äh ja mich in einer anderen Kultur eingelebt habe (Anelia, Z. 211-217).

Obgleich sie also der Bedeutung des deutschen kulturellen Kapitals im Rekrutierungsprozess keine Rolle beimisst, war umgekehrt die Möglichkeit, dieses Kapital nach einigen Jahren der Nicht-Nutzung wieder einzusetzen und zu pflegen, für ihre Arbeitsplatzwahl dann doch von Bedeutung.

Für Luba ist Bildung der Schlüssel zu Allem, und sie zieht dabei eine direkte Verbindung zum humanistischen Bildungsbegriff, der auch zivilgesellschaftliches Engagement beinhaltet:

> Also Bildung ist sozusagen für mich auch immer ein Hauptnenner. Weil Bildung, oder unausreichende Bildung, oder dass die Bildung nicht zu den Prioritäten so gehört, in diesem Land, wie es früher war. Das bringt natürlich jetzt die Ergebnisse. [...] Und wir brauchen uns nicht ständig aufzuregen. Also man muss schon etwas geben davor, damit man auch das Recht hat dann zu kritisieren (Luba, Z. 1-7).

Luba beklagt die weit verbreitete Haltung bulgarischer Eltern und Bildungsinstitutionen, Kinder zur Passivität zu erziehen. Viele erlitten im Ausland zunächst einen Praxisschock, wenn sie feststellten, dass sie sich plötzlich selbst um alles kümmern müssten. Luba thematisiert zudem die Schwierigkeiten, soziale Innovation in einen anderen Kontext zu übertragen:

> ALLE Schüler in Bulgarien werden passiv erzogen, gebildet, passiv. Die kommen dann nach Deutschland oder nach Österreich, und eins der ersten Schocks ist, man muss alleine irgendwie hingehen, fragen, organisieren, es gibt keine riesengroße Kontrolle „Hast Du dieses oder jenes?" Es, es obliegt Dir! Es war Deine Entscheidung, das zu studieren. Wenn Du das macht, dann ist das in Ordnung. Wenn Du das nicht machst, fällst du irgendwann mal 'raus. Es ist so einfach. Ja. Das, ein Teil von diesen äh Studenten lernt m/ das mit der Zeit. Aber irgendwie, für sie ist das relevant, so ein Verhalten, nur für Deutschland. Wenn sie nach Bulgarien kommen, irgendwie verfallen sie ganz schnell in ihren alten Modellen (Luba, Z. 222-231).

Diese Freiheit, die selbst ausgestaltet werden muss, wird auch von einigen der anderen Interviewpartner/innen thematisiert. So merkt Rania, zu den größten Unterschieden zwischen Ägypten und Deutschland gefragt, an: „Ähm, na ja, vielleicht find' ich hier zu viel Freiheit, was für mich irgendwie nicht so gut ist" (Rania, Z. 239-240).

Anelia sieht die Notwendigkeit, das Leben in Deutschland selbständig zu organisieren, eher als Zwang an, und kontextualisiert Freiheit als die Möglichkeit, sich auch außerhalb des Arbeitslebens zu verwirklichen. Dies sei in Bulgarien, aufgrund der niedrigeren Lebenshaltungskosten und des existierenden sozialen

Netzwerks realisierbar, wohingegen sie das Leben in Deutschland als streng an den materiellen Bedürfnissen orientiert in Erinnerung hat.

> Anelia: Ich weiß nicht, wie ich es erklären kann, aber wenn man mehr Freiheit haben möchte, und mehr Flexibilität, mehr Freizeit, ich glaube, das ist hier in Bulgarien einfacher zu erkaufen. Ja, in Deutschland wäre es sehr, sehr schwer gewesen. Also, das Leben in Deutschland habe ich mir immer so vorgestellt, dass ich einen Job habe, wirklich so jahrelang in einem Job bin, dass ich, also dass ich gebundener bin irgendwie. Und hier seh' ich' s viel flexibler, ich weiß nicht, ob ich das... Wir haben auf Bulgarisch so ein Sprichwort, dass „Zuhause helfen auch die Wände". Ja. Und äh ich fühle das.
>
> Interviewerin: Okay, ja. Und was bedeutet das nochmal übersetzt, „Zuhause helfen auch die Wände"? Dass, dass man einfach, dass einfach dieses Sich-zu-Hause-Fühlen so 'ne große Bedeutung auch hat?
>
> Anelia: Ja, auch/ ... Ich glaube, man kann das auch sehr, sehr praktisch übersetzen, also wenn ich in Deutschland bin, dann muss ich, also ich muss mich um mich kü/ kümmern, selber, die ganze Zeit, hier auch, aber hier hat man die Familie, man hat die Unterstützung. Auch manchmal auch die finanzielle Unter/, also nicht direkt die finanzielle, aber man hat auch die Wohnung der Eltern, also man kann es sich leisten, also viel mehr ... Äh wirklich sich mehr Freizeit zu geben. Weil man sich nicht um all diese Dinge dauernd kümmern muss, äh.... Oder man muss sich darum kümmern, aber man kann auch Pause machen zwischendurch. Und ich glaube, wenn man im Ausland lebt, kann man sich das nicht so einfach leisten (Anelia, Z. 60-77).

Luba betont das Potenzial der Rückkehrer/innen, das unter anderem auch das Bewusstsein beinhaltet, es mit eigenem Engagement zu etwas zu bringen und auch zivilgesellschaftlich wirksam zu werden. Sie begründet diese Aussage einerseits mit den Erfahrungen vor Ort in Plovdiv, wo sich vor allem die Rückkehrer/innen schnell für zivilgesellschaftliche Belange aktivieren lassen, andererseits auch mit ihrer eigenen Prägung durch das Auslandsstudium, während dessen sie Erfahrungen mit ehrenamtlichem Engagement sammelte.

> Und ich merke auch, ähm, ein Teil der anderen, die hier mitmachen, sind auch Leute, die zurückgekehrt sind aus irgendwo, beziehungsweise auch im Ausland ihre Ausbildung bekommen haben und äh/ Da braucht man nicht äh lange 'rumzureden, etwas ehrenamtlich zu machen. Das versteht sich von selbst. Also bei mir genauso. Die, die Zeit in Leipzig hat mich sehr geprägt. Das, dort lernt man äh, hab, hab' ich auch so richtig gelernt, wie man für die Zivilgesellschaft / Das versteht sich von sich selbst, etwas zu tun (Luba, Z. 151-157).

Das Ankerbeispiel ihrer Erörterungen ist die erfolgreiche Bewerbung Plovdivs als Kulturhauptstadt Europas 2019, die Luba zusammen mit einigen Gleichgesinnten gegen erheblichen Widerstand in Politik und Verwaltung auf den Weg gebracht hat.

> Wir waren Bürger, fünf Personen, ähm, (...) regelmäßig einmal im Monat äh getroffen, haben alle Unterlagen, die ähm auf der Seite der Europäischen Kommission standen, einfach so bisschen übersetzt und zusammengefasst. Welche Schritte, Zeitplan und so weiter (Luba, Z. 87-91).

Nach dieser Vorbereitung, die bereits kulturelle und faktische Übersetzungsarbeit beinhaltete, kam das offensive Einfordern von Beteiligung durch die Stadtverwaltung, die Luba als passiv und rückwärtsgewandt darstellt:

> Wir hatten so etwas wie ein großes Ordner vorbereitet. Äh, und ich hab' es ihr (*der Stadtverwaltung, BG*) gegeben, hab' gesagt: „Ja, wir sind einige Leute hier, wir haben das schon vorbereitet. Und wenn wir daran erfolgreich teilnehmen möchten, müssen wir jetzt anfangen." Das ist 2008 passiert, das Ganze. Und der hat gesagt: „Mh Ph...Viel Arbeit. Das möchte ich nicht, tralala, was weiß ich." Und da hab' ich gesagt: „Gut, dann werden Sie der erste Bürgermeister sein, der eine riesengroße Chance für diese Stadt zunichte gemacht hat. Und ich werde auch sorgen, dass andere Bürger darüber erfahren. Weil ich fühle mich beleidigt, irgendwie das, ich, ich bin auch Steuerzahlerin, und äh, ja, so ein Verhältnis kann, so ein Benehmen kann ich überhaupt nicht verstehen." Ja, und der hat gesagt: „Du kannst nicht mit mir so sprechen." Ich hab' gesagt: „Natürlich. Ich kann alles. Und ich habe schon etwas geleistet. Es ist nicht so, dass ich gekommen bin, um etwas für mich zu wollen (lacht) ich GEBE etwas." [...] Und dann ging alles se/ sehr schnell. Die haben es akzeptiert. Äh, wir haben eine Stiftung gegründet. Eine Gemeindestiftung mit, finanziert mit Geldern von der Gemeinde. [...] Ja, und so hat es geklappt (Luba, 87-123).

Lubas Argumentation zeigt ein hohes Maß bürgerlichen Selbstbewusstseins, mit dem sie die Interessen der Initiativgruppe schließlich durchsetzt. Dabei gehen fachliches Knowhow, persönliches Durchsetzungsvermögen und das Wissen, welche „Sprache" die Verantwortlichen „verstehen", Hand in Hand. Lubas Erfolg gründet nicht nur auf ihrem durch die Deutsche Schule und das Studium in Deutschland erworbenen kulturellen Kapital und ihren Erfahrungen. Es basiert auch auf der geschickten Kombination einer beruflichen Selbständigkeit mit vielfältigen ehrenamtlichen Engagements, durch die sie ein stabiles und verlässliches soziales Netzwerk an ihrem Wohnort knüpfte. Teil dieses Netzwerks ist ein deutsch-bulgarischer Stammtisch, an dem sich zwanglos Deutsche und bulgarische Rückkehrer/innen aus Deutschland zusammenfinden. Auch dieser Stammtisch geht auf Lubas Initiative zurück und entwickelte sich aus einer spontanen und lockeren kleinen Runde zu einem regelmäßigen Treffpunkt und einem inzwischen 80 Adressen umfassenden Netzwerk, über das auch potenzielle Rückkehrer/innen einen Arbeitsplatz finden können. Luba fördert diese informelle Vermittlungsarbeit, da sie der aktiven Förderung von Rückkehrer/innen als zukünftigen *agents of change* eine große Rolle für die Entwicklung ihres Landes und seiner Zivilgesellschaft beimisst.

> Und ja, es ist 'ne Art von Solidarität, das hier kaum bekannt ist. Aber ich halte das für sehr wichtig. Weil, wenn alle diese Kinder, die jetzt im Ausland bleiben [...] nicht BESCHEID wissen, dass ähnliche Rahmen für ihre gesellschaftliche Entfaltung in ihrer Heimat vorhanden sind/ Äh, ich denke, es ist ein Grund, als Motivation MEHR um zurückzukehren. Wenn man das weiß. Ja, natürlich. Also diese Verbindung zwischen den Studenten im Ausland UND WAS passiert in diesem Land? Welche Möglichkeiten gibt es hier? Wie orientiert man sich? Wo sind die Informationsknotenpunkten und so weiter? (Luba, Z. 165-175)

Auch unter den Rückkehrenden selbst sind zahlreiche Initiativen entstanden, die die Rückkehr von bulgarischen Studierenden nach Bulgarien durch gezielte Informationsangebote oder Jobbörsen erleichtern. Überwiegend arbeiten diese Initiativen auf Non-Profit-Basis und sind damit selbst ein Beispiel für soziale Innovation in Bulgarien.

5. Zusammenfassung

Transnationale Bezüge sind von zunehmender Bedeutung und äußern sich auf vielfältige Art und Weise in Form von Denkmustern, Handlungsorientierungen, konkreten Praktiken und Identitätskonzepten. Individuelle transnationale Bezugssysteme sind stets eingebettet in konkrete räumliche, zeitliche und institutionelle Gegebenheiten, und transnationale Praktiken bilden sich und transformieren sich unter dem Einfluss der jeweiligen kontextuellen Gegebenheiten. In diesem Beitrag wurde der Relevanz und Ausgestaltung transnationaler sozialer Räume als Konsequenz von transnationaler Bildungssozialisation nachgespürt. Anhand von vier Biographien wurde die Bedeutung transnationalen kulturellen Kapitals für physische und soziale Mobilitätsprozesse analysiert. Besondere Aufmerksamkeit wurde der Frage des transkulturellen Kapitaltransfers gewidmet. Die beschriebenen Biographien weisen exemplarisch auf die Bedeutung von transnationalen Bildungsräumen hin, die z.B. in Form von Auslandsschulen eine Institutionalisierung erfahren. Diese institutionalisierten transnationalen Bildungsräume werden auf vielfältige Weise wirksam, denn sie übertragen nicht nur konkretes Wissen, sondern wirken auch durch den Aufbau spezifischer sozialer Netzwerke, durch die Entscheidungen über Bildungsbiographien und Migrationen geprägt werden. Die Wechselwirkungen zwischen transnationalem sozialen Kapital und transnationaler Verortung sind vielfältig, wobei sich am Beispiel der Interviewpartner/innen zeigt, dass die Folgen nicht allein als Erweiterung des persönlichen Handlungsspielraums aufgefasst werden, sondern sich vielmehr durch die vorherige Schulwahl eine Laufbahn ausprägt, die man nur unter Kapitalverlust verlassen kann. So zeigen sich transnationale Lebensläufe nicht ausschließlich von der positiven Seite eines „Sowohl-als-auch", sondern können auch zu negativ konnotierten „Entweder-Oder"-Entscheidungen führen. Diese Ambivalenz wird in der bisherigen Forschung zu transnationalen sozialen Räumen und Praktiken noch zu wenig beachtet. Insbesondere in Bezug auf die Institution der Auslandsschulen wäre zudem die Frage von Interesse, wie stark nicht nur Wissen, sondern auch ein hegemonialer Habitus in andere Länder transportiert wird, der durch die Institutionalisierung der Lernprozesse unmittelbare Folgen für die Ausbildung und Mobilität der intellektuellen Eliten eines Landes haben kann.

Die Betrachtung von Migrationsentscheidungen der transnationalen Bildungsmigrant/innen zeigen die große Bandbreite an Argumentationsmustern, die aus der Migrationsforschung und ihren unterschiedlichen Ansätzen bekannt ist, nämlich Muster des *rational choice,* der Subjektivität und Emotionalität, die Einflussnahme durch soziale Netzwerke und die Bedeutung der *peer group*. Die Ansätze der transnationalen Migrationsforschung bieten hier keine neue Erklärungsstruktur, sondern vielmehr eine Erweiterung der Betrachtungsperspektive durch eine neue räumliche Dimension, die im Abwägungsprozess eingenommen wird. Diese Fähigkeit, aus nationalstaatlich eingehegten Perspektiven herauszutreten und gleichsam „die Medaille von beiden Seiten zu betrachten", ist auch für die Konzeption von Forschungsprojekten bedeutsam, die darauf abzielen, Migrationsentscheidungen nachzuvollziehen und konzeptionell einzuordnen (Glorius 2007: 294).

Die letzte der drei aufgeworfenen Forschungsfragen richtete sich auf die Nachhaltigkeit transnationaler Wissensbestände und die Formen und Praktiken ihrer Übertragung. Es zeigte sich, dass kulturelles Kapital vielfältig im Rahmen der räumlichen und biographischen Bewegung transferiert und in Wert gesetzt wird. Die Form und Intensität seiner Verwertung basiert nicht nur auf individuellen Persönlichkeitsmerkmalen, sondern ist von der Verfügbarkeit sozialen und ökonomischen Kapitals abhängig. Soziales Kapital, in Form von Netzwerkbeziehungen, wird von den transnationalen Bildungsmigrant/innen entlang ihres Migrationsweges und ihrer Biographie kontinuierlich aufgebaut und gepflegt. Es zeigt sich, dass die Rückübertragung kulturellen Kapitals nicht nur für das Individuum lukrativ ist, sondern in Form sozialer Innovationen auch einen gesellschaftlichen Mehrwert bietet. Dieser Aspekt wäre es wert, in künftigen Forschungen an der Schnittstelle von Bildungs- und Migrationsforschung größere Aufmerksamkeit zu erhalten.

Summary: Transnational educational and mobility biographies of graduates from German Schools Abroad

German Schools Abroad are an important structural element in the internationalization process of educational landscapes. There are more than 140 German Schools Abroad worldwide, and around 870 schools that offer the German Language Diploma. Graduates from German schools abroad have the status of educational nationals and thus unrestricted access to German universities. In fact, the acquisition of international elites for German universities is part of the mission of German Schools Abroad, as they contribute to the development of the German economy and research. If this goal is reached successfully depends above all on the retention rate of international graduates. However, also in case of return there is a high propensity that the transfer of knowledge and the development of transnational entrepreneurship will have positive effects on the German economy.

This chapter analyses the relevance and formation of transnational social spaces as a consequence of transnational education structures, using the example of graduates from German Schools Abroad and from German language diploma programs who continued their education at a German university. The analysis focuses on the question, if and how the transnational education impacts on the further structuration of education and mobility biographies. On the basis of Pries' (1997) approach of transnational social spaces and Bourdieu's (1983) extended definition of economic, social and cultural capital, the chapter explores the development of educational and mobility biographies of German School Abroad graduates and their individual rationalization processes of biographical and migratory decisions following school graduation. A special focus is given to the development of the graduates' spatial references and their transnational patterns of interpretation. Furthermore, the chapter explores how transnational cultural and social capital is transferred within different frameworks and discusses the question of sustainability of those processes.

Literaturverzeichnis

Baláž V., Williams A.M. 2004. Been there, done that: International student migration and human capital transfers from the UK to Slovakia. In: Population, Space and Place 10, 217–237.

Bourdieu P. 1983. Ökonomisches Kapital - Kulturelles Kapital - Soziales Kapital. In: R. Kreckel (Hg.), Soziale Ungleichheiten. Göttingen: Nomos, 183–198.

Bundesverwaltungsamt 2016. Das Verzeichnis der Deutschen Auslandsschulen. Verfügbar unter http://www.bva.bund.de/DE/Organisation/Abteilungen/Abteilung_ZfA/Auslandsschularbeit/Auslandsschulverzeichnis/auslandsschulverzeichnis-node.html (letzter Zugriff 14.07.2016).

Dreher A., Poutvaara P. 2011. Foreign students and migration to the United States. World Dev. 39 (8), 1294–1307.

Glorius, B. 2007. Transnationale Perspektiven. Eine Studie zur Migration zwischen Polen und Deutschland. Bielefeld: transcript.

Glorius B. 2016. Gekommen, um zu bleiben? Der Verbleib internationaler Studierender in Deutschland aus einer Lebenslaufperspektive. In: Raumforschung und Raumordnung 74 (4), 361-371.

Grabowska I. 2016. Movers and Stayers: Social Mobility, Migration and Skills. Frankfurt a. M./New York: Peter Lang.

Grabowska I., Garapich M.P. 2016. Social remittances and intra-EU mobility: non-financial transfers between U.K. and Poland. In: Journal of Ethnic and Migration Studies, DOI: 10.1080/1369183X.2016.1170592.

Grabowska I., Garapich M. P., Jazwinska E., Radziwinowicz A. (Hg.) 2016. Migrants as Agents of Change: Social Remittances in an Enlarged European Union. London: Palgrave Macmillan.

de Haas H. 2010. The internal dynamics of migration processes: a theoretical inquiry. In: Journal of Ethnic and Migration Studies 36 (10), 1587-1617.

Hummelsheim S., Timmermann D. (2010). Bildungsökonomie. In: R. Tippelt, B. Schmidt (Hg.), Handbuch Bildungsforschung. Wiesbaden: VS Verlag, 93-134.

Jahnke H. 2014. Bildung und Wissen. In: J. Lossau, T. Freytag, R. Lippuner (Hg.), Schlüsselbegriffe der Kultur- und Sozialgeographie. Stuttgart: Ulmer, 153-166.

Klafki W. 1993. Allgemeinbildung heute. In: Pädagogische Welt 47, 3, 98-103.

Levitt P. 1998. Social Remittances: Migration driven local-level forms of cultural diffusion. In: The International Migration Review 32 (4), 926-948.

Lianos T., Asteriou D., George M. Agiomirgianakis G. 2004. Foreign University Graduates in the Greek Labour Market: Employment, Salaries and Overeducation. In: International Journal of Finance and Economics, 9, 151-164.

Meyer-Engling B. 2014. Bilanz: Prüfungen - Auswirkungen auf Deutschland? In: Bundesverwaltungsamt - Zentralstelle für das Auslandsschulwesen (Hg.). Deutsche Auslandsschulen - Bildungswelten. Jahrbuch Deutsches Auslandsschulwesen 2013/14. Paderborn: Bonifatius GmbH, Druck-Buch-Verlag, 101.

Rosenzweig M. 2008. Higher education and international migration in Asia: brain circulation. In: J. Yifu Lin, B. Pleskovic (Hg.), Annual World Bank Conference on Development Economics Regional. Washington/DC: World Bank, 59–100.

Pratsinakis M., Hatziprokopiou P., Grammatikas D., Labrianidis L. 2017. Crisis and the resurgence of emigration from Greece: trends, representations, and the multiplicity of migrant trajectories. In: B. Glorius, J. Domínguez-Mujica (Hg.), European Mobility in Times of Crisis - The New Context of European South-North Migration. Bielefeld: transcript Verlag. *In Druck.*

Pries L. 1997. Neue Migration im transnationalen Raum. In: L. Pries (Hg.), Transnationale Migration (Soziale Welt, Sonderband 12). Baden-Baden: Nomos, 15-44.

Teichler U., Janson K. 2007. The Professional Value of Temporary Study in Another European Country: Employment and Work of Former Erasmus Students. In: Journal of Studies in International Education, 11, 486-495.

Wiers-Jenssen J., Try S. 2005. Labour market outcomes of higher education undertaken abroad. In: Studies in Higher Education 30 (6), 681-705.

Williams A.M. 2006: Lost in translation? International migration, learning and knowledge. In: Progress in Human Geography 30 (5), 588-607.

Williams A.M., Baláž V. (Hg.) 2008. International migration and knowledge. London/New York: Routledge.

Wolfeil N. 2013. Translators of knowledge? Labour market positioning of young Poles returning from studies abroad in Germany. In: B. Glorius, I. Grabowska-Lusinska, A. Kuvik (Hg.), Mobility in Transition Migration Patterns after EU Enlargement. Amsterdam: Amsterdam University Press, 259-276.

Deutsch-polnische Grenzschaft: Sprachgebrauch im transnationalen Raum der Grenzmärkte im deutsch-polnischen Grenzland

Barbara Alicja Jańczak

1. Einführung

Der folgende Aufsatz stellt sich zum Ziel, linguistische Grenzschaft anhand des Sprachgebrauchs (vor allem des Anredeverhaltens der Händler[1]) auf polnischen Grenzmärkten im deutsch-polnischen Grenzland zu analysieren. Grenzräume sind besondere Orte, da sich in Ihnen die durch Globalisierungsprozesse verursachte Hybridität offenbart. Grenzmärkte wiederum sind Orte einer sehr intensiven sprachlichen Diffusion. Der Sprachkontakt resultiert oft in einem Kodewechsel, der aus Kommunikationsnot von den Kommunikationspartnern angewendet wird, um die sprachlichen und kulturellen Hindernisse zu überwinden. Es liegt so die Frage nahe, wie sich der transnationale Raum, zu dem die Grenzmärkte gehören, auf das Sprachverhalten der Händler auswirkt. Wird der Sprachgebrauch hybridisiert, in dem die Sprachen z.B. gemischt werden, was das Vorhandensein einer linguistischen *borderscape* (wofür im Folgenden hier der Begriff der „linguistischen Grenzschaft" verwendet werden wird) suggerieren würde, oder werden Deutsch, Polnisch oder Englisch personen-/ bzw. aufgabenspezifisch getrennt? Können in der Kommunikation der Grenzmarkthändler gemischtsprachige Sprachroutinen festgestellt werden?

2. Grenzregionen als Übergangsräume

Grenzregionen sind durch ihre Lage („zwischen" zwei kulturell und sprachlich diversen Ländern) als Orte des ökonomischen, kulturellen, sozialen aber auch sprachlichen Übergangs zu verstehen. Was aber sind Übergangsräume? Mezzadra und Neilson (2013: 30) nennen diese *„places of transition"*, eine eigenartige *Fabrica Mundi*, in der neue Welten geschaffen werden. Grenzräume dürfen nicht nur rein territorial verstanden werden, sie sind auch Räume, in denen ökonomische, soziale und

[1] Für die Bezeichnung der weiblichen und männlichen Personen im Plural wird in dem vorliegenden Artikel das generische Maskulinum verwendet. Wird in Pluralform nur auf einen Genus hingewiesen, wird es im Text eindeutig formuliert. Doppelnennungen werden im Artikel auf Grund der Effizienzregel vermieden.

kulturelle Kontakte entstehen. Sie sind *„cross-border spaces"*, die dynamisch durch die Interaktion der geographischen Lage mit der sozialen und mentalen Räumlichkeit geschaffen werden (Durand 2015: 4). Gerade an der Grenze offenbart sich die Hybridität, welche die Globalisierungsprozesse mit aller Komplexität widerspiegelt (vgl. García Canclini 1999). Diese hybride Natur des Raumes an der Grenze gibt auch die Idee der *borderscape* bzw. Grenzschaft wieder, in der die Zeit und der Raum zusammenfließen (Perera 2007) und wo so eine neue Qualität entsteht.

Meiner Meinung nach kann die Theorie der Grenzschaften in Bezug auf die Untersuchung des Sprachkontaktes in Grenzräumen implementiert werden, da in ihr die Liminalität[2] des sprachlichen Kontaktes breite Berücksichtigung findet. Linguistische Grenzschaft charakterisiert sich durch die Hybridisierung des Sprachgebrauchs. Diese wird am stärksten sichtbar an Orten der vermehrten sprachlichen Diffusion, z.B. auf Grenzmärkten. Nach den Beobachtungen der Autorin neigen dort Händler wie auch im Dienstleistungsbereich tätige Personen dazu, beide Sprachen zu mischen (Jańczak 2015a, 2015b). Diese Erscheinung tritt offensichtlich nicht nur an der deutsch-polnischen Grenze auf: Stern (2016) verweist etwa auf dasselbe Phänomen bei Händlern an der russisch-chinesischen Grenze.[3] Die Händler bilden im Gegensatz zu ihren Kunden eine relativ stabile Gemeinschaft, da sie stets in ähnliche Handlungen (auch Kommunikationshandlungen) involviert werden. Dies ist nicht ohne Bedeutung für die Entstehung bestimmter Sprachroutinen, d.h. eines linguistischen Habitus[4] (Stern 2016).

3. Linguistische Grenzschaft und Kodewechsel

Da der Terminus der Grenzschaft Hybridität nahelegt, muss gefragt werden, wie diese Hybridität im sprachlichen Verhalten zu erfassen ist. Der hybride Charakter der Kommunikation kann durch häufigen und regelmäßigen Sprachwechsel[5] (Kodewechsel) zum Vorschein kommen. Wie misst man jedoch den Grad der „Vermischtheit"? In der Literatur wird zwischen *code-switching* und *code-mixing*[6] unter-

---

[2] Zinkhahn Rhobodes (2015) untersucht die als „Viadrinisch" oder „Poltsch" bezeichnete deutsch-polnische Mischsprache, die von polnischen Muttersprachlern in Frankfurt (Oder) und Berlin (also in der deutsch-polnischen Grenzregion im weiteren Verständnis) gesprochen wird, in Bezug auf ihre Durabilität, Permeabilität und Liminalität; die dritte Ebene des Sprachkontaktes setzt gewisse sprachliche Hybridität und Synkretismus voraus.

[3] Obwohl Stern die Möglichkeit der Entstehung einer Pidginsprache der Grenzmärkte bezweifelt, weist er zugleich darauf hin, dass einige Anzeichen des Pidginisierens in der Festlegung der Sprachroutinen, die Folge des transkulturellen Austausch sind, zu erkennen sind.

[4] In sprachbezogenen Verhaltensweisen offenbaren sich Sprachideologien (vgl. Stern 2015).

[5] „Der Begriff ‚Sprachwechsel' (*code-switching*) verweist generell auf den alternierenden funktionalen Gebrauch zweier oder mehrerer Sprachen in sozialen Situationen bzw. in der diese konstituierenden interaktionalen Kommunikation (Konversation). Sprachwechsel-Erscheinungen lassen sich in ihrer sozialen, pragmatischen und linguistisch/formalen Manifestierung auf der Diskursebene, Satzebene, Phrasenebene oder Wortebene identifizieren" (Pütz 1994: 137).

[6] sog. Sprachmischung

schieden. Die Unterscheidung zwischen den beiden Termini hängt von der Wahl der Definitionskriterien ab.[7]

Jungbluth (2012) unterscheidet zwischen den drei Kodewechsel-Varianten des *code-switching*, *code-mixing* und *blending*, wobei jedes der Termini einen unterschiedlichen Grad der „Vermischtheit" beider Sprachen bedeutet. Danach legt der Begriff des *code-switching* den satzexternen und satzinternen Wechsel des sprachlichen Kodes nahe, *code-mixing* bezieht sich auf den wortinternen Kodewechsel. *Blending* erscheint, wenn sich sowohl lexikale als auch grammatikalische Eigenschaften beider Kontaktsprachen überblenden. Diese dritte Form des Kodewechsels wird bei Jungbluth (2012) als Potenzial des Dritten Raumes (vgl. Bhabha 2007) verstanden.

Das Vorhandensein des Kodewechsels in den Kommunikationsroutinen (insbesondere in Form der Mischungen, die in der Integration der Derivationsmorpheme bestehen, und der Überblendungen, die sich am meisten durch Hybridität auszeichnen), insbesondere im Lichte der sich herausbildenden Regelung und Konventionalität[8] (also Festlegung bestimmter Regel und Ritualisierung) des sprachlichen Verhaltens, würde auf die Existenz einer sprachlichen *Fabrica Mundi*, einer kreativen linguistischen Grenzschaft hinweisen.

4. Grenzmärkte in der deutsch-polnischen Grenzregion

Grenzmärkte, anders als gewöhnliche Märkte im Binnenland, sind Orte, die ihre Existenz vor allem der Grenzdifferenzen verdanken, z.B. bezüglich des wirtschaftlichen und sozialen Potenzials zweier Länder. Diese Grenzdifferenzen können dank der Konvergenz transnationaler Beziehungen überwunden werden (Walther 2014). Nach dem Ende des kommunistischen Regimes und den folgenden politischen und sozioökonomischen Veränderungen entstanden in der deutsch-polnischen Grenzregion zahlreiche dieser auch als Bazare bezeichneten Grenzmärkte. Dies war die Folge der Öffnung der deutsch-polnischen Grenze mit dem Resultat eines schnell ansteigenden Personenverkehrs und der Einführung der marktwirtschaftlichen Regeln in Polen. Lange Zeit schlossen die Bazars sozioökonomische Lücken in den peripher gelegenen Grenzorten. Erstens korrespondierte das Warenangebot mit der Nachfrage nach preisgünstigen Waren, zweitens sicherten Grenzmärkte Erwerbsmöglichkeiten für viele, die in Folge der wirtschaftlichen Transformation in Polen arbeitslos wurden. Mehrere Dutzende oder sogar Hun-

---

[7] Während sich Soziolinguistik auf die Funktionalität des Kodewechsels fokussiert und *code-switching* als einen intentionalen und *code-mixing* als unbeabsichtigten Kodewechsel versteht, analysiert Linguistik vor allem seine grammatikalische Rolle innerhalb der Satz-, Wort- bzw. Morphemgrenze (vgl. Banaz 2002: 61).

[8] Auer unterscheidet zwischen *code-switching* (*Cs*), *code-mixing* (*Cm*) und *fused-lects* (*Fls*). Der Unterschied zwischen den ersten beiden wird auf Grund der soziolinguistischen Interpretation der Sprecher, die einer Aussage eine Bedeutung zuschreiben, festgelegt. Dagegen basiert der Übergang zwischen *Cm* und *Fls* auf Feststellung der grammatikalisch fundierten Unterschiede, die im Falle von *Fls* die Konventionalität (Abbau der sprachlichen Variation) und strukturelle Regelung voraussetzen (Auer 1998: 1).

derte von Einwohnern der Grenzorte mussten so nicht nur beruflich umsatteln, sie mussten auch lernen, in der Nachbarsprache zu kommunizieren.

Mittlerweile ist die goldene Zeit der Grenzmärkte in Polen vorbei. Seit Anfang des neuen Millenniums hat sich die Marktstruktur geändert und viele Discountläden wurden errichtet. Dort locken günstige Warenpreise, ein relativ stabiles Warenangebot, die direkte Lage im Stadtzentrum und Deutsch-sprechendes Verkaufspersonal deutsche Kunden an. In der Folge hat sich die ökonomische Situation aller Bazare drastisch verschlechtert und einige von ihnen werden aufgegeben (Janczak 2015a). Doch auch wenn sich einige von ihnen *in statu moriendi* befinden, sind sie weiterhin einer der wichtigsten Räume des häufigen Sprachkontaktes zwischen Polen und Deutschen. Diese Tatsache beeinflusst auch das sprachliche Verhalten der Händler, die bestimmte Kommunikationsstrategien entwickelt haben, welche erstens die Kunden heranlocken und zweitens eine zumindest grundlegende Kommunikation mit den potentiellen Käufern ermöglichen sollen. Auf Grund fehlender Sprachkenntnisse wie teilweise auch bestimmter Vermarktungsstrategien neigen polnische Grenzmarkthändler dazu, Deutsch und Polnisch zu mischen. Diese Kommunikationsroutinen lassen sich in allen Märkten entlang der deutsch-polnischen Grenze wiederfinden.

5. Methode der Untersuchung

Der Artikel beruht auf einer Auswertung eines Teils von empirischen Daten, die im Rahmen eines größeren Forschungsprojektes zum Sprachkontakt und zu gesellschaftlichen und institutionellen Formen von Bilingualität in der deutsch-polnischen Grenzregion in acht polnischen Grenzstädten und -orten[9] gesammelt worden sind. Um von der Existenz einer hybriden linguistischen Grenzschaft sprechen zu können, muss eine Routinisierung (sowohl in Intensität als auch Wiederholbarkeit) des Sprachwechsels im deutsch-polnischen Kontakten analytisch belegt werden. Es wurde angenommen, dass bestimmte sozialen Gruppen der Grenzraumbevölkerung eher dazu neigen, den sprachlichen Kode zu wechseln. Dazu zählen vor allem im Handel- und Dienstleistungssektor tätige Personen (wie Händler, Friseusen, Automechaniker usw.). Im Rahmen der Untersuchung der gesellschaftlichen Bilingualität wurde von der Autorin das Anredeverhalten polnischer Händler auf den Grenzmärkten in natürlichen Situationen aufgenommen.[10] In der folgenden Tabelle werden die Grenzmärkte zusammengefasst, an denen Sprachaufnahmen gemacht wurden. In den acht untersuchten Ortschaften gibt es elf Grenzmärkte; in acht von diesen konnte empirisches Material aufgenommen

[9] Die Auswahl der Untersuchungsorte (Świnoujście, Gryfino, Kostrzyn nad Odrą, Słubice, Gubin, Łęknica, Zgorzelec und Porajów) wurde anhand ihrer Größe (über 1.000 Einwohner) und ihrer unmittelbaren Lage an der deutsch-polnischen Grenze getroffen.

[10] Die ersten Aufnahmen wurden bereits Ende 2003 und Anfang 2004 auf dem Grenzmarkt von Słubice durch Barbara Jańczak, Natalia Majchrzak und Anna Naudziunas gemacht. Diese Untersuchung wurde von der Autorin 2014 in Słubice wiederholt und auf die anderen genannten Grenzmärkte ausgedehnt.

werden (Tab. 1).[11] Die aufgezeichneten Daten wurden mit Hilfe des EXMARalDA-Programms in HIAT-Konvention transkribiert und der linguistischen Analyse bezüglich des Kodewechsels unterzogen.

Tab. 1: Grenzmärkte im deutsch-polnischen Grenzland und Untersuchungsbedingungen

Polnische Ortschaft	Deutscher Nachbarort	Grenzmarkt	Sprachaufnahmen durchgeführt	Anmerkungen
Świnoujście	Ahlbeck	Targowisko Przygraniczne	ja	Lage direkt neben dem Grenzübergang
Gryfino	Mescherin	Targowisko Gryfino	nein	Lage im Stadtzentrum. Verkaufsstände bereits weitgehend geschlossen, Markt wird aufgelöst
Kostrzyn	Küstrin Kietz	Miejskie Targowisko Przygraniczne	ja	Lage unweit des Grenzübergangs jedoch weit vom Stadtzentrum
Słubice	Frankfurt/O.	Mały Bazar	ja	Lage im Stadtzentrum
Słubice	Frankfurt/O.	Bazar Miejski	ja	Lage ca. 3 Kilometer vom Grenzübergang am Stadtrand
Gubin	Guben	Targowisko Miejskie	ja	Lage unweit des Grenzübergangs
Łęknica	Bad Muskau	Bazar Manhattan	ja	Lage direkt am Grenzübergang, größter Grenzmarkt Europas
Zgorzelec	Görlitz	Bazar „Mały Rynek“	ja	Lage im Stadtzentrum. Keine der Sprachaufnahmen konnte zum Zweck der Analyse gebraucht werden, da die Kundschaft fast ausschließlich polnisch war
Zgorzelec	Görlitz	Targowisko Miejskie	nein	Lage sehr weit von der Grenze (eher mit Auto zu erreichen), Markt wird aufgelöst
Sieniawka	Zittau	Targowisko	ja	Lage am Dorfzentrum, vor allem mit dem Auto erreichbar
Porajów	Zittau	Bazar	ja	Lage direkt am Grenzübergang für Fußgänger jedoch weit vom Dorfzentrum Verkaufsstände bereits weitgehend geschlossen, Markt wird aufgelöst. Sprachaufnahmen nur von drei Händlern.

Quelle: Eigene Zusammenstellung

---

[11] Darin spiegelt sich in erster Linie die erwähnte wirtschaftliche Umbruchsituation vieler Grenzmärkte wider, die in Schließungen bzw. Umorientierungen auf polnische Kundschaft resultiert. Auch die Struktur der Händler hat sich stark geändert (heutzutage haben viele von Ihnen einen Migrationshintergrund). Dies alles hat dazu beigetragen, dass an manchen Orten kein empirisches Material gesammelt werden konnte.

6. Analyse der Sprachdaten

Wie dargestellt dient die vorliegende Untersuchung der Kommunikationsroutinen von Händlern auf polnischen Grenzmärkten dem Finden einer Antwort auf die Frage nach der Existenz von linguistischer Grenzschaft, die auf Grund einer gewissen Ritualisierung des Kodewechsels entsteht. Bereits eingangs ist zu unterstreichen, dass bezüglich der Sprachwahl der Händler kein einheitlich funktionierendes Muster festgestellt werden konnte. Die meisten analysierten Aussagen der Händler wurden der angenommenen Herkunft und damit auch Sprache der Kundschaft angepasst. Diese wird von vielen Verkäufern durch eine doppelte Anrede getestet.[12] Diese Strategie ist in fast allen Ortschaften entlang der Grenze zu finden:

Bsp. 1:

Proszę bardzo ((Pause 6 S.)) Bitte schyn verzuche [bɪtə ʃɨjn fɛrtsuxɛ]!
Pl---------Pl Dt-------------------Dt

((Mały Bazar, Słubice, 2014))

Bsp. 2:

Prosz [prɔʃ] **da**, bitte!
Pl------------Pl Dt

((Bazar Manhattan, Łęknica, 2014))

Bsp. 3:

A [a] ((pln. und)) fer [fɛr] ((für)) Sie ***Zigarety*** [zi: tsigarɛtɨ]?
Pl Dt---------------Dt IMG

((Targowisko Przygraniczne, Świnoujscie, 2014))

Bsp. 4:

Verkäuferin: Czekaj bo idą teraz ((zu Mitarbeiterin)). Bitte **[bɨte] proszę śmiało**!
Dt Pl---------Pl

((Targowisko Miejskie, Gubin, 2014))[13]

Es muss betont werden, dass der zweisprachigen Eröffnung der Konversation (dem bilingualen Anredeverhalten) durch die Händler auf den Grenzmärk-

[12] Eine ebenso häufige Strategie ist der Gebrauch der Kommunikationssprache, die höchstwahrscheinlich in der Einschätzung der Händler von der Kundschaft frequenter gebraucht wird, also im Falle der meisten Grenzmärkte des Deutschen (ausgenommen Mały Rynek in Zgorzelec und Bazar in Porajów).

[13] Verkäuferin: Warte denn jetzt kommen sie ((zu der Mitarbeiterin)). Bitte **[bɨte] bitte nur Mut**! (eigene Übersetzung, B.J.).

ten mehrere Kommunikationsmotive zu Grunde liegen. Zwar ist die Anrede ein Schlüsselidentifikator der sprachlichen Zugehörigkeit der Kunden,[14] zugleich jedoch dient sie auf der Ebene der Selbstoffenbarung als Information für die Kundschaft (die im Vergleich zu Binnenlandmärkten sprachlich viel differenzierter ist) über die Kommunikationsmöglichkeiten des jeweiligen Händlers. Zum Zweck der Anpassung an die (vermutete) Sprache der Käufer versuchen die meisten Händler Deutsch zu sprechen. Die mangelnden Kenntnisse der Sprache resultieren jedoch in einem frequenten Kodewechel im intrasyntaktischen und intralexikalischem Bereich:

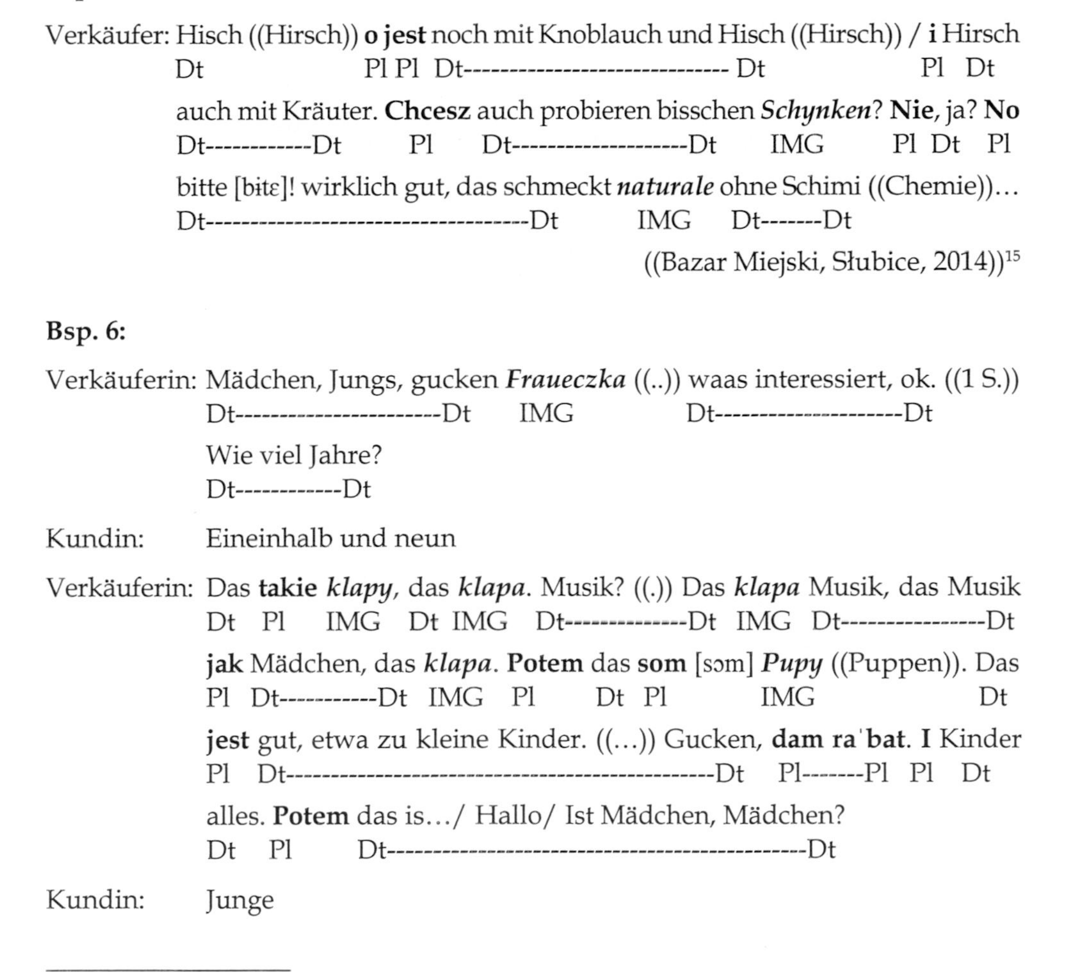

Bsp. 5:

Verkäufer: Hisch ((Hirsch)) **o jest** noch mit Knoblauch und Hisch ((Hirsch)) / **i** Hirsch
Dt Pl Pl Dt------------------------------ Dt Pl Dt
auch mit Kräuter. **Chcesz** auch probieren bisschen ***Schynken***? **Nie**, ja? **No**
Dt------------Dt Pl Dt--------------------Dt IMG Pl Dt Pl
bitte [bɨtɛ]! wirklich gut, das schmeckt ***naturale*** ohne Schimi ((Chemie))…
Dt-----------------------------------Dt IMG Dt-------Dt

((Bazar Miejski, Słubice, 2014))[15]

Bsp. 6:

Verkäuferin: Mädchen, Jungs, gucken ***Fraueczka*** ((..)) waas interessiert, ok. ((1 S.))
Dt-----------------------Dt IMG Dt---------------------Dt
Wie viel Jahre?
Dt------------Dt

Kundin: Eineinhalb und neun

Verkäuferin: Das **takie** ***klapy***, das ***klapa***. Musik? ((.)) Das ***klapa*** Musik, das Musik
Dt Pl IMG Dt IMG Dt--------------Dt IMG Dt----------------Dt
jak Mädchen, das ***klapa***. **Potem** das **som** [sɔm] ***Pupy*** ((Puppen)). Das
Pl Dt-----------Dt IMG Pl Dt Pl IMG Dt
jest gut, etwa zu kleine Kinder. ((…)) Gucken, **dam raˈbat**. **I** Kinder
Pl Dt---Dt Pl-------Pl Pl Dt
alles. **Potem** das is…/ Hallo/ Ist Mädchen, Mädchen?
Dt Pl Dt---Dt

Kundin: Junge

[14] Die Nachricht verpflichtet den Hörer (Sprecher und Hörer sind Metawörter) zur Enthüllung seiner Identität mit seiner Antwort.

[15] Verkäufer: Hisch ((Hirsch)) **oh es gibt** noch mit Knoblauch und Hisch ((Hirsch)) / **und** Hirsch auch mit Kräuter. **Willst (du)** auch probieren bisschen *Schynken*? **Nein**, ja? **Na** bitte [bɨtɛ]! wirklich gut, das schmeckt ***naturale*** ohne Schimi ((Chemie)) (eigene Übersetzung, B.J.).

Verkäuferin: **A** Junge! **Bo dla** Mädchen **to są jeszcze takie** ((..)) ***Pupy*** ((.)) Holz,
Pl Dt Pl—Pl Dt Pl----------------Pl IMG Dt
te eh Stoff, **a to** Junge. Das **ist takie** gut, gucken! Bitte, ja, bitte bitte
Pl Dt Pl-Pl Dt------Dt Pl---Pl Dt-----------------------------------Dt
schön.
Dt

Kundin: Danke schön.

((Bazar Manhattan, Łęknica, 2014))[16]

Diese Beispiele zeigen, wie häufig zwischen beiden Sprachen „jongliert" wird. Die Analyse der beiden Anreden zeigt, dass die Anhäufung des intrasyntaktischen Kodewechsels mit dem Gebrauch der Sprachmischungen im intralexikalischen Bereich[17] in extremen Fällen in der Entstehung eines deutsch-polnischen Sprachgemisches resultiert. Daran schließt sich jedoch die Frage an, ob in der Kommunikationsweise der Händler eine innere Systematik gefunden werden kann.

Die von den meisten Händlern gebrauchte Kommunikationssprache zeichnet sich durch einen Abbau grammatikalischer Strukturen aus. In der ersten Linie betrifft dies die Konjugation der Verben (überproportionale Anwendung der infiniten Verbformen [z.B. gucken[18], probieren usw.], frequenter Gebrauch der 2P. Sing. in Modi Imperativ [z.B. verzuche[19]] und Indikativ [z.B. chcesz[20]] ohne Berücksichtigung der Höflichkeitsformen) und die Tilgung der Personalpronomina[21]:

[16] Verkäuferin: Mädchen, Jungs, gucken ***Fraueczka*** ((..)) waas interessiert, ok. ((1 S.)) Wie viel Jahre? Das **solche** ***klapy***, das ***klapa*** Musik? ((.)) Das ***klapa*** Musik, das Musik **wenn** Mädchen, das ***klapa***. **Potem** das **sind** [sɔm] ***Pupy*** ((Puppen)). Das **ist** gut, etwa zu ((gemeint für)) kleine Kinder. ((…)) Gucken, **((Ich)) gebe eine Ermäßigung**. **Und** ((für)) Kinder alles. **Dann** das is…/ Hallo/ Ist Mädchen, Mädchen? **Ah** Junge! **Da für** Mädchen **gibt es noch solche** ((..)) ***Pupy*** ((Puppen)) ((.)) Holz, **solche** eh Stoff, **und das** ((ist)) Junge. Das **ist solche** gut, gucken! Bitte, ja, bitte bitte schön. (eigene Übersetzung, B.J.). Auf den ersten Blick suggeriert das Wort „klapa" den Gebrauch der polnischen Übersetzung des Wortes „Klappe" - pln. klapa. Nach der syntaktischen Analyse sieht man jedoch, dass das Wort in allen Fällen die Funktion eines Prädikats erfüllt. Das Lexem scheint also eine Mischform (IMG) als dem polnischen Verb klapać -„klapie" (3. Pers. Sing) und dem deutschen klappern - „klappert" zu sein. Dies würde auch die semantische Analyse bestätigen, da das IMG für die Bezeichnung der Spielzeuge, die Geräusche und Musik produzieren, gebraucht wird.

[17] Der intralexikale Kodewechsel wurde in den angegebenen Beispielen kursiv fett markiert.

[18] Bsp. 6, Zeile 10 (die Zeilen der Kodewechel-Analyse werden nicht berücksichtigt).

[19] Bsp. 1, Zeile 1.

[20] Bsp. 5, Zeile 2.

[21] Eine grammatikalische Interferenz, die aus der Tatsache resultiert, dass im Polnischen Personalpronomina häufig (und in manchen Fällen sogar obligatorisch) ausgelassen werden, wobei die Person in der Konjugationsendung eines finiten Verbs markiert wird.

Bsp. 7:

Verkäuferin: **Można** probieren[22]. Kaufen ((Inf.)), nicht kaufen ((Inf.)), probieren ((Inf.)).

((Bazar Manhattan, Łęknica, 2014))

Bsp. 8:

Verkäufer: Hallo, ((1,5 S.)) bitte meine Gute, was suchen ((Inf.)), hallo! ((…)) Meine Kleine! ((2,5 S.)) was suchen ((Inf.))↗?

((Bazar Manhattan, Łęknica, 2014))

Bsp. 9:

Verkäuferin: Mache[23] ((1. P. Sing)) bitte Preis für Sie, sehr schöne Stoff.

((Bazar Miejski, Słubice, 2014))

Der Gebrauch von Artikeln erfolgt meist nur sporadisch, was mit der Verwendung der Aufzählungen zusammen hängt. In den meisten Fällen wird auf Geschlechtswörter verzichtet. In den Fällen, wo Artikel gebraucht werden oder das grammatikalische Geschlecht markiert wird, stimmen sie meistens weder mit dem grammatischen Geschlecht noch mit dem Kasus der Nomen überein:

Bsp. 10:

Verkäuferin: Das **norma**[24] per zwanzig Euro kostet.

((Bazar Miejski, Słubice, 2014))

Bsp. 11:

Verkäufer: Heute ist nich so viel Leute, gute **r'abat**[25] gebe, probiere noch diese gleiche wie

((Bazar Miejski, Słubice, 2014))

Zu den routinierten Sprachpraxen der Händler gehört auch die Anwendung der Diminutiva. Dies ist ein typisches Verhalten vieler Kaufleute in Polen, welches jedoch an der Grenze in Folge von *code-mixing* eine transnationale Dimension bekommt. Verniedlicht werden nicht nur deutsche und polnische Nomen, aber auch

---

[22] Verkäuferin: **Man kann** probieren. (eigene Übersetzung, B.J.).

[23] Statt „ich mache Ihnen einen guten Preis“, Tilgung des PP.

[24] Der bestimmte Artikel „das“ stimmt weder mit dem polnischen noch mit dem deutschen Geschlecht des Wortes poln. „Norma“ - dt. „Norm“ überein, das in beiden Sprachen feminin ist.

[25] Die feminine Deklinationsendung des Adjektivs „gute“ ist inkongruent sowohl in Bezug auf das polnische Substantiv „rabat“ (Ermäßigung) als auch seine deutsche Entsprechung „Rabatt“, die jeweils maskulin sind.

deutsch-polnische Neuschöpfungen, die häufig sogar als *blending* verstanden werden können. So tauchen in der Verkäuferkommunikation solche Sprachmischungen auf wie Fraueczka[26], Käse-[27] und Lachsschinetschken[28], Zigaretki[29], Ampelki und Aschelki[30], Kropfchen[31] und viele mehr. Dabei muss unterstrichen werden, dass die verniedlichten Neuschöpfungen durch die kontextuelle Einbettung und den direkten Bezug auf Waren für die deutsche Kundschaft verständlich zu bleiben scheinen. Nur wenige Mischwörter scheinen sich jedoch in der deutsch-polnischen „Mischsprache" der Händler allgemein durchgesetzt zu haben. Einige von ihnen sind nur lokal (bei vielen Händlern auf einem Grenzmarkt), andere auf fast allen Grenzmärkten der Grenze entlang zu finden. Zu der ersteren Gruppe gehören verniedlichte Formen der Pflanzennamen wie „Ampelki", die auf mehreren Ständen in Łęknica angeboten werden. In Słubice[32] werden verbreitet „Schinetschken", „Lachsschinetschken" oder sogar „Käseschinetschken"[33] angeboten. Im Falle der ersten zwei Beispiele kann auf Grund der wiederholten Untersuchung des Grenzmarktes (2003/2004, 2014) auch eine longitudinale Perspektive des Gebrauches beider Mischwörter bestätigt werden.

Auf mehr als einem Grenzmarkt werden weibliche Kundinnen in einer verniedlichten Form des Nomens „Frau" angesprochen. In Kostrzyn trifft man die Bezeichnung „Frauken" (dim. Pl. Nichtpersonalmaskulinum), in Łęknica: „Fraueczka" (dim. Sing. Fem.). Außer deutscher (Zigaretten) und polnischer[34] (cygarety, cygaretki [dim.]) Bezeichnungen für Zigaretten sind auf den meisten Grenzmärkten (Świnoujście, Kostrzyn, Słubice, Łęknica, Porajów) auch Mischformen der Substantive festzustellen: „Zigarety" und „Zigaretki":

---

[26] „Fraueczka" ist eine steigernde Form des Diminutives von dem Substantiv „Frau" (in dem die doppelte Anwendung des diminutiven Suffixes -ka zur Entstehung -eczka geführt hat), Łęknica, 2014. Auch einzeln verniedlichte Formen des Nomens sind in der Händlerkommunikation zu finden: Frauka, Frauken (Pl.), Kostrzyn, 2014.

[27] „Käseschinetschken", gebraucht in Bezug auf geräucherten Käse, wortwörtlich Schinken (dim.) aus Käse, Słubice 2003/2004. Mehr dazu Jańczak (2015a; 2015b).

[28] „Lachsschinetschken", Schinken (dim.) aus geräuchertem Lachs, Słubice 2003/2004, 2014.

[29] *Blending* der polnischen Verniedlichungsform „cygaretki" (vor allem regional gebrauchte Bezeichnung für Zigaretten [poln. papierosy]) und des deutschen Nomen Zigaretten, an vielen Grenzmärkten zu treffen, z.B. Porajów, 2014.

[30] „Ampelki" sind Ampel- und „Aschelki" Aschenblumen; in beiden Fällen wurde der Kern der Komposita durch das diminutive Morphem in Pluralform -ki ersetzt, Łęknica, 2014.

[31] Unähnlich zu allen zuvor vorgestellten Beispielen der Diminutiva wurden Kropfchen anhand des polnischen Stammes Krop(f)- und des deutschen diminutiven Morphems -chen gebildet. Auf das Überblenden des polnischen Substantives „kropki" mit dem Deutschen Nomen „Tupfen" weist der Auslaut des Stammes „Kropf" -pf hin.

[32] auf dem städtischen Grenzmarkt - Bazar Miejski

[33] Die Bezeichnungen „Lachsschinetschken" und „Käseschinetschken" werden in Słubice in Bezug auf geräucherte Waren gebraucht, im Gegensatz zu Świnoujście, wo „geräuchert Al ((Aal))", oder zu Łęknica, wo „Schweinelende" in Bezug auf geräucherte Waren gebräuchlich sind.

[34] Gebraucht vor allem in Schlesien.

Bsp. 12:

Verkäufer: **Dobry**, ***Zigaretki***? **Co trzyma**? **Pani to Czeszka, czy Niemka**?
Kundin: Ne, danke
Verkäufer: He?
Kundin: Danke
Verkäufer: **A *Deutschem* jestem**, Deutsch!

((Bazar, Porajów, 2014))[35]

Bsp. 13:

Verkäuferin: Zigarety bitte **[bɨte]** schön!

((Miejskie Targowisko Przygraniczne, Kostrzyn, 2014))

Die oben vorgestellten Beispiele weisen auf eher lokalen oder sogar individuellen Gebrauch bestimmter Mischwörter hin und stellen die Routinisierung des Sprachgebrauchs im lexikalischen Bereich wegen geringer Wiederholbarkeit des Vokabulars in Frage.

7. Abschließende Betrachtung

Obgleich die Einzelhandelsstrukturen in den polnischen Grenzstädten im Verlauf der letzten zehn Jahre einen massiven Wandel erfahren haben[36], sind Grenzmärkte aus der Landschaft der deutsch-polnischen Grenzregion längst nicht verschwunden. Grenzmärkte stellen ein kleines transnationales Universum dar, das sich durch beständigen kulturellen und sprachlichen Austausch auszeichnet. Grenzgebiete sind Orte, an denen Hybridität zum Vorschein kommt. In Bezug auf das sprachliche Verhalten der Händler widerspiegelt sich diese Hybridität in einem frequenten Kodewechsel (*code-switching*, *code-mixing* und in manchen Fällen sogar *blending*). Die Kommunikationsroutinen der Verkäufer zeichnen sich durch den Abbau der grammatikalischen Strukturen (vor allem in Bezug auf die Konjugation der Verben, Gebrauch der Personalpronomina und der Artikel) aus. Charakteristisch für den Sprachgebrauch ist eine regelmäßige Verwendung der Mischwörter in diminutiver Form. Alle diese Phänomena sind der ganzen Grenze entlang festzustellen. Das im Artikel beschriebene Sprachverhalten scheint ein frequentes Phänomenon für den in Grenzgebieten stattfindenden Sprachkontakt zu sein. Es weist auf die die Existenz eines transnationalen Raumes hin, der sich unter anderen in dem Vorhandensein einer linguistischen Grenzschaft offenbart.[37]

[35] Verkäufer: **Guten** ((Tag)), ***Zigaretki***? **Was hält** ((was halten Sie))? **((sind)) Sie eine Tschechin oder eine Deutsche**? He? **Ah *Deutschem* bin ich**, Deutsch! (eigene Übersetzung, B.J.).

[36] Vor allem durch die ständig zunehmende Anzahl an Discountläden.

[37] Dabei sei hier betont, dass ohne eine eindeutige sprachliche Sedimentierung der grammatikalischen Struktur und kommunikativen Praxen von der Entstehung eines neuen *fusionlects* keine Rede sein kann. Nichtsdestotrotz kann eine gewisse Tendenz zur Routinisierung

Appendix – Notationszeichen

Pl	Polnisch – Fettgedruck
Dt	Deutsch – Standarddruck
IMG	Interlinear Morphemic Glossing – kursiv, Fettgedruck
((S.))	Pausen in Sekunden
((.))	sehr kurze Pause
((..))	Pause bis 0,5 S.
((…))	Pause bis 1 S.
(())	Kommentare zu den Aufnahmen
[bite]	**IPA Transkription**
↗	Steigende Intonation
ˈ –	Hauptakzent
Inf. –	Infinitiv
2 P. Sing. –	zweite Person Singular
PP –	Personalpronomen
__ –	Hervorhebung der analysierten Inhalte

Summary: German-Polish borderscape: language use in the transnational space of border markets in the German-Polish border area

Border regions are "places of transition", a *fabrica mundi* which creates new worlds (Mezzadra & Neilson 2013: 30). It is precisely in the border area where hybridity (that mirrors all the complex aspects of globalization processes) manifests itself. The hybrid nature of the border space reflects the idea of a borderscape, where time and space merge (Perera 2007), developing something quite new. This paper focuses on the analysis of a linguistic borderscape with reference to language use (primarily the forms of addressing applied by Polish vendors) in Polish border markets in the German-Polish border region. Border markets are places of intensive linguistic diffusion. The question needs to be posed of to what extent the transnational location of these markets influences the linguistic behaviour of the vendors, and if language undergoes hybridization, through code-switching phenomena, or whether the two border languages are separated due to the interlocutor or the function (task-related or speaker-related).

des gemischtsprachigen Sprachgebrauchs (in seiner Regelmäßigkeit und Funktionalität) erkannt werden.

Literaturverzeichnis

Auer, P. 1998. From Code-switching via Language Mixing to Fused Lects: Toward a Dynamic Typology of Bilingual Speech. In: InLiSt No. 6 Interaction and Linguistic Structures, 1-28.

Banaz, H. 2002. Bilingualismus und Code-switching bei der zweiten türkischen Generation in der Bundesrepublik Deutschland. Sprachverhalten und Identitätsentwicklung. Essen: LINSE. [cited 15.04.2015]. URL: http://www.linse.uni-due.de/linse/esel/pdf/banaz_codeswitching.pdf

Bhabha, H. K. 2007. Die Verortung der Kultur. Tübingen: Stauffenburg.

Durand, F. 2015. Theoretical Framework of the Cross-border Space Production - The Case of the Eurometropolis Lille–Kortrijk–Tournai. In: Journal of Borderland Studies 30 (3), 309-328.García Canclini, N. 1999. La globalización imaginada [Die imaginierte Globalisierung]. Mexico City: Paidos.

Jańczak, B. 2015a. German-Polish Border: Language Contact and Language Use on the Example of Forms of Address of Polish Vendors from Słubice Bazaar. In: D. Rellstab, N. Siponkoski (Hg.), Rajojen dynamiikkaa, Gränsernas dynamik - Borders under Negotiation, Grenzen und ihre Dynamik. VAKKI-symposiumi XXXV 12.-13.2.2015. Vaasa: VAKKI Publications 4, 117-126.

Jańczak, B. 2015b. Trzecia przestrzeń, hybrydzyacja, blending? O polsko-niemieckim kontakcie językowym w obszarze przygranicznym [Dritter Raum, Hybridisierung, Blending? Zu deutsch-polnischen Sprachkontakten im Grenzraum]. In: M. Czabańska-Rosada, E. Golachowska, E. Serafin, K. Taborska, A. Zielińska (Hg.), Pogranicze wschodnie i zachodnie. Warszawa: Slawistyczny Ośrodek Wydawniczy PAN, 333-350.

Jungbluth K. 2012. Aus zwei mach eins: Switching, mixing, getting different. In: B. Jańczak, K. Jungbluth, H. Weydt (Hg.), *Mehrsprachigkeit aus deutscher Perspektive*. Tübingen: Narr, 45-72.

Mezzadra, S., Neilson, B. 2013. Border as Method, or, the multiplication of labor. Durham: Duke University Press.

Perera, S. 2007. A Pacific Zone? (In)security, Sovereignty, and Stories of the Pacific Borderscape. In: P. Kumar Rajaram, C. Grundy-Warr (Hg.), Borderscapes: Hidden Geographies and Politics at Territory's Edge. Minneapolis: University of Minnesota Press, 201–227.

Pütz, M. 1994. Sprachökologie und Sprachwechsel. Die deutsch-australische Sprechergemeinschaft in Canberra. Frankfurt a. M.: Peter Lang.

Stern D. 2015. Effekte laienlinguistischer Theorien und Praktiken im Sprachkontakt. In: N.V. Suprunčuk (Hg.), Jazykovoj kontakt: Sbornik naučnych statej. Minsk: RIVŠ, 198-211.

Stern, D. 2016. Negotiating Goods and Language on Cross-Border Retail Markets in the Postsocialist Space. In: T. Kamusella, M. Nomachi, C. Gibson (Hg.): The Pelgrave Handbook of Slavic Languages, Identities and Borders. New York: Pelgrave, 495-523.

Walther, O. 2014. Border Markets: An Introduction. In: Articulo - Journal of Urban Research. 10: 2014. https://articulo.revues.org/2532.

Zinkhahn Rhobodes, D. 2015. The permeability of language borders on the example of German-Polish language mixing. In: P. Rosenberg, K. Jungbluth, D. Zinkhahn Rhobodes, (Hg.), Linguistic Construction of Ethnic Borders. Frankfurt a. M.: Peter Lang, 229-248.

Informationsgewand als Ausdruck der Herausbildung transnationaler Räume in benachbarten Grenzstädten

Roman Matykowski, Katarzyna Kulczyńska, Anna Tobolska

1. Einführung

Je weiter die Integration im Rahmen der Europäischen Union bezüglich der Niederlassungs- und Warenverkehrsfreiheit voranschreitet, umso deutlicher lassen sich die Prozesse des funktionalen Zusammenwachsens von Siedlungsgebieten entlang der Grenzen zwischen benachbarten Ländern ablesen. Städte, geteilt durch Staats- und Verwaltungsgrenzen, welche infolge der Integrationsverträge als Barrieren abrupt an Bedeutung verlieren, sind ein typisches Beispiel für die Herausbildung transnationaler und translokaler Räume (vgl. Tölle 2010; Teufel 2015). Mit der Öffnung der Grenzen ging eine Verdichtung der sozialen, kulturellen und wirtschaftlichen Kontakte einher, was als eine der Dimensionen des Transnationalismus angesehen werden kann (Pries 2002). Die erhöhte Intensität der transnationalen Verbindungen wirkt sich wiederum auf die Lebensbedingungen, die Lebensqualität und den Lebensstil der Einwohner dieser Städte aus, aber auch auf die Verhaltensweisen der Menschen, der Haushalte und anderer Akteure, wie etwa der kommunalen Selbstverwaltung. Das Phänomen der Translokalität kann auch im Kontext der Verlagerung bestimmter, üblicherweise mit dem Wohnort verbundener Funktionen des täglichen Lebens in Bereiche jenseits des lokalen Raumes betrachtet werden. Eine solche Verlagerung kann in Gebiete außerhalb der Verwaltungsgrenzen der Herkunftsregionen erfolgen, darunter auch in Gebiete, die zwar jeweiligen Siedlungsräumen und lokalen Gemeinschaften zuzurechnen sind, die sich aber auf der anderen Seite einer Staatsgrenze befinden (Wehrhahn 2015).

Im Falle grenzüberschreitender städtischer Siedlungsräume beinhaltet dieser Prozess eine teilweise Ausdehnung des Raumes, innerhalb dessen die Einwohner ihre alltäglichen Bedürfnisse erfüllen, auf den jeweils auf der anderen Seite der Grenze gelegenen Bereich - und zwar beispielsweise in Form täglicher Einkäufe, der Inanspruchnahme von Dienstleistern wie Friseur, Gastronomiebetrieb oder Zahnarzt oder der Erholung und Freizeitgestaltung. Durch ein solches Konsumverhalten werden auch Pendelmigrationsströme generiert, in deren Folge translokale Beziehungsnetzwerke entstehen, und die auch räumliche Veränderungen in unterschiedlichen Dimensionen bedingen. Zu letzteren gehört die von öffentlicher wie privater Seite gestützte Entstehung eines neuen, mindestens zweisprachigen visuellen Informationssystems – Informationsgewands – der Stadt, mit dem nicht nur eine effizientere Informationsübermittlung gesichert und das Auffinden von Zielen vereinfacht wird, sondern zugleich Kontakte erleichtert und so die Entstehung eines Beziehungsnetzwerkes zwischen den unterschiedlichen Gesellschaften gestärkt wird.

In der vorliegenden Studie erfolgt eine Analyse des Informationsgewands in direkt benachbarten Grenzorten, und zwar in Frankfurt (Oder) und Słubice sowie im Ostseebad Heringsdorf und in Świnoujście (Swinemünde) an der deutsch-polnischen und in Cieszyn und Český Těšín (Teschen und Tschechisch-Teschen) an der polnisch-tschechischen Grenze. Ein besonderes Augenmerk wurde auf den Aspekt der permanenten Erschließung dieser Informationen durch Einwohner aus der jeweils benachbarten Grenzstadt gelegt, sowie auf eine Deutung der Ergebnisse aus Sicht des Prozesses der Herausbildung von translokalen, sozialen und funktionalen Räumen in den Grenzstädten. Hintergrund dieser Langzeitstudie, die auf über einen Zeitraum von über zehn Jahren im Rahmen studentischer Feldforschungen wiederholt durchgeführten Erhebungen[1] zu Dienstleistungssystemen, grenzüberschreitendem Verkehr und zur Schriftbarkeit im öffentlichen Raum beruht, sind die stetigen sozioökonomischen und räumlichen Veränderungen im polnisch-deutschen wie -tschechischen Grenzland als Folge des Ende der 1980er Jahre begonnenen gesellschaftlich-politischen und wirtschaftlichen Wandels.

Anzumerken ist, dass ein Teil der Untersuchungen (Umfragen und Interviews) insbesondere in Cieszyn einen umfangreicheren Charakter hatte und sich auch auf die Kenntnis der Sprache der Nachbarn sowie die räumlich-funktionale Kohärenz und Kontinuität des grenzüberschreitenden Siedlungskomplexes erstreckte; diese Ergebnisse sind teilweise bereits veröffentlicht worden (Kulczyńska 2013; Kulczyńska, Matykowski 2014; Bilska-Wodecka et al. 2013). Es waren die Ergebnisse dieser Untersuchungen, die den Schluss nahegelegt haben, dass die Einwohner ihren Siedlungskomplex einschließlich des Teils jenseits der Staatsgrenze als einen translokalen Raum betrachten und das Informationsgewand einschließlich der Elemente in der Sprache des Nachbarn auch bei nur geringer Kenntnis dieser Sprache als das Ihrige begreifen.

Die über mehrere Jahre hinweg überwiegend jeweils in den Sommermonaten durchgeführten systematischen Beobachtungen des Informationsgewandes in den genannten Städten haben zur Erfassung dessen Elemente in unterschiedlichen Bereichen und Stadtteilen geführt, ließen die Autoren dabei aber gleichzeitig feststellen, dass diese Elemente in der Zeit sehr veränderlich sind. Jedoch konnte im Rahmen dieser Studie eine Generalisierung bezüglich der räumlichen Unterscheidung von Gebieten mit unterschiedlicher Intensität des zweisprachigen Informationsgewandes in drei Stufen durchgeführt werden.

---

[1] Vor-Ort-Forschungen sind von R. Matykowski in Cieszyn und Český Těšín, von K. Kulczyńska in Frankfurt (Oder) und Słubice sowie in Cieszyn und Český Těšín und von A. Tobolska in Ahlbeck und Świnoujście sowie in Frankfurt (Oder) und Słubice geleitet worden.

2. Informationsgewand in grenzübergreifenden städtischen Räumen: Forschungsannahmen vor dem Hintergrund theoretischer Konzepte

Der Begriff des Informationsgewandes (poln. *szata informacyjna*) stammt aus einem Konzept des polnischen Soziologen Aleksander Wallis zu Veränderungen in Stadtzentren. Wallis (1977, 1979) geht davon aus, dass die Information als „Gewand" die äußere Hülle der materiellen Form der Stadt darstellt und ständigen Veränderungen unterliegt. Dabei aber wird sie vor allem zu einem wichtigen Instrument der Verständigung, welches für den Alltag und das Leben der Stadtbewohner unerlässlich ist. Nach Meinung dieses Autors erfüllt das Informationsgewand vier wichtige Funktionen: eine instrumentale (darunter: eine benachrichtigende, werbende und ordnende Funktion), eine ästhetische, eine kognitive und eine ideologische Funktion. Die Entwicklung dieser Funktionen im Informationsbereich hat auch zur Entstehung einer völlig neuen Stadtlandschaft geführt, insbesondere in deren zentralem Teil (Stadtmitte). Zahlreiche weitere polnische Forscher zu Stadträumen haben an das konzeptuelle Modell von Wallis angeknüpft und dabei nach Verbindungen zu anderen theoretischen Konzepten aus der internationalen Fachliteratur gesucht. Und so haben sie sich teilweise auf Konzepte der Semiotik und Semiologie etwa von Chomsky (vgl. Rykiel 2008), von Ledrut (vgl. Jałowiecki 1980a,b; 1988) oder von Castells (1977 – vgl. Kulczyńska, Matykowski 2008) gestützt, aber auch auf das Konzept der sozialen Produktion bzw. Erschaffung des Raumes von Lefebvre (vgl. Jałowiecki 1980a, 1988) oder auf eine behavioristische Sichtweise (vgl. Kulczyńska, Matykowski 2008). Auf diese Weise ist in der polnischen Forschung ein zwar eklektischer aber umfangreicher Konzeptrahmen zur Untersuchung des Informationsgewandes entstanden. Beruhend auf diesen unterschiedlichen Forschungsansätzen wurde das Informationsgewand beispielsweise in Warschau (Warszawa) (Mozer 2001), in oberschlesischen Städten (Szczepański, Ślęzak-Tazbir 2008), in Breslau (Wrocław) (Stelmach 2014) und in grenzübergreifenden Stadträumen (Kulczyńska, Matykowski 2008) untersucht.

Eine der grundlegenden Thesen des Verhaltensansatzes in der Geografie lautet, dass der Mensch über seine Sinne Informationen über seinen Lebensraum gewinnt, sie verarbeitet (zu kognitiven Konstrukten) und sie zur Grundlage seines Verhaltens macht (siehe Gold 1980; Walmsley, Lewis 1984). Die Information stellt also die Grundlage der Entstehung und Umsetzung der räumlichen Verhaltensweisen des Menschen dar, was unter anderem durch die konzeptuellen Modelle von R. M. Downs (1970) und R. E. Lloyd (1976) untermauert wird. Gemäß diesen Modellen wird die Information von der täglichen Umgebung gesendet und zuerst durch zwei Systeme gefiltert: durch die Rezeptoren (und Sinne) und durch das Wertesystem eines jeden Menschen. Durch diese Filter wird die Information, die ihn erreicht, modifiziert. Dieses modifizierte und subjektiv kreierte Bild der Umgebung, das infolge der sinnlichen Perzeption von Anreizen bzw. Signalen entsteht, wird von Bartkowski (1985) als multisensorische Landschaft bezeichnet. Es muss dabei darauf hingewiesen werden, dass eine Landschaft in diesem Sinne nicht einfach auf die Summe der Anreize reduziert werden kann, auch wenn der durch diese Anreize bzw. Signale gebildete visuelle Teil ihren wichtigsten Bestandteil ausmacht.

Auch die Stadt als Lebensumfeld ihrer Einwohner sendet an ihre Empfänger Informationen, die unterschiedliche Mittel, Formen, aber auch Codes verwenden. Die Stadt kommuniziert also mit ihren Benutzern und übermittelt Inhalte, die ihnen die tägliche Bewegung in ihrem Raum, zumal im öffentlichen, erleichtern, und das Funktionieren ermöglichen. Struktur, Form und Intensität der Informationen im städtischen Raum bilden die wichtigsten Bestandteile unterschiedlicher konzeptueller Modelle zum Lesen und Verstehen von Zeichen, die in der städtischen Umwelt kodiert sind. Einem sich durch die Straßen und Plätze bewegenen Benutzer erscheint die Stadt als eine unerschöpfliche Menge von visuellen Landschaften, deren ästhetischer und semantischer Wert auf einer Vielzahl von Informationsschichten beruht. Zur Bezeichnung der in so zahlreichen Aspekten empfangenen Informationsschichten der städtischen Umwelt werden neben Informationsgewand der Stadt (Wallis 1979) in der Fachliteratur unterschiedliche Begriffe verwendet: semiologische Stadtstruktur bzw. semiologische Landschaft (Jałowiecki 1976; Castells 1977), Informationsumwelt (Przyszczypkowski 1991), Informationssprache (Mozer 2001) oder jüngst auch visuelle Sprachlandschaften (Verhiest 2015).

Die dargestellte kurze Übersicht unterschiedlicher Konzepte bezüglich des Bestands und der Bildung von Informationen im Stadtraum zeigt die Notwendigkeit einer anwendbaren Begriffsbestimmung für das Informationsgewand: Darunter werden hier die sichtbaren Zeichen verstanden, die als Träger von Informationen über die Stadt dienen und als Kommunikationshilfen in ihr unentbehrlich sind. Das Informationsgewand besteht aus unterschiedlichen Elementen wie u. a. Schilder, Informationstafeln, Werbeträgern, Banner oder Plakate. Diese waren Gegenstand der Vor-Ort-Erhebungen und der Analyse in der vorliegenden Studie.

Dabei ist dem Informationsgewand eine große Bedeutung bei der Gestaltung des Stadtraumes beizumessen – Wallis (op. cit.) hat darauf hingewiesen, dass das Informationsgewand zur Entstehung einer völlig neuen Stadtlandschaft beitragen kann. Im Kontext der hier relevanten Problematik der Gestaltung grenzübergreifender Stadträume kann also angenommen werden, dass das Informationsgewand eine Art Materialisierung der grenzüberschreitenden, translokalen Prozesse darstellt, die mit Beteiligung und auf Initiative der Einwohner und Nutzer dieser Städte vorangehen.

3. Das Siedlungsband Świnoujście – Ostseebad Heringsdorf

Der nördlichste Abschnitt der deutsch-polnischen Grenze verläuft als Landgrenze über den östlichen Teil der in der Pommerschen Bucht gelegenen Ostsee-Insel Usedom (poln. Uznam). Der kleine polnische Teil der Insel umfasst das Zentrum der kreisfreien Stadt Świnoujście, wobei sich jedoch der größere Teil des Stadtterritoriums auf der östlich jenseits der Swine (Świna) gelegenen Insel Wollin (Wolin) befindet. Dabei besteht die paradoxe Situation, dass der auf Usedom befindliche zentrale Teil der Stadt mit dem übrigen Stadtgebiet nur per Fähre verbunden ist; Straßen- und Bahnverbindungen bestehen nur zum deutschen Teil von Usedom. Über eine zwölf Kilometer lange Strandpromenade ist Świnoujście mit den deutschen Ostseebädern Ahlbeck (direkt an der Grenze gelegen), Heringsdorf und Bansin (heute Ortsteile der 2005 durch Gemeindefusion entstandenen amtsfreien Gemeinde Ostseebad Heringsdorf) verbunden und bildet mit ihnen ein Siedlungsband; historisch hatten sich diese Orte seit dem 19. Jahrhundert als sog. „Kaiserbäder" mit der typischen eklektischen Architektur und touristischen Infrastruktur wie Seepromenaden, Piere und Badehäuser sowie mit direkter Hauptbahnlinie nach Berlin entwickelt (Tobolska 2005). Während für die Ostseebäder auf deutscher Seite weiterhin allein der Tourismus dominierende Funktion hat, spielt im deutlich größeren Świnoujście (Tab. 1) neben dem Tourismus auch der Industrie- und Hafensektor eine bedeutende Rolle.

Tab.1: Vergleich von Flächen und Bevölkerung: Insel Usedom, Stadt Świnoujście, Gemeinde Heringsdorf

Territorium	**Fläche [km^2]**	**Einwohner**	**Bevölkerungsdichte [EW pro km^2]**
Insel Usedom	445,2	76.500	172
Stadt Świnoujście	197, 2	41.276	209
Gemeinde Ostseebad Heringsdorf *davon:*	37,66	8.883	236
Ortsteil Ahlbeck	18,66	651	36

Quelle: Statistisches Amt Stettin (Szczecin) / szczecin.stat.gov.pl, Statistisches Jahrbuch Mecklenburg- Vorpommern 2015 / www.12._Gesamtausgabe(2015), www.swinoujscie.pl, www.statistik-mv.de, www.uznam.bo.pl, www.edu-geography.com/cities/usedom.html

Durch die nach dem Zweiten Weltkrieg gezogene und über die Jahrzehnte meist durch einen eher hermetischen und militarisierten Charakter gekennzeichnete Grenze zwischen der Volksrepublik Polen und der DDR (Kaczmarek 1996, Teufel 2015) reduzierten sich eventuelle Verbindungen auf ein Minimum. Erst in Folge des Zusammenbruchs der kommunistischen Regime wurde die Grenze seit Beginn der 1990er Jahre in Etappen „durchlässiger", bis die Grenzkontrollen nach dem Beitritt Polens zum Schengen-Raum 2007 schließlich vollständig entfielen. Diese Veränderungen haben wesentlich zur Belebung der Kontakte zwischen Świnoujście und den benachbarten deutschen Ortschaften beigetragen, vor allem im Bereich der gebietskörperschaftlichen Verwaltung (z.B. Bau gemeinsamer kommunaler und Straßeninfrastruktur und Initiativen in Bildung, Kultur und Sport). Zudem haben Einwohner wie Touristen die bestehenden und neu geöffneten Grenzübergänge zunehmend genutzt, und zwar sowohl die für Fußgänger und Fahrräder (nach Ahlbeck und nach Kamminke, seit 2012 gibt es zudem eine grenzüberschreitende Promenade entlang den Sanddünen) als auch jene für Kraftfahrzeuge (seit 2007 nach Ahlbeck und nach Garz). Die Intensität des Grenzverkehrs in Świnoujście war Untersuchungsgegenstand im Rahmen studentischer Feldforschungen an ausgewählten Tagen der Sommersaison in sechs Jahren zwischen 2001 und 2014. Die Ergebnisse zeigen, dass die Anzahl der die Grenze passierenden Personen über die Jahre stetig zugenommen hat. Dabei lässt sich eine Abhängigkeit von der Art der Passierbarkeit feststellen (Tab. 2) – die 2007 erfolgte Öffnung der Grenzübergangsstelle auf der Straße zwischen Świnoujście und Ahlbeck für Kraftfahrzeuge führte zu einer Verminderung des Fußgänger- und Fahrradverkehrs. Auswirkungen hatte zudem die im September 2008 erfolgte Verlängerung der die Seebäder der Insel verbindenden Regionalbahnlinie (Usedomer Bäderbahn) bis ins Zentrum von Świnoujście; Reisende mussten bis dahin an dem direkt am Grenzübergang auf deutscher Seite gelegenen Haltepunkt „Ahlbeck Grenze" aussteigen und die Grenze zu Fuß überqueren. Zudem ist bereits 2005 eine von Mai bis September verkehrende Buslinie zur Verbindung der Stadt Świnoujście mit den Ostseebädern auf deutscher Seite eingerichtet worden.

Tab. 2: Intensität des Fußgänger- und Fahrradsverkehrs am Grenzübergang Świnoujście-Ahlbeck (Grenzübergang an den Straßen Wojska Polskiego-Swinemünder Chaussee für Fußgänger und Radfahrer /F&R/, seit 2007 auch für Kfz)

Anzahl Fußgänger und Radfahrer (F&R), ab 2007 auch Kfz, Einreise nach Polen									
Stunde	13.09. 2001[1]	22.08. 2004[2]	26.08. 2005	5.08.2009[3]		29.06.2011		20.06.2014	
	F&R	F&R	F&R	F&R	Kfz	F&R	Kfz	F&R	Kfz
09-10	317	963	1.245	180	228	191	268	141	235
10-11	285	1.117	1.384	289	302	275	144	298	287
11-12	407	1.411	912	309	229	202	408	285	299
12-13	305	1.245	890	256	164	147	255	132	284
13-14	301	1.220	738	201	153	134	187	121	270
14-15	387	860	563	105	194	130	187	124	265
15-16	515	723	502	90	173	97	133	85	226
16-17	195	567	453	114	203	98	228	61	242
17-18	94	447	335	119	183	66	180	61	154
Gesamt	2.806	8.553	7.022	1.663	1.829	1.340	1.990	1.308	2.262

Anzahl Fußgänger und Radfahrer (F&R), ab 2007 auch Kfz, Einreise nach Deutschland									
Stunde	13.09. 2001[1]	22.08. 2004[2]	26.08. 2005	5.08.2009[3]		29.06.2011		20.06.2014	
	F&R	F&R	F&R	F&R	Kfz	F&R	Kfz	F&R	Kfz
09-10	281	390	676	96	207	72	203	70	261
10-11	501	566	468	169	256	142	238	105	263
11-12	252	943	531	302	292	269	245	226	381
12-13	291	1.003	930	305	196	222	233	348	341
13-14	302	1.249	1.160	259	114	225	200	227	323
14-15	320	1.276	1.064	255	240	184	203	203	239
15-16	265	1.312	991	250	261	174	216	186	266
16-17	257	1.299	955	175	281	134	201	136	204
17-18	310	762	433	164	239	98	186	79	175
Gesamt	2.779	8.800	7.208	1.975	2.086	1.520	1.925	1.580	2.453

[1] Obligatorische Pass- und Zollkontrolle, [2] EU-Beitritt (Abschaffung der Zoll-, ab 2007 auch der Passkontrollen), [3] Öffnung des Grenzübergangs für Kfz; Quelle:: Eigene Erhebung

Mit dem Anstieg der Touristen- und Pendlerzahlen ging auch ein Wandel der visuellen Sprachlandschaft der Städte einher in Form des Auftretens von Werbung,

Schildern und Informationstafeln in der Sprache des jeweiligen Nachbarn. Dabei lässt sich jedoch eine auffällige Asymmetrie feststellen. In der Gemeinde Ostseebad Heringsdorf lassen sich nur wenige polnischsprachige Schilder finden, wobei es sich vor allem um amtliche Informationsschilder handelt wie einen Wegweiser zum Bahnhof Heringsdorf, eine Informationstafel mit Beschreibungen der Dünenpflanzen an der Seepromenade in Ahlbeck oder ein Hinweisschild auf einen Hundestrand zwischen Świnoujście und Ahlbeck (Abb. 1-2; Karte 1). In Geschäften und an Verkaufsständen auf der deutschen Seite sind polnischsprachige Aufschriften kaum zu finden. Eine völlig andere visuelle Landschaft beginnt mit der Überquerung der Grenze in Richtung Świnoujście: entlang der Hauptstraße, die von der Grenze ins Stadtzentrum und zum Fähranleger führt,[2] lassen sich an sämtlichen Geschäften und Verkaufsständen wie auch Dienstleistungsbetrieben Warenbeschreibungen, Schilder und Werbungen auf Polnisch und Deutsch finden (Abb. 3). Besonders auffällig sind sie auf dem Grenzbazar, der unmittelbar am Grenzübergang gelegen ist. Dieser Bazar funktioniert bis heute, auch wenn die deutschen Kunden immer mehr von den in den letzten Jahren an der Grenze auf polnischer Seite entstandenen Filialen von Supermarktketten („Lidl", „Intermarché", „Biedronka") und von dem 2015 eröffneten großen Einkaufszentrum „Corso") angezogen werden - obwohl für die Waren dort nicht in deutscher Sprache geworben wird. Weit verbreitet ist auch die Kenntnis grundlegender Redewendungen in der deutschen Sprache beim polnischen Verkaufs- wie Dienstleistungspersonal (in Lebensmittel-, Kleidungs-, Tabakwaren-, Alkohol- und Schuhgeschäften, Apotheken, auf Handelsplätzen ebenso wie in Friseur- und Kosmetiksalons, Zahnarztpraxen oder Autowerkstätten - vgl. auch Beitrag von Jańczak in diesem Band). Ein weiterer Bereich von Świnoujście, in dem eine große Anzahl von deutschsprachigen Aufschriften und Werbungen vorhanden ist, ist das sog. Seeviertel.[3] Die meisten Schilder und Reklametafeln richten sich an Touristen und Kurgäste und betreffen beispielsweise Fremdenzimmer in Pensionen, Hotels oder Sanatorien, medizinische und paramedizinische Behandlungen, Spa-Einrichtungen, Fahrradverleih, Imbissstellen, Cafés, Restaurants und Bars (vgl. Abb. 4-5). In der Nähe des Segelboothafens und der touristischen Sehenswürdigkeiten des Westforts und der Engelburg befinden sich mehrsprachige Informationen für Touristen, darunter auch auf Deutsch. Hinweis- und Werbeschilder in deutscher Sprache sind zudem an einer zentralen Kreuzung[4] der Fernverkehrsumgehungsstraße aufgestellt, die von der deutschen Grenze zur auch für Lastkraftwagen und Busse zugelassenen Swine-Fähre führt - hier wollen vor allem Tankstellen, Waschanlagen, Autowerkstätte u. ä. die Aufmerksamkeit auf sich ziehen. Darüber hinaus sind für die gesamte Stadt zweisprachige amtliche Schilder charakteristisch, z.B. am Bahnhof, an Bushaltestellen, an den Fähranlegern oder am Strand (Abb. 6).

[2] Die Straßen sind die ul. Wojska Polskiego und ul. Konstytucji 3 Maja sowie die ul. Armii Krajowej, Plac Wolności, Plac Słowiański und ul. Wybrzeże Władysława IV (Karte 1).

[3] Der Bereich entlang der Seepromenade zwischen den Straßen ul. Żeromskiego und ul. Sienkiewicza.

[4] Kreuzung der Straßen ul. Grundwaldzka und ul. Karsiborska

Karte 1: Fremdsprachige Informationsgewand in Świnoujście und Ostseebad Heringsdorf

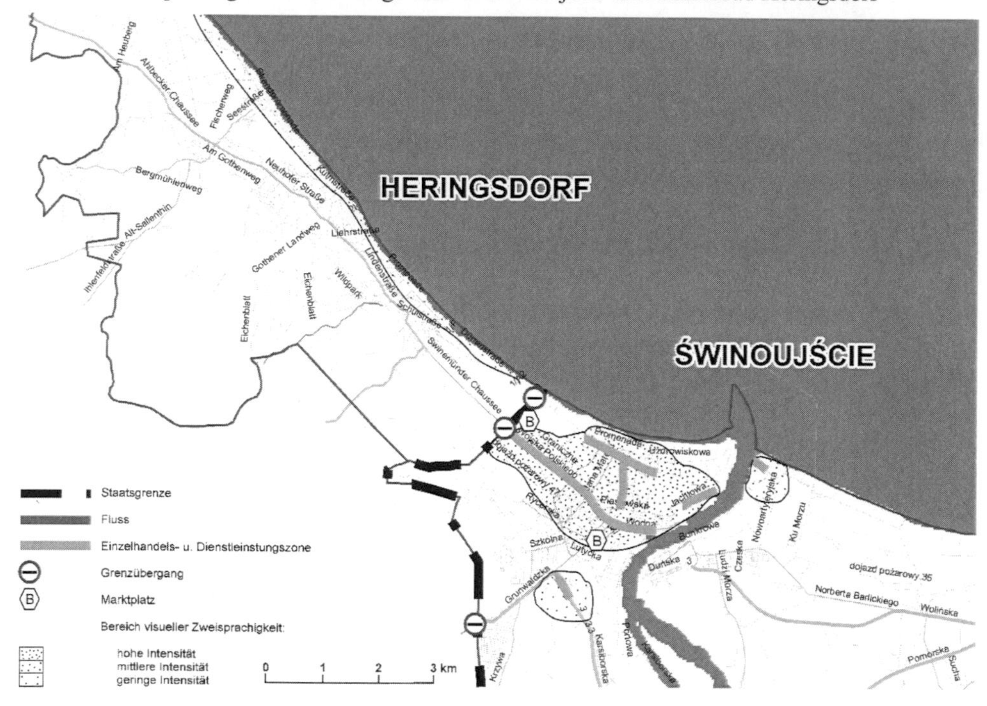

Quelle: Eigene Bearbeitung

Abb. 1: Wegweiser mit polnischsprachigem Hinweis in Heringsdorf
Quelle: A. Tobolska

Abb. 2: Zweisprachiges Informationsschild am Strand zwischen Świnoujście und Ahlbeck
Quelle: A. Tobolska

Abb. 3: Zweisprachiges Firmenschild eines Friseursalons – Straße ul. Wojska Polskiego in Świnoujście
Quelle: A. Tobolska

Abb. 4: Zweisprachiges Wellness- und Kurangebot – Seeviertel in Świnoujście
Quelle: A. Tobolska

Abb. 5: Zweisprachige Hotelwerbung- Seeviertel in Świnoujście
Quelle: A. Tobolska

Abb. 6: Zweisprachige Beschriftung auf der Promenade
Quelle: A. Tobolska

Außerhalb der zwei Bereiche mit einer hohen Intensität der zweisprachigen Information (d. h. entlang des Hauptstraßenzuges vom Grenzübergang nach Ahlbeck zum Stadtzentrum sowie im Seeviertel) sind Schilder, Aufschriften oder Werbungen in deutscher Sprache kaum anzutreffen. Dies gilt auch für Seitenstraßen abseits der wichtigsten Einkaufs- und Dienstleistungsbereichen und ebenso für die Wohnviertel (vor allem die Hochhaussiedlungen im südlichen Teil der Stadt) und die Wolliner Stadtbereiche auf der anderen Seite der Swine, einschließlich des Industriegebietes Warszów; dort sind an wenigen Orten Informationstafeln zu touristischen Sehenswürdigkeiten wie Leuchtturm oder Fort Gerhard mit mehrsprachigen Informationen aufgestellt.

Zusammenfassend lässt sich festhalten, dass das Informationsgewand des grenzübergreifenden Siedlungsbandes Świnoujście-Ahlbeck-Heringsdorf-Bansin eine stark ausgeprägte Asymmetrie aufweist. Den nur wenigen Informationsschildern in polnischer Sprache auf der deutschen Seite steht eine sehr hohe Anzahl an zweisprachigen Schildern in Świnoujście gegenüber - allerdings nur in den Handels- und Dienstleistungszonen der Stadt. Die sich in diesem Gegensatz widerspiegelnde Struktur des Pendlerverkehrs über die Grenze weist gleichzeitig auf eine größere Attraktivität bestimmter Angebote auf der polnischen Seite hin (jedoch vor allem infolge von Preisunterschieden), aber auch auf eine gewisse Offenheit der Einwohner von Świnoujście gegenüber Gästen aus Deutschland.

4. Die Doppelstadt Słubice-Frankfurt (Oder)

Słubice und Frankfurt (Oder) (mit in 2014 16.914 respektive 57.649 Einwohnern) bilden eine der Doppelstädte an Oder und Neiße, die mit der 1945 erfolgten Festlegung der deutsch-polnischen Grenze aus der Teilung der an beiden Seiten dieser Flüsse gelegenen Städte in eine deutsche und eine polnische entstanden sind. Bis zum Ende der 1980er Jahre gehörten beide Grenzstädte zur Peripherie im Siedlungssystem ihres jeweiligen Staates. Erst mit dem Ende der kommunistischen Regime und der internationalen Umorientierung nach der Wiedervereinigung Deutschlands, gefolgt von der Entstehung neuer politischer und wirtschaftlicher Beziehungen, konnten viele Barrieren im grenznahen Verkehr gemindert werden; in der Folge kam es zu einer deutlichen Steigerung des grenzüberschreitenden Verkehrs (vgl. Chojnicki 1999). Getrennt lediglich durch den Fluss liegen beide Städte geographisch ca. 300 m voneinander entfernt, was sich positiv auf die Intensität der grenzüberschreitenden Kontakte auswirkt (Kulczyńska 2013). Frankfurt (Oder) ist eine von massiven sozioökonomischen Schrumpfungsprozessen charakterisierte Stadt, die dennoch weiterhin ein regionales Zentrum mit Verwaltungs-, Produktions- und Hochschulfunktionen (Europa-Universität Viadrina) darstellt. In Słubice herrschen Handels- und Dienstleistungsfunktionen vor; zudem ist die Stadt als Standort des Logistik- und Transportgewerbes von Bedeutung und profitiert vom Produktionssektor insbesondere in der 1990 gegründeten Sonderwirtschaftszone ebenso wie von der deutsch-polnischen Hochschuleinrichtung des Collegium Polonicum.

Neben der Fernbahn- und der Autobahnbrücke (Trasse Berlin-Posen-Warschau) sind Frankfurt (Oder) und Słubice mit der dem Fußgänger-, Fahrrad- und Pkw-Verkehr dienenden Stadtbrücke zwischen den zentralen Gebieten beider Städte verbunden, über die im Übrigen seit 2012 ganzjährig eine Stadtbuslinie vom Frankfurter Bahnhof zur Studentenwohnheimanlage in Słubice verkehrt. Der Verkehr auf dieser Brücke ist entsprechend bedeutend, an Samstagen (den Haupteinkaufstagen) lassen sich Spitzenwerte von 27.100 resp. 29.400 Personen messen, die die Brücke in Richtung Polen resp. Richtung Deutschland überquert haben.[5] Mit solchen Pendlerströmen ging insbesondere in Słubice die Entstehung und stetige Ausweitung eines zweisprachig deutsch-polnischen Informationsgewandes einher. Schilder mit deutschsprachigen Aufschriften konzentrieren sich allerdings vor allem in den von Deutschen meistbesuchten Gebieten im direkt an der Stadtbrücke beginnenden zentralen Teil der Stadt.[6] In diesem Gebiet sind die wichtigsten Handels- und Dienstleistungseinrichtungen gelegen, die als Hauptziel der die Grenze passierenden Deutschen dienen, vor allem Tankstellen, Tabakwarengeschäfte, Friseurbetriebe, Kosmetiksalons, Restaurants, Lebensmittelgeschäfte und Geschäfte mit Industriewaren (Abb. 2). Hauptsächlich in diesem Teil der Stadt sind zweisprachige Schilder, Informationstafeln oder Werbungen zu finden (Abb. 7), mittunter auch solche allein mit deutschsprachiger Beschriftung (Kulczyńska, Matykowski 2008). Paradebeispiel dafür sind Werbeaufschriften an Geschäften mit Tabakwaren und Alkohol, deren Preise in Polen wesentlich geringer sind als in Deutschland (Abb. 8). Angesichts des großen Wettbewerbs unter den Anbietern dieser Waren in Słubice

---

[5] Dieser Wert bezieht sich auf eine von den Verfassern am 4. Juli 2015 zwischen 8:00 und 17:00 Uhr durchgeführte Zählung; allein in Richtung Polen wurde die Brücke dabei von 1.575 Fußgängern, 4.556 Pkw, 90 Motorrädern und 229 Fahrradfahrern passiert. Während einer früheren Zählung am 18. Juni 2011 zwischen 6:00 und 18:00 Uhr hatten 28.800 resp. 29.300 Personen die Brücke in Richtung Polen resp. Richtung Deutschland überquert; dies waren allein in Richtung Polen 6.914 Pkw und 2.338 Fußgänger.

[6] Dieses Gebiet befindet sich zwischen den Straßen: ul. Jedności Robotniczej, ul. Nadodrzańska bis ul. Mickiewicza, ul. Kopernika bis ul. Chrobrego, ul. Kościuszki bis ul. Konopnickiej, Aleja Młodzieży Polskiej, ul. Wojska Polskiego bis ul. Piłsudskiego.

wird in der deutschen Sprache unter Benutzung typischer Wendungen und mit Hinweis auf unterschiedliche Boni für größere Einkäufe (Abb. 8-9) geworben. Für Słubice charakteristisch sind zudem die zwei- oder auch allein deutschsprachigen Parkplatzschilder mit Benutzungshinweisen (Abb. 10). Eine besondere Konzentration des deutschsprachigen Informationsgewandes besteht auf den zwei Bazaren (ul. Kopernika/Chopina und ul. Sportowa – Karte 2). Da es sich bei den meisten Kunden dieser Märkte um Deutsche handelt, sind die dortigen Schilder, Informationstafeln oder Aushängeschilder fast ausschließlich in der deutschen Sprache verfasst (Abb. 11). Es sei angemerkt, dass hier auch die meisten Händler mit ihren Kunden auf Deutsch kommunizieren können und Euro als Zahlungsmittel akzeptieren.

Außerhalb dieser genannten Teile der Stadt ist das fremdsprachige Informationsgewand von deutlich geringerer Intensität und zudem seltener mit Handels- und Dienstleistungsangeboten verbunden. Ein prägnantes Beispiel für eine dreisprachige (polnisch-, deutsch- und englischsprachige) Information sind die vier Informationstafeln entlang des deutsch-polnischen Jakobsweges durch Słubice (Abb. 12) und Frankfurt. Dazu kommen die vier in Słubice aufgestellten deutsch- und polnischsprachigen Tafeln der touristischen Heinrich von Kleist-Route durch beide Städte (mit fünf Tafeln auf Frankfurter Seite), die Informationen zu mit dem Dichter verbundenen Objekten und Orten vermitteln. Zu nennen sind zudem die an zwölf Gebäuden angebrachten polnisch- und deutschsprachigen Informationstafeln des „Lehrpfads zu historischen Orten in Słubice".

Karte 2: Fremdsprachiges Informationsgewand in Słubice und Frankfurt (Oder)

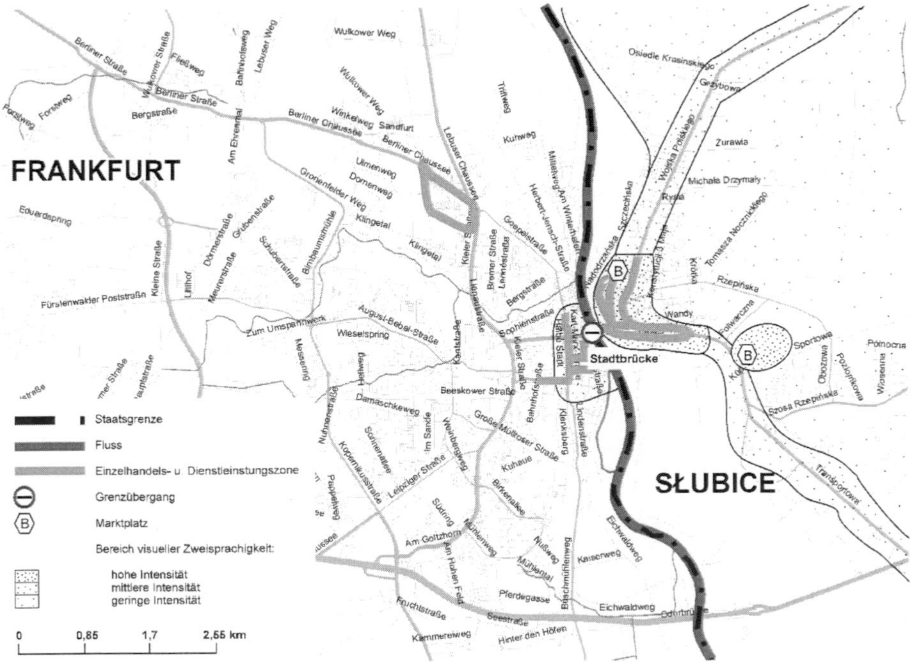

Quelle: Eigene Darstellung

Abb. 7: Zweisprachiges Schild der Bäckerei „Mika" in der Einkaufsgalerie „Jedynka" an der ul. Wojska Polskiego in Słubice
Quelle: K. Kulczyńska (2016)

Abb. 8: Deutschsprachige Werbung eines Tabakwarengeschäftes in der Einkaufsgalerie „Prima" am Plac Frankfurcki in Słubice
Quelle: K. Kulczyńska (2016)

Abb. 9: Deutschsprachige Werbung an einem Gebäude in der ul. Jedności Robotniczej in Słubice
Quelle: K. Kulczyńska (2016)

Abb. 10: Deutschsprachiger Hinweis am Parkplatz neben der Einkaufsgalerie „Prima" in Słubice
Quelle: K. Kulczyńska (2016)

Abb. 11: Deutschsprachige Schilder an Verkaufsständen in der ul. Kopernika/Chopina in Słubice
Quelle: K. Kulczyńska (2016)

Abb. 12: Dreisprachige Informationstafel zum Jakobsweg vor der Pfarrkirche Allerheiligste Jungfrau Maria Königin von Polen in Słubice
Quelle: K. Kulczyńska (2016)

In Frankfurt (Oder) gibt es dagegen deutlich weniger polnischsprachige Elemente im städtischen Informationsgewand, zumal es praktisch keine privaten polnischsprachigen Werbe- und Firmenschilder gibt. Zu finden sind aber die bereits genannten Tafeln kultureller wie historisch-touristischer Prägung des Jakobsweges und der Kleist-Route (Abb. 13). Dazu kommen amtliche Schilder und Wegweiser zu öffentlichen Gebäuden und anderen zentralen Orten (Abb. 14) ebenso wie zweisprachige Schilder zur Information und Begrüßung von Reisenden am Bahnhof wie an der Schiffsanlegestelle am Holzmarkt (Abb. 15); auch das deutsch-polnische Tourismus-Büro am Marktplatz beschriftet seine Schaufenster in deutscher wie polnischer Sprache (Abb. 16).

Abb. 13: Zweisprachige Infotafel der Heinrich von Kleist-Route - Haltestelle Nr. 1 „Kleistmuseum" an der Faber- Ecke Bischofstraβe in Frankfurt
Quelle: K. Kulczyńska (2016)

Anzuführen sind zudem temporäre zweisprachige Beschriftungen zu bestimmten Anlässen. Beispiele dafür sind die alljährliche Annoncierung des Frankfurter Hansestadtfestes „Bunter Hering" (Abb. 17) ebenso wie unikate Kunstprojekte, mit denen die beiden Stadtbevölkerungen einander näher gebracht werden sollen. Ein bekanntes Beispiel für einen Beitrag zu einem zweisprachigen Informationsgewand in Frankfurt (Abb. 18) wie in Słubice waren die im Rahmen des in den Jahren 2004-2005 umgesetzten Projektes „Słubfurt City?" von Katarzyna Podgórska-Glonti geschaffenen und im Stadtraum beiderseits der Oder aufgehängten Fahnen, auf denen jeweils das Foto eines Stadtbürgers und ein kurzes Interview in beiden Sprachen zu sehen waren. Ein weiteres Beispiel für eine temporäre zweisprachige Information in Frankfurt ist das 2014 entstandene Straßenwörterbuch auf den Bürgersteigen in der Großen Scharrnstraße und der Slubicer Straβe, die heute angesichts des verwendeten Materials kaum noch zu sehen sind (Abb. 19). Es scheint freilich, dass Elemente dieser Art keine wesentlichen Informationsfunktionen erfüllen, sondern eher als „Gewirr" bzw. „Hintergrundgeräusch" im Sinne von Wallis (1979) zu verstehen sind.

Abb. 14: Zweisprachiger amtlicher Wegweiser an der Großen Oder- Ecke Regierungsstraße in Frankfurt
Quelle: K. Kulczyńska (2016)

Abb. 15: Zweisprachige Tafel an der Schiffsanlegestelle am Holzmarkt in Frankfurt
Quelle: K. Kulczyńska (2016)

Abb. 16: Zweisprachige Schaufensterbeschriftung der Tourist-Information am Frankfurter Markplatz
Quelle: K. Kulczyńska (2016)

Abb. 17: Zweisprachige Werbung auf dem Verbinder zwischen Oderturm und den Lenné-Passagen über der Karl-Marx-Straβe in Frankfurt
Quelle: K. Kulczyńska (2016)

Abb. 18: Fahnen mit Interviews in zwei Sprachen, entstanden im Rahmen des Projektes „Słubfurt City?", in der Karl-Marx-Straβe in Frankfurt
Quelle: K. Kulczyńska (2005)

Abb. 19: Zweisprachiges Straßenwörterbuch in der Großen Scharrnstraße in Frankfurt
Quelle: R. Matykowski (2014)

Ein Vergleich der Intensität der fremdsprachigen Elemente im Informationsgewand der beiden Städte ergibt, dass diese in Słubice deutlich stärker ist. Durch die langjährige Beobachtung kann rückblickend zudem festgestellt werden, dass die deutschsprachigen Informationen in Słubice viel früher entstanden sind als die polnischsprachigen im benachbarten Frankfurt (Oder), und dass sie von Beginn an bis heute vor allem mit dem Handels- und Dienstleistungsangebot in dieser Stadt verbunden sind. Dies erklärt die Konzentration dieser Elemente im kommerziellen

Stadtzentrum und an den Bazaren. Auf der deutschen Seite ist die polnischsprachige Information viel weniger ausgeprägt und hängt vor allem mit touristischen Funktionen zusammen: Es werden historische und kulturelle Fakten zur Stadt und ihrem Fluss Oder vermittelt, und dies vor allem in der Stadtmitte.

5. Die Doppelstadt Cieszyn-Český Tešín

Die benachbarten Grenzstädte Cieszyn mit 35.685 und Český Těšín mit 24.598 Einwohnern (2014) liegen am Fuße der Schlesischen und Mährisch-Schlesischen Beskiden, im tschechisch-polnischen Grenzgebiet. Die beiden Städte bilden eine Doppelstadt, die 1920 infolge des Zerfalls des österreichisch-ungarischen Kaiserreichs durch die Teilung von Teschen (poln. Cieszyn, tschech. Těšín) im Zuge der Festlegung des Flusses Olsa (poln. Olza, tschech. Olše) als Verlauf der polnisch-tschechoslowakischen Staatsgrenze entstanden ist; damals fiel der größere Teil der Stadt mit dem historischen Zentrum an Polen, die westliche Vorstadt hingegen an die Tschechoslowakei (Kłosowski 2001). Mit dem Fall der kommunistischen Regime und den verbundenen politischen wie sozioökonomischen Veränderungen seit Anfang der 1990er Jahre verschwanden viele Barrieren für den grenznahen Verkehr, womit dessen abrupter Anstieg und damit auch eine dynamische Entwicklung einer von Zweisprachigkeit charakterisierten visuellen Sprachlandschaft in beiden Städten verbunden war.

Die Cieszyn und Český Těšín verbindende Infrastruktur ist mit einer Bahn- und drei Straßenbrücken über die Olsa gut ausgebaut; letztere sind die Freundschafts- und die Freiheitsbrücke im zentralen Teil der Doppelstadt für Fußgänger-, Fahrrad- und Pkw-Verkehr sowie seit 2012 die südlich gelegene, nur von Fußgängern und Fahrradfahrern passierbare Sportbrücke. Bezüglich des Umfangs der grenzüberschreitenden Bewegungen an Spitzentagen (den örtlichen Markttagen Mittwoch und Samstag) lässt sich auf Grundlage von über die Jahre erfolgten Untersuchungen unterschiedlicher Forschergruppen feststellen, dass ein Rückgang von 50.000 bis 70.000 Personen Anfang der 1990er Jahre (Konecka, Weltrowska 1997) über 20.000 bis 25.000 Personen 1998 (Kłosowski, Runge 1999) auf 7.000 bis 10.000 Personen 2007 (Kulczyńska, Matykowski 2008) zu verzeichnen war. Eine erneute Zählung durch die Autoren im Juli 2014 ergab Werte von 10.000 bis 10.500 Personen am Mittwoch (2. Juli) und 17.400 bis 18.100 Personen am darauffolgenden Samstag.

Im Stadtraum Cieszyn – Český Těšín sind fremdsprachige Informationen zunächst vor allem in den Bereichen beiderseits der Grenze beobachtbar gewesen, die von den Besuchern aus der jeweils anderen Stadt am meisten aufgesucht wurden. Das Hauptziel polnischer Besucher auf der tschechischen Seite und damit auch der Bereich der höchsten Intensität des zweisprachigen Informationsgewandes dort ist das direkt an der Staatsgrenze liegende Zentrum zwischen den Straßen Hlavní Třída, Nádražní und Střelniční (Kulczyńska, Matykowski 2008). Hier werden vor allem Alkohol, Süßigkeiten und Pharmazeutika für polnische Kunden angeboten. Heute hat sich der Schwerpunkt weiter in Richtung der Straße Hlavní Třída verlagert, an der im Jahre 2014 18 (von insgesamt 41) von Personen vietnamesischer Herkunft[7] geführten Geschäften lagen, in denen vor allem Alkohol, Schokolade, Damen- und Reisetaschen sowie Schuhe minderer Qualität angeboten wurden (Kulczyńska, Matykowski 2014). Zielgruppe sind vor allem polnische Kunden, was nicht zuletzt daran ersichtlich wird, dass viele Verkäuferinnen in diesen Geschäften Polnisch sprechen. Entsprechend sind Laden- und Werbeschilder, auch mit Informationen zu Preisen oder z.B. Geschäftsverlagerungen (Abb. 20), Hauptelemente des zweisprachigen Informationsgewandes in diesem Straßenraum. Vereinzelt finden sich sogar rein polnischsprachige Schilder (Abb. 21).

Karte 3: Fremdsprachiges Informationsgewand in Cieszyn und Český Těšín

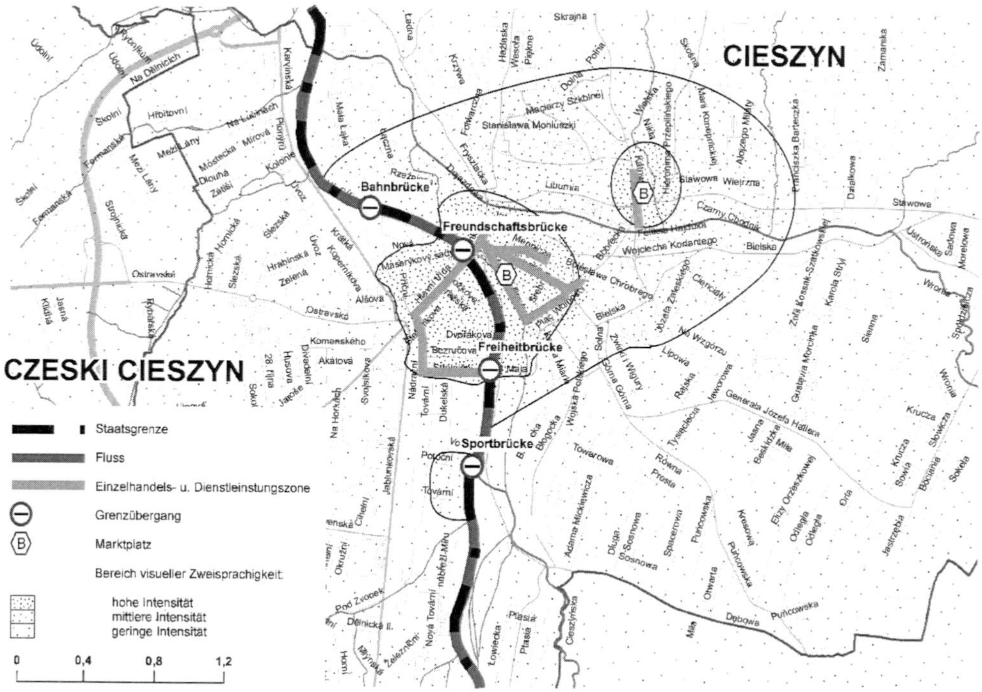

Quelle: Eigene Bearbeitung

[7] Ursachen der „Vietnamisierung" sind noch in „kommunistischer" Zeit zu suchen, als zahlreiche Vietnamesen im Rahmen der sog. internationalistischen Hilfe zum Studieren in die Tschechoslowakei kamen und von den damaligen Staatsbehörden vor allem nach Ostrau (Ostrava) oder Olmütz (Olomouc) geschickt wurden. Ein Teil von ihnen ist nach Abschluss des Studiums geblieben und hat sich auch in anderen Orten der Tschechischen Republik niedergelassen. Dabei hat sich die vietnamesische Minderheit im Bereich Handel als viel aktiver erwiesen als die tschechische Bevölkerung. Daher war diese Minderheit zunächst in den heute nicht mehr vorhandenen Bazaren von Český Těšín sehr aktiv, um später unterschiedliche Geschäfte in der Hlavní Třida zu übernehmen (Kulczyńska, Matykowski 2014).

Abb. 20: Zweisprachiges Schild eines Geschäftes an der Hlavní Třída in Český Těšín
Quelle: K. Kulczyńska (2013)

Abb. 21: Rein polnischsprachiges Schild eines Geschäftes an der Hlavní Třída in Český Těšín
Quelle: K. Kulczyńska (2013)

Ein zweiter Bereich in Český Těšín mit einem zweisprachigen Informationsgewand sind die städtebaulich erneuerten Teile der Stadt, darunter vor allem am Sikora- und Masaryk-Park. Dort sind auch dreisprachige Informationstafeln in tschechischer, polnischer und englischer Sprache angebracht worden, die über die Geschichte des jeweiligen Ortes und seine repräsentativen Bauwerke und Denkmäler informieren. Bezüglich der Zweisprachigkeit amtlicher Schilder besteht in Český Těšín die Besonderheit, dass diese bei Platz- und Straßenschildern lückenlos besteht – Grund dafür ist das Bestehen einer ca. 15 % der Stadtbevölkerung umfassenden offiziellen polnischen Minderheit, die ein gesetzlich garantiertes Anrecht auf die Bezeichnung öffentlicher Straßen auch auf Polnisch hat.[8] Den Platz- und Straßenschildern kommt ein Anteil von ca. 70 bis 75 % an den polnischsprachigen Informationen in Český Těšín zu (Abb. 22).

Abb. 22: Zweisprachiger Straßenname in Český Těšín
Quelle: K. Kulczyńska (2013)

Auf der polnischen Seite ist der für tschechische Kunden attraktive Stadtbereich räumlich wesentlich ausgedehnter, da er sich bis zum zwei Kilometer von der Friedensbrücke entfernten Bazar an der ul. Katowicka erstreckt. In diesem Bereich sind zahlreiche Schriftinformationen (Firmenschilder, Werbung, Aushänge, Informationstafeln) in tschechischer Sprache zu finden. Generell lassen sich vier Bereiche der Konzentration des Handels und damit verbunden des zweisprachigen Informationsgewandes identifizieren (Karte 3): Die beiden ersten sind die großen Bazare der Stadt (der genannte sowie ein zweiter in der al. Łyska), in denen charakteristische Bazarinformationen einschließlich Preisangaben in tschechischen Kronen oder Hinweise auf Verkaufsaktionen oder Werbung (Abb. 23-24) als Hauptform der Kommunikation mit tschechischen Kunden zu finden sind. Der dritte Bereich ist die von den Straßen Michejdy, Kochankowskiego, Limanowskiego, Przykopa und Zamkowa umgebene Altstadt, in der sich zahlreiche auch für tschechische Kunden attraktive Geschäfte und Dienstleistungsbetriebe befinden. Zudem sind dort zahlreiche zweisprachige Informationstafeln zu finden, die auf die mit der Entstehung von Teschen im Jahre 810 verbundene legendäre Quelle (Drei-Brüder-Brunnen) hinweisen (Abb. 25). Ein besonderer Bereich mit hoher Konzentration des zweisprachigen Informationsgewandes in Cieszyn ist schließlich der Schlossberg, der in den Jahren 2008-10 (wie auch der Masaryk-Park) im Rahmen des Projektes Revitalpark 2010 erneuert worden ist. Ein Teil dieses Projektes bestand in der Erstellung eines polnisch-tschechisch-englischen Informationssystems in Form von Tafeln mit dreisprachigen Aufschriften zur Beschreibung wichtiger Baudenk-

[8] Dieses Recht besteht seit 2007 auf Grundlage der Annahme der Europäischen Charta zum Schutz der Regional- und Minderheitensprachen durch die Tschechische Republik und betrifft Minderheiten von mehr als 10 % einer örtlichen Bevölkerung.

mäler wie z.B. der romanischen St.-Nikolaus- und St.-Wenzel-Rotunde oder des Piasten-Turms. Neben diesen dauerhaften Elementen des Informationsgewandes gibt es auch temporäre; so wurden im Rahmen einer Ausstellung über ökologische Garten- und Balkongestaltung im Jahre 2016 auf dem Schlossberg neun polnisch- und tschechischsprachige Informationstafeln aufgestellt (Abb. 26).

Abb. 23: Tschechischsprachige Angebotsschilder auf dem Bazar in der ul. Katowicka in Cieszyn
Quelle: K. Kulczyńska (2016)

Abb. 24: Zweisprachige Werbung in der al. Łyska in Cieszyn
Quelle: K. Kulczyńska (2016)

Abb. 25: Zweisprachige Informationstafel in der ul. Trzech Braci in Cieszyn
Quelle: K. Kulczyńska (2016)

Abb. 26: Zweisprachige Ausstellungstafel auf dem Schlossberg in Cieszyn
Quelle: K. Kulczyńska (2016)

Vergleicht man die beiden Städte, so ist festzustellen, dass das tschechische Informationsgewand auf der polnischen Seite intensiver ist. Die Gebiete mit der größten Konzentration liegen entlang der Staatsgrenze und am weiter entfernten Bazar in der ul. Katowicka. In anderen Stadtteilen ist die Intensität mit Ausnahme der Ausfallstraßen in Richtung Kattowitz (Katowice) und Bielitz-Biala (Bielsko-Biała) relativ niedrig. Auch in Český Těšín steht das fremdsprachige Informationsgewand vor allem mit der Handels-, Dienstleistungs- und Tourismusfunktion der Stadt in Zusammenhang; es konzentriert sich auf zwei Gebiete an der Hlavní Třída und am Masaryk-Park in der Nähe der Staatsgrenze. Im übrigen Stadtgebiet besteht kaum ein zweisprachiges Informationsgewand, freilich mit der signifikanten Ausnahme der polnisch- und tschechischsprachigen Straßenbezeichnungen sowie Behördenschilder, die sichtbare Zeichen der in der Stadt lebenden polnischen Minderheit sind.

6. Abschließende Betrachtung

Das fremdsprachige Informationsgewand in den analysierten Grenzstädten zeichnet sich durch sehr unterschiedliche Ausprägungen aus. Während im grenzübergreifenden Stadtraum an der polnisch-tschechischen Grenze eine Symmetrie in der Intensität des zweisprachigen Informationsgewands zu bemerken ist, zeichnet sich im deutsch-polnischen Grenzraum eine starke Asymmetrie mit sehr viel mehr deutschsprachigen Informationen auf polnischer Seite als umgekehrt ab. Diese besteht überwiegend in den Stadtteilen, die von deutschen Besuchern der Dienstleistungs- und Handelsbereiche bevorzugt aufgesucht werden. Hier ist in Świnoujście wie in Słubice Deutsch zur Informationssprache geworden. Dem stehen Initiativen in allen Grenzstädten gegenüber, die Sprache der Nachbarn vor allem im Bereich der touristischen und kulturell-historischen Information verstärkt in den öffentlichen Raum einzuführen, z.B. durch Informationstafeln zu touristischen Angeboten, Ausschilderungen touristischer Wanderrouten oder Hinweisschilder auf natur- oder kulturgeschichtlich wichtige Orte und Objekte. Gestützt auf diese Beobachtungen steht zu vermuten, dass das entstehende translokale Beziehungsnetz, verbunden mit der „Bearbeitung" (vgl. Teufel 2015) der Grenze durch deren Anwohner, eher eingleisig ist und sich vor allem auf Kontakte im Handels- und Dienstleistungsbereich stützt („wirtschaftliche Monokultur" - vgl. Stryjakiewicz 1996). Die im Falle von Český Těšín wiederum bestehende Asymmetrie des zweisprachigen Informationsgewandes im Bereich amtlicher Schilder beruht auf dem Bestehen einer polnischen Minderheit dort. Dessen ungeachtet belegen die durchgeführten Beobachtungen und Vor-Ort-Untersuchungen, dass ein fremdsprachiges Informationsgewand in jeder der Grenzstädte die Wahrnehmung der Stadtlandschaft und die Bewegung für Ausländer durch die Stadt erleichtert. Durch seine Anwesenheit in den analysierten Städten erscheinen diese offener gegenüber ihren Nachbarn, womit eine Grundlage für feste Kontakte und somit bessere translokale Beziehungen gegeben sind.

Summary: Information garb as an expression of the formation of transnational spaces in neighbouring border towns

Over the last decades the social and functional space of transborder localities has undergone a substantive transformation under the influence of socio-political changes, e.g. by abolishing visas, changing customs barriers, and facilitating the crossing of the border itself (new border crossings, new transport links). In towns located on the borders of Poland, this opening was a multi-stage process (lasting from 1991 to 2007) manifesting itself in extending the possibility of residents to fulfil some basic needs in the twin town on the other side of the border: doing daily shopping, using services, or satisfying recreation and leisure-time needs. Such patterns of consumer behaviour give rise to shuttle streams of migration that lead to the formation of translocal networks of links and bring about spatial changes in a variety of fields. One of them is the development of a new, bilingual information layout intended to facilitate contacts and thus to strengthen the networks of links forming between the various communities living in the same place. The bilingualism of information in towns and transborder areas improves its availability, and thus encourages and helps users to find the targets they seek.

The aim of this paper is to characterise some forms of information environment in settlement complexes situated on the Polish-German border, i.e. Słubice and Frankfurt (Oder) as well as Świnoujście and Ahlbeck, and on the Polish-Czech border, i.e. Cieszyn and Český Těšín. Special attention is paid to zones of penetration of residents from the other side of the border and the process of formation of translocal socio-functional spaces in those borderland localities. Over the last decade, geography student field studies intended to identify the service system, the information environment and border traffic in the above three settlement complexes have been carried out by the authors of this contribution. One of their major findings is that there is a balance of bilingual information in the transborder urban complexes on the Polish-Czech border, while the Polish-German borderland is characterised by the fact that German-language information on the Polish side strongly predominates over Polish-language information on the German side.

Literaturverzeichnis

Bartkowski T. 1985. Nowy etap dyskusji nad pojęciem krajobrazu [Neue Phase der Diskussionen über den Begriff der Landschaft]. In: Czasopismo Geograficzne, LVI 1, 73-79.

Bilska-Wodecka E., Kulczyńska K., Matykowski R. 2013. Les problèmes socio-économiques choisis des villes frontalières sur la frontière polono-allemande et polono-tchèque [Ausgewählte sozioökonomische Probleme von Grenzstädten an der polnisch-deutschen und der polnisch-tschechischen Grenze]. In: Rozwój Regionalny i Polityka Regionalna, 22, 29-41.

Castells M. 1977. Die kapitalistische Stadt. Hamburg, Berlin: VSA.

Chojnicki Z. 1999. Uwarunkowania regionu nadgranicznego - koncepcje i założenia teoretyczne [Determinanten einer Grenzregion - Konzepte und theoretische Grundlagen]. In: Z. Chojnicki, Podstawy metodologiczne i teoretyczne geografii. Poznań: Bogucki, 355-377.

Downs R. M. 1970. The cognitive structure of an urban shopping center. In: Environment and Behavior 2 (1), 13-39.

Gold R. J. 1980. An introduction to behavioural geography. Oxford University Press, London.

Jałowiecki B. 1976. Społeczne procesy rozwoju miast [Soziale Prozesse der Stadtentwicklung]. Katowice: Śląski Instytut Naukowy.

Jałowiecki B. 1980a. Miasto jako przedmiot badań semiologii [Die Stadt als Gegenstand semiologischer Forschungen]. In: B. Jałowiecki (Hg.), Miasto jako przedmiot badań naukowych. Katowice: Śląski Instytut Naukowy.

Jałowiecki B. 1980b. Człowiek w przestrzeni miast [Der Mensch im städtischen Raum]. Katowice: Śląski Instytut Naukowy.

Jałowiecki B. 1988. Społeczne wytwarzanie przestrzeni [Soziale Raumproduktion]. Warszawa: Książka i Wiedza.

Kaczmarek T. 1996. Zmienność struktur terytorialno-administracyjnych na obszarze przygranicznym [Veränderlichkeit territorialer Verwaltungsstrukturen im Grenzraum. In: Biuletyn PAN KPZK 171, Warszawa, 33-42.

Konecka B., Weltrowska J. 1997. Funkcje handlowe Cieszyna i Cieszyna Czeskiego [Handelsfunktionen in Cieszyn und Český Těšín]. In: M. Maik, D. Sokołowski (Hg.), Geografia osadnictwa, ludności i turyzmu wobec transformacji systemowej. Toruń: Wydawnictwo Uniwersytetu Mikołaja Kopernika, 223-226.

Kłosowski F. 2001. Usługi w miastach granicznych Cieszyn i Czeski Cieszyn [Dienstleistungen in den Grenzstädten Cieszyn und ČeskýTěšín]. In: J. Runge, F. Kłosowski (Hg.), Problemy społeczno-demograficzne pogranicza polsko-czeskiego na przykładzie Śląska Cieszyńskiego. Katowice: Wydawnictwo Uniwersytetu Śląskiego, 189-213.

Kłosowski F., Runge J. 1999. Usługi w przestrzeni miejskiej na przykładzie Cieszyna [Dienstleistungen im städtischen Raum am Beispiel von Cieszyn]. In: Przestrzeń miejska. Jej organizacja i przemiany. Łódź: XII Konwersatorium Wiedzy o Mieście, 21-29.

Kulczyńska K. 2013. Factors controlling consumer behaviour in frontier towns. In: Bulletin of Geography. Socio- economic series (19), 45-60.

Kulczyńska K., Matykowski R., 2008. Społeczno-kulturowe i przestrzenne aspekty szaty informacyjnej miasta przygranicznego [Sozio-kulturelle und räumliche Aspekte des Informationsumfelds der Grenzstadt]. In: E. Orłowska (Hg.), Kulturowy aspekt badań geograficznych. Studia teoretyczne i regionalne. Wrocław: Polskie Towarzystwo Geograficzne - Oddział Wrocławski, 1, 141-157.

Kulczyńska K., Matykowski R., 2014. Struktura przestrzenna miasta granicznego, jego przestrzeń publiczna i symboliczna na przykładzie Cieszyna [Die räumliche Struktur der Grenzstadt , ihr öffentlicher und symbolischer Raum am Beispiel von Cieszyn]. In: S. Ciok, S. Dołzbłasz (Hg.), Współczesne wyzwania polityki regionalnej i gospodarki przestrzennej. Wrocław: Rozprawy Naukowe Instytutu Geografii i Rozwoju Regionalnego Uniwersytetu Wrocławskiego, 33/1, 123-134.

Lloyd R. E. 1976. Cognition, preference and behavior in space - an examination of the structural linkages. In: Economic Geography, 52 (3), 241-253.

Mozer A. 2001. Język informacyjny wielkiego miasta na przykładzie centrum Warszawy [Informationssprache der Großstadt am Beispiel des Stadtzentrums von Warschau].In: Studia Regionalne i Lokalne, 2-3 (6), 127-148.

Pries L. 2002. Transnationalisierung der sozialen Welt? In: Berliner Journal für Soziologie (2), 263-272.

Przyszczypkowski K. 1991. Funkcje systemów informacyjnych wielkiego miasta wobec migrantów [Funktionen von Informationssystemen der Großstadt gegenüber Einwanderern]. Poznań: Wydawnictwo Naukowe UAM.

Rykiel Z. 2008. Szata dezinformacyjna miasta [Desinformationsgewand der Stadt]. In: B. Jałowiecki, W. Łukowski (Hg.). Szata informacyjna miasta. Warszawa: Wydawnictwo Scholar, 137-144.

Stelmach K., 2014. Wybrane elementy szaty informacyjnej centrum Wrocławia [Ausgewählte Elemente des Informationsgewands im Zentrum von Breslau]. *Unveröffentlicht.*

Stryjakiewicz T. 1996. Uwarunkowania polsko-niemieckiej współpracy przygranicznej na tle polityki regionalnej [Determinanten der deutschen-polnisch grenzübergreifenden Zusammenarbeit vor regionalpolitischem Hintergrund]. In: Biuletyn PAN KPZK, 171, 7-20.

Szczepański M.S., Ślęzak-Tazbir W. 2008. Ziemia z uśmiechu Boga. Szata informacyjna miast śląskich [Das Land des Lächeln Gottes. Informationsgewand schlesischer Städte]. In: B. Jałowiecki, W. Łukowski (Hg.), Szata informacyjna miasta. Warszawa: Wydawnictwo Scholar, 68-86.

Teufel N. 2015. Von den Wunden der Geschichte zu den Laboren für das neue Europa? In: Geographische Rundschau, 11/2015, 10-17.

Tobolska A. 2005. Świnoujście jako nadmorski i nadgraniczny ośrodek turystyczny [Swinemünde als an Meer und Grenze gelegenes touristisches Zentrum]. In: M. Dutkowski (Hg.), Zagospodarowanie przestrzenne i rozwój obszarów nadmorskich w Polsce. Uniwersytet Szczeciński, Instytut Nauk o Morzu, PTG Oddział Szczecin. Szczecin: In Plus Oficyna, 74-77.

Tölle A. 2010. Networking in a transnational cooperation space - the case of the Oder Partnership. In: Europa XXI, 20, 131-144.

Verhiest G. 2015. Die Deutschsprachige Gemeinschaft Belgiens als visuelle Sprachlandschaft. In: Germanistische Mitteilungen 41 (2), 51-72.

Wallis A., 1977. Miasto i przestrzeń [Stadt und Raum]. Warszawa: Państwowe Wydawnictwo Naukowe.

Wallis A. 1979. Informacja i gwar - o miejskim centrum [Information und Stimmengewirr - über das Stadtzentrum]. Warszawa: Państwowy Instytut Wydawniczy.

Walmsley D. J., Lewis G. J. 1984. Human geography - behavioural approaches. Longman.

Wehrhahn R. 2015. Relationale Bevölkerungsgeographie. In: Geographische Rundschau, 4/2015, 4-9.

Internet-Quellen und statistische Quellen:

Statistisches Jahrbuch Mecklenburg- Vorpommern 2015 / www.12._Gesamtausgabe(2015)

Urząd Statystyczny w Szczecinie / szczecin.stat.gov.pl,

www.edu-geography.com/cities/usedom.html

www.statistik-mv.de

www.swinoujscie.pl

www.uznam.bo.pl

Auflösung und Beständigkeit von Grenzen im religiösen Raum: Die deutsch-polnischen Doppelstädte Frankfurt (Oder)-Słubice und Guben-Gubin

Alexander Tölle

1. Einführung

Die Auswirkungen von Globalisierungsprozessen auf Grenzräume können im Grundsatz aus der Perspektive zweier Hypothesen betrachtet werden. Die erste besteht darin, dass die Reduktion der Barrierewirkung von Staatsgrenzen und die resultierende Zunahme der sozialen Beziehungen zwischen der Bevölkerung diesseits und jenseits der Grenze dazu führen, dass sich das Grenzland zu einem „Brennpunkt der Hybridität und Kreolisierung" (Dürrschmidt 2006: 246[1]) entwickelt. Die konstante Interaktion mit einer benachbarten Kultur führt diesem Ansatz zufolge zu einem permanenten Prozess der Neuformierung und -verhandlung von Identität und erlaubt so, Grenzräume aus der Perspektive der Herausbildung transnationaler Räume und Gesellschaften zu untersuchen, denn „der transnationale Ansatz schenkt insbesondere den von Menschen initiierten und entwickelten transnationalen sozialen Aktivitäten und Praktiken Aufmerksamkeit" (Pilch Ortega 2012: 31). Die transnationalen Strukturen und Verflechtungen einer Grenzlandbewohnerschaft lassen sich so, mit dem Unterschied der gegebenen geringeren geographischen Ausdehnung, gleich denen von Migranten oder global agierende Individuen untersuchen, womit das Grenzland nach Dürrschmidt als eine „parallel zu *global cities*" (2006: 246) bestehende Forschungsarena angesehen werden kann.

Gemäß der zweiten Hypothese wäre jedoch davon auszugehen, dass gerade die durch die Nachbarschaft gegebene physische Nähe zweier Kulturräume dazu führt, dass soziale Beziehungen gegenüber dem fremden Einfluss verstärkt abgeschottet werden und so statt einer vom jeweiligen nationalen Kontext abgesetzten, von Toleranz und Interesse am Gegenüber gekennzeichneten Grenzlandkultur ein Hervortreten gegenläufiger Tendenzen entsteht. Unzweifelhaft stellt die Herausbildung eines auf dem Territorium zweier (oder mehrerer) Nationen gelegenen, von transnationalen sozialen Beziehungen geprägten Grenzraumes, wie in zahlreichen Untersuchungen belegt wurde, alles andere als eine zwangsläufige Folge

[1] Übersetzung aller fremdsprachlichen Zitate durch den Autor dieses Beitrags.

des Verschwindens der Barrierewirkung von Staatsgrenzen dar, selbst wenn es finanziell wie institutionell – etwa in Form der Einrichtung von Euroregionen – unterstützt wurde (Popescu 2012: 148). Vielfach war zu beobachten, dass der ermöglichte grenzübergreifende Aufbau sozialer Verbindungen verbunden war mit „einem ständigen Aushandlungsprozess [...], die Identität gegenüber dem anderen in einem kontinuierlichen Prozess abzugrenzen" (Drost 2013: 28); dabei konnten kulturell-symbolische wie z.B. religiöse Grenzen „teilweise eine größer Undurchdringlichkeit entwickeln als sie nationalstaatliche Grenzen vorher besaßen" (ebd.).

Bezogen auf West- wie Mittelosteuropa wird von einer Phase des *de-bordering* ausgegangen, womit der mit dem europäischen Integrationsprozess verbundene Rückgang der trennenden Wirkung der Staatsgrenzen innerhalb der EU beschrieben wird. Insbesondere haben dazu die Ausdehnung des Schengen-Raumes und das damit verbundene Verschwinden der räumlichen Erfahrbarkeit eines Grenzübertritts – bedingt durch den physischen Abbau von Grenzanlagen – beigetragen. Natürlich ist jedoch das Schwinden der Wahrnehmbarkeit einer Grenze nicht mit dem Verschwinden dieser Grenze gleichzusetzen, bzw. mit dem Auflösen oder der Vereinigung der diese Grenze trennenden Territorien. Deren Fortbestand wird nicht nur, wie unlängst entlang einiger mittel- und südosteuropäischer Staatsgrenzen geschehen, durch die Neuerrichtung von Grenzzäunen in schmerzhafte Erinnerung gerufen. Prozesse des *re-bordering* können auch in der bewussten Besetzung des Raumes mit religiösen wie anderen Symbolen als „Markierungen der Vorherrschaft über ein Territorium" (Lundén 2011: 11) bestehen. Im Grundsatz besteht die Frage, ob die verstärkte Aussetzung des Einflusses der anderen Seite somit tendenziell zu Öffnungs- oder Abschottungstendenzen führt. Umgekehrt können aber auch Symbole für einen im Ergebnis eines Prozesses des *de-bordering* entstehenden grenzübergreifenden gesellschaftlichen Raum entstehen, sei es durch Neukonstruktionen oder Uminterpretationen und Neunutzungen bestehender Bauten. Vor diesem Hintergrund erscheint eine Hinwendung zu der auf das deutsch-polnische Grenzland bezogen bisher bemerkenswert selten behandelten Fragestellung der Auswirkungen der genannten Prozesse auf den religiösen Raum.

2. Parochiale Strukturen und Territorialität in (Ost-)Deutschland und Polen

Im deutsch-polnischen Grenzland bildet der auf die Staatsgrenze bezogene Prozess des *de-bordering* den Hintergrund für einen anderen, im religiösen Bereich angelagerten Prozess, der ebenfalls durch einen Rückgang der Bedeutung von Territorien und ihren Grenzen gekennzeichnet ist. Gemeint ist die Ausdehnung von Pfarrgemeindegrenzen auf Gebiete, die weit größer als die lokalen Lebensumfelde und Sozialmilieus der Pfarrgemeindemitglieder sind, und in denen die jeweiligen Mitglieder nur eine – mitunter verschwindend kleine – Minderheit der Gesamtbevölkerung darstellen. Dies trifft zunehmend nicht nur auf die in Deutschland wie Polen eine marginale Rolle spielenden freikirchlichen Religionsgemeinschaften sowie die orthodoxen – und in Polen zusätzlich die evangelisch-augsburgischen – Gemeinden zu, sondern zunehmend auch auf die als Volkskirche bezeichnete evangelische und katholische Kirche in Deutschland, welche ihre Pfarrgemeinden insbesondere in Ostdeutschland zu immer größeren Einheiten zusammenlegen (Pohl-Patalong 2004; Ebertz 2014). Die einzige Ausnahme im Grenzland, und sogar gewissermaßen ein Beispiel für *re-bordering*, stellt die katholische Kirche auf polnischer Seite dar, bei der sich die in Bistums- und Pfarrgemeindegrenzen gegliederte, weit überwiegend katholische Bevölkerung umfassende territoriale Struktur unverändert behauptet. Auf gesamtpolnischer Ebene wurde nach 1989 eine Verkleinerung der Territorien der Bistümer durch die Vergrößerung – fast Verdopplung – ihrer Anzahl durchgeführt. Dies war mit einer „Verdichtung" (Firlit 2014: 238) der diözesanen Strukturen verbunden im Sinne einer massiven Erweiterung der baulich-materiellen Infrastruktur wie der personellen Ausstattung, deren Ziel es war, sowohl eine Effektivierung der kirchlichen Verwaltungen wie den Abbau der Distanz zwischen bischöflicher Kurie und Pfarrgemeinde zu erreichen. Im gleichen Sinne der Schaffung überschaubarerer Einheiten erhöhte sich auch die Anzahl der Pfarrgemeinden durch die Verkleinerung zahlreicher bestehender mit sehr hohen Mitgliederzahlen; seit den späten 1990er Jahren wird dabei auch auf den modernen Trend der massiven Suburbanisierung in Großstadtagglomerationen reagiert (Radzimski 2014).

Somit hat in der polnischen katholischen Kirche das parochiale Prinzip unverändert Bestand, während die übrigen Glaubensgemeinschaften sich vor die Herausforderung der Vereinigung parochialer und nichtparochialer Strukturen unter Berücksichtigung von „Territorialität und Mobilität" (Pohl-Patalong 2004: 131) gestellt sehen. Dabei entsteht verstärkt ein Verständnis des Gemeindebegriffs als Ort des Zusammenkommens gegenüber dem der territorialen Organisation; in der jüngeren religionswissenschaftlichen Forschung rückt diesbezüglich der Begriff des „religiösen Sozialkapitals" in den Vordergrund (Pickel et al. 2014; Grotowska 2014). Ausgehend von der empirischen Beobachtung, dass „der kontinuierlich kleiner werdenden Schar an Gottesdienstbesuchern eine deutliche Zahl an Personen gegenüber [steht], die in einer Vielfalt an netzwerkartig organisierten Sozialformen beteiligt sind" (Pickel et al. 2014: 199), entwickelt sich ein Verständnis religiöser Gemeinschaften als auf einem Netzwerk sozialer Beziehungen beruhender Gebilde, deren Zusammenhalt auf zwischen seinen Mitgliedern bestehendem Vertrauen basiert. Darauf – eben dem Sozialkapital – beruht die von Netzwerken entwickelbare besondere Kraft des Agierens wie der Integration seiner Partner. Unterschieden wird dabei verbindendes (*bonding*) Sozialkapital, d.h. einer Vertrauensbildung innerhalb einer Gruppe, und überbrückendes (*bridging*) Sozialkapital, d.h. „die Übertragung zwischenmenschlichen Vertrauens über die Grenzen einer sozialen (oder religiösen) Gruppe hinaus" (Pickel et al. 2014: 200). Dieser religionswissenschaftliche Ansatz ist aus raumwissenschaftlicher Sicht deshalb interessant, weil aus letzterer die Schaffung von Netzwerk-basierten Räumen als Reaktion auf die multiplen Auswirkungen von Transnationalisierungsprozessen verstanden wird. Und auch raumwissenschaftlich wird unterschieden zwischen binnengerichteten, d.h. territorialräumlich gebundenen Netzwerken etwa zwischen kommunalen, wirtschaftlichen, sozialen und kulturellen Akteuren innerhalb einer beispielsweise historisch, landschaftlich oder funktionalräumlich abgrenzbaren Region sowie grenzüberschreitenden, intentionalen Netzwerken, die funktional und zweckgerichtet zur Schaffung von Räumen gebildet werden (Butzin 2000; Fürst, Schubert 2001). Dabei geht es um regionale wie lokale Innovationsmilieus, Cluster und Kompetenznetzwerke ebenso wie um kommunale Kooperationsplattformen z.B. auf Metropolraumebene. Besondere Bedeutung haben netzwerkbasierte Räume bei der Schaffung von transnationalen Kooperationsräumen über Staatsgrenzen hinweg (Tölle 2012), sei es auf Makro-, Metropol- oder Euroregionsebene.[2]

Vor diesem Hintergrund scheint eine Untersuchung der Frage lohnend, inwieweit die Neubildung von Räumen religiöser Gemeinschaften, welche zunehmend statt durch festgelegte territoriale Grenzen durch soziale Bindungen in Netzwerkstrukturen definiert sind, im Kontext eines von *de-bordering* charakterisierten Grenzlandes mit einer Überschreitung konfessioneller und nationalstaatlicher Grenzen im Sinne der Konstruktion eines transnationalen religiösen Raumes verbunden ist. Als Untersuchungsgebiet wurden mit Frankfurt (Oder)-Słubice und der sog. Eurostadt Guben-Gubin zwei der deutsch-polnischen Doppelstädte ausgewählt, die 1945 mit der Westverschiebung der Grenze zwischen Deutschland und Polen an Oder und Neiße durch die Teilung der an diesen Flüssen gelegenen Städte in eine deutsche und eine polnische Stadt entstanden sind. Diesen Doppelstädten als Mikrokosmos des europäischen Integrationsprozesses ist bezüglich dieser Prozesse in vielfacher Hinsicht eine Funktion als „Laboratorium der Integration" (Schultz 2005: 13) attestiert worden; auch im religiösen Bereich ist in ihnen die Entstehung räumlich-topographisch in Form bestimmter Initiativen und Orten manifestierter grenzübergreifender Verflechtungen zu beobachten (Tölle 2014). Die im vorliegenden Beitrag präsentierten Erkenntnisse zum kontextuellen Umfeld der Schaffung transnationaler religiöser Räume beruhen auf einer in Form standardisierter Interviews im Zeitraum von September 2015 bis Juni 2016 durchgeführten Befragung von leitenden Personen, d.h. überwiegend geistlichen Seelsorgerinnen und Seelsorgern, der in beiden Doppelstädten identifizierten insgesamt 23 christlichen und zwei nichtchristlichen Gemeinden und Glaubensgemeinschaften (Tab. 1) sowie der acht kirchlichen Gemeinden ohne Möglichkeit formeller Mitgliedschaft und sozialen Einrichtungen mit eigenständiger seelsorgerischer Tätigkeit (Tab. 2).[3]

---

[2] Deutsch-polnische Beispiele dafür sind der Makro-Kooperationsraum Oder-Partnerschaft, die Grenzüberschreitende Metropolregion Stettin (Szczecin) resp. die Euroregionen Pomerania, Pro Europa Viadrina, Spree-Neiße-Bober/Sprewa-Nysa-Bóbr und Neisse-Nisa-Nysy.

[3] Insgesamt wurden 29 Interviews mit je einer Person, in wenigen Fällen auch mehreren Personen, durchgeführt; in einigen Fällen stand der oder die Interviewte zugleich einer weiteren Gemeinde oder Institution vor. Für ihre dieser Untersuchung gewidmeten Zeit sei daher ganz herzlich gedankt: ***in Frankfurt (Oder)*** Gemeindepflegerin B. Sprutta u. Religionslehrer T. Wüstefeld (Kath. Gem.), Pfn. B. Forck (Ev. Gem.), Superintendent i.R. Ch. Bruckhoff (Ev. Gemeinde, zudem Vereinsvorsitzender des Oekumenischen Europa-Centrums e.V.), Pfr. T. Kirchhof (Ev. Studierendenseelsorge), Prädikant M. Rebert, Mitarbeiterinnen A. Oberländer u. R. Witzleben (Wichern Diakonie), Prediger M. Reumann (Landeskirchliche Gemeinschaft), Pastor I. Schaper (Baptisten), Pastor A. Schmidtke (Siebenten-Tags-Adventisten), Vorsteher J. Hoffmann, Bezirksleiter S. Rudolph (Neuapostolische Kirche), Pfr. G. Langosch

Eine empirische Bestimmung des vorhandenen Sozialkapitals würde grundsätzlich eine repräsentative Untersuchung der sozialen Netzwerkverbindungen innerhalb und zwischen den Gemeindemitgliedern in beiden Doppelstädten erfordern; dieser Aufwand konnte jedoch im Rahmen der vorliegenden Untersuchung nicht geleistet werden. Die gewählte Methodik einer Befragung der gemeindeleitenden Personen, bei denen fraglos vorausgesetzt werden kann, dass sie über einen guten Überblick über die innergemeindlichen sozialen Aktivitäten und auch über die Außenkontakte verfügen, ermöglicht aber eine empirisch gesicherte Einschätzung der jeweils über Gemeinde- und Staatsgrenze hinweg bestehenden Kontakte und somit Rückschlüsse auf Ausmaß und Charakter – wenn auch nicht exakte Messung – der sozialen Netzwerkverbindungen im religiösen Raum der Doppelstädte.

3. Kirchliche Landschaft der Doppelstädte

Das historische Stereotyp des Antagonismus zwischen katholischem Polen und protestantischem Deutschen spielt in der Realität des heutigen Grenzlandes keine Rolle mehr; vielmehr bildet die deutsch-polnische Staatsgrenze die Trennlinie zwischen dem aus europäischer Sicht von weit überdurchschnittlich starker Religiosität geprägten katholischen Polen und einem Ostdeutschland, welches „die zweifelhafte Ehre des am stärksten ‚religionslosen' oder unreligiösen Landes(gebiets) Europas für sich beanspruchen kann" (Pickel 2014: 95). Diese Ausgangslage spiegelt sich auch in den hier untersuchten Grenzstädten wider: Mit 18.300 Mitgliedern in den zwei katholischen Gemeinden in Słubice respektive 14.450 in den drei in Gubin ist die Anzahl der katholischen Gläubigen dort in der Tat dominierend – die anderen Glaubensgemeinschaften kommen zusammen nur auf 80 Mitglieder in Słubice resp. 270 in Gubin (Tab. 1). Dem stehen in den deutschen Grenzstädten mit gut 4.900 Mitgliedern in Frankfurt resp. 2.800 in Guben deutlich kleinere evangelische Gemeinden gegenüber; hier gehören gut 2.700 resp. 1.000 Personen den katholischen Gemeinden an, während die übrigen christlichen Gemeinschaften auf zusammen 500 resp. 170 Mitglieder kommen.

(Russisch-Orthodoxe Gem., zugleich Studierendenseelsorger), Stellvertreter der Gemeinde A. Kurzon (Jüdische Gem.); ***in Słubice*** Pfr. T. Partyka (Kath. Jungfrau-Maria-Gem.), Pfr. R. Mocny (Kath. Studierendengem. „Parakletos" u. Heilig-Geist-Gem., zugleich Studierendenseelsorger in Frankfurt), Militär-Bischof M. Woła (Ev.-Augsburgische Kirche), Pastor M. Kalata (Pfingst-Kirchengem.), Pfr. M. Koval (Polnisch-Orthodoxe Gem.); ***in Guben*** Pfr. U. Aschenbrenner (Kath. Gem.), Pfn. E. Rosenfeld (Ev. Gem.), Leiterin W. Wanke (Heilsarmee), Gemeinde-Pfr. M. Voigt u. Pfr. S. Süß (Selbständige Evangelisch-Lutherische Kirche; Pfr. Süß zugleich Rektor des Naëmi-Wilke-Stifts), Gemeindeleiter G. Hain (Baptisten, zugleich Verwaltungsdirektor des Naëmi-Wilke-Stifts), Pastor Ch. Knoll (Siebenten-Tags-Adventisten), Bezirksvorsteher H. Pflanz (Neuapostolische Kirche); ***in Gubin*** Pfr. R. Rudkiewicz (Kath. Dreifaltigkeitsgem.), Pfr. M. Grażewski (Kath. Fatima-Gem.), Kirchenrektor A. Godnarski (Kath. Rektoratskirche), Pastor B. Tomaszewski (Pfingst-Kirchengem.), Bischof W. Starosta (Neuapostolische Kirche). Für die Unterstützung bei der Durchführung der Interviews sei Joanna Malarz gedankt.

Tab. 1: Kirchliche Gemeinden mit formeller Zugehörigkeit in den Doppelstädten Frankfurt (Oder)-Słubice und Guben-Gubin

Stadt	Gemeinde	Anzahl der Mitglieder
Frankfurt (Oder)	Römisch-Katholische Kirchengemeinde zum Heiligen Kreuz und zur Rosenkranzkönigin Ff. (O.)	2.730
	Evangelische Gemeinde Frankfurt (Oder)-Lebus	4.900
	Landeskirchliche Gemeinschaft Frankfurt (Oder) und Eisenhüttenstadt	30
	Evangelisch-Freikirchliche Gemeinde (Baptisten) Frankfurt (Oder)	150
	Freikirche der Siebenten-Tags-Adventisten Frankfurt (Oder)	30
	Neuapostolische Kirche Frankfurt (Oder)	250
	Russisch-Orthodoxe Christi Erlöser Kirchengemeinde zu Frankfurt (Oder)	70
	Jüdische Gemeinde Frankfurt (Oder)	250
	Muslimische Gemeinde Frankfurt (Oder)	40
Słubice	Römisch-Katholische Pfarrgemeinde Allerheiligste Jungfrau Maria Königin Polens in Słubice	9.300
	Römisch-Katholische Heilig-Geist Pfarrgemeinde in Słubice	9.000
	Evangelisch-Augsburgische Kirche, Filiale in Słubice	10
	Pfingst-Kirchengemeinde „Bethesda" in Słubice	30
	Polnische Autokephale Orthodoxe Kirche, Pfarrgemeinde Schutz Mutter Gottes in Słubice	40
Guben	Römisch-Katholische Pfarrgemeinde „St. Trinitas" Guben	1.020
	Evangelische Kirchengemeinde Region Guben	2.800
	Freie Evangelische Kirche Korps Guben der Heilsarmee	20
	Selbständige Evangelisch-Lutherische Kirche SELK, Gemeinde Des Guten Hirten Guben	100
	Evangelisch-Freikirchliche Gemeinde (Baptisten) Guben	40
	Freikirche der Siebenten-Tags-Adventisten Guben	10
Gubin	Römisch-Katholische Pfarrgemeinde Heilige Dreifaltigkeit in Gubin	9.000
	Römisch-Katholische Pfarrgemeinde Mutter Gottes Fatima in Gubin	5.000
	Römisch-Katholische Pfarrgemeinde Erhöhung des Heiligen Kreuzes in Gubin	450
	Pfingst-Kirchengemeinde „Bethlehem" in Gubin	90
	Neuapostolische Kirchengemeinde in Gubin	180

Quelle: Eigene Zusammenstellung; Mitgliederanzahl nach Angaben der Interviewten[4]

---

[4] Im Falle der Muslimischen Gemeinde in Słubice beruhen, da eine Kontaktaufnahme mit der Gemeinde nicht möglich war, alle Angaben in diesem Text auf: Thomas Gutke, Freitagsgebete in Frankfurt, erschienen am 25.09.2015 in der Märkischen Oderzeitung. URL: http://www.moz.de/artikel-ansicht/dg/0/1/1424249/ (Stand 04.06.2016). Die Gemeinde war demnach im Untersuchungszeitraum zwar noch nicht in Rechtsform mit möglicher formeller Mitgliedschaft organisiert, strebte dies jedoch an und ist deshalb hier aufgeführt.

Tab. 2: Kirchliche Gemeinden ohne formelle Zugehörigkeit und soziale Einrichtungen mit eigenständiger seelsorgerischer Tätigkeit in den Doppelstädten Frankfurt (Oder)-Słubice und Guben-Gubin

Stadt	Gemeinde/Einrichtung
Frankfurt (Oder)	Lutherstift Frankfurt (Oder) / Seelow gGmbH (im Verbund Ev. Diakonissenhaus Berlin Teltow Lehnin)
	Wichern Diakonie Frankfurt (Oder) e.V.
	OeC Oekumenisches Europa-Centrum Frankfurt (Oder) e.V.
	ÖSAF Ökumenische Studierendenarbeit Frankfurt (Oder) e.V.
	CVJM Christlicher Verein Junger Menschen Frankfurt (Oder)
Słubice	Akademische Seelsorge „Parakletos“ in Słubice
Guben	Naëmi-Wilke-Stift Guben (Kirchliche Stiftung in der Selbständigen Evangelisch-Lutherischen Kirche
Gubin	Römisch-Katholische Rektoratskirche Allerheiligste Jungfrau Maria vom Stern der Evangelisierung in Gubin

Quelle: Eigene Zusammenstellung

Die Angabe anteiliger Zugehörigkeit der Bevölkerung der deutsch-polnischen Doppelstädte zu religiösen Gemeinschaften ist aufgrund der bestehenden Ausweitung von Gemeindegrenzen über die kommunalen Stadtgrenzen hinweg nur indikativ unter Akzeptanz einer gewissen Unschärfe der Aussagen möglich. Allein im Falle der ebenfalls die jeweiligen kommunalen Stadtgrenzen überschreitenden evangelischen Gemeinde in Frankfurt, der katholischen Jungfrau-Maria-Gemeinde in Słubice und den drei katholischen Gemeinden in Gubin liegen Zahlen der im eigentlichen Stadtgebiet wohnhaften Mitglieder vor. Freilich ist die anteilige Zahl der außerhalb der kommunalen Gemeindegrenzen wohnenden Mitglieder als relativ niedrig einzuschätzen; im Falle der meisten übrigen Religionsgemeinschaften handelt es sich zumeist nur um Einzelfälle.

Werden trotz dieser Einschränkung in Ermangelung präziserer Daten die Mitgliedszahlen in Relation zur jeweiligen Stadtbevölkerungszahl (in Frankfurt 57.600, in Słubice 20.000[5], in Guben 17.400 und in Gubin 17.000) gesetzt, so wird nochmals deutlich, dass sich die deutsch-polnischen Doppelstädte kaum als „Zwei-Konfessionen-Städten“ – im Sinne einer etwaigen Erweiterung des tradierten Begriffs der Zwei-Nationen-Städte (Friedrich et al. 2006: 159) bezeichnen lassen. Zutreffend wäre aber die Bezeichnung als Zwei-Kirchlichkeits-Städte, da die bestehende kirchliche Verankerung sich auf beiden Seiten mit etwa neun Zehnteln der Bevölkerung in den polnischen Grenzstädten (nahezu vollständig Mitglieder der römisch-katholischen Kirche – anderen Glaubensgemeinschaften gehört nur um ein Hundertstel der Bevölkerung an) gegenüber etwa einem Fünftel der in den

[5] Dies ist die Bevölkerungszahl der in ein städtisches und ein ländliches (freilich zum Teil seit den 1990er Jahren starken Urbanisierungstendenzen unterworfenes) Gebiet unterteilten Gemeinde Słubice; innerhalb des abgegrenzten Stadtgebiets leben davon etwa 16.900 Einwohner.

deutschen (hier verteilt auf mehrere Glaubensgemeinschaften) etwa frappant unterscheidet (Abb. 1). Auf deutscher Seite bewegt sich der Anteil an evangelischen Gemeindemitgliedern zwischen einem Zwölftel in Frankfurt und einem Sechstel in Guben, der an katholischen in beiden Fällen um ein Zwanzigstel.

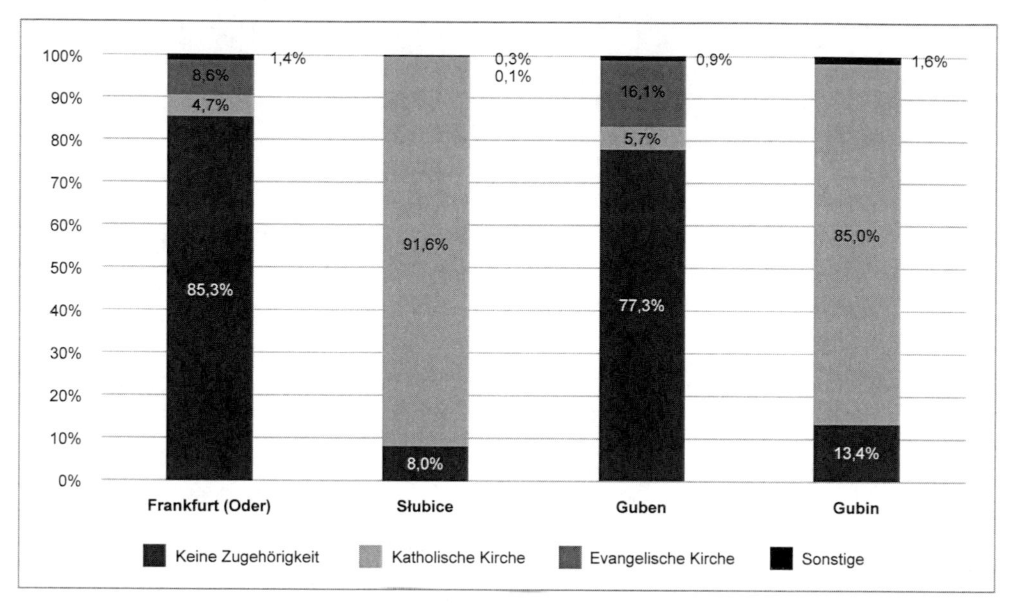

Abb. 1: Anteil der Zugehörigkeit zu religiösen Gemeinschaften an der Stadtbevölkerung in den Doppelstädten Frankfurt (Oder)-Słubice und Guben-Gubin[6]
Quelle: Eigene Berechnung nach den Mitgliederzahlangaben der Interviewten

Gleichzeitig ist jedoch das breite Spektrum an unterschiedlichen christlichen Gemeinschaften (trotz deren geringer Mitgliederzahlen von jeweils zwischen ca. 10 und 250 Gläubigen) bemerkenswert (Tab. 1) angesichts der Tatsache, dass dieses unter den Bedingungen oder später im Kontext der Hinterlassenschaften der sozialistischen Regime von DDR und polnischer Volksrepublik, konfrontiert zudem im letzteren Falle mit einem starken katholischen gesellschaftlichen Milieu, entstanden ist. In der Doppelstadt Frankfurt (Oder)-Słubice sind zudem nicht nur mit dem Bestehen je einer ostkirchlichen Gemeinde auf jeder Flussseite alle drei großen christlichen Konfessionen vertreten, sondern auch mit der jüdischen und der muslimischen Gemeinde in Frankfurt alle drei abrahamitischen Religionen.

Dabei ist grundsätzlich davon auszugehen, dass die Anzahl der tatsächlich an der Gestaltung des religiösen Raumes der Doppelstädte beteiligten Akteure deutlich unter den angegebenen formellen Mitgliederzahlen liegt. Basierend auf

[6] Die Rubrik „Evangelische Kirche" umfasst hier auf deutscher Seite die Evangelische Landeskirche Berlin-Brandenburg-schlesische Oberlausitz (einschließlich der ein Werk derselben konstituierenden Landeskirchlichen Gemeinschaft) und auf polnischer Seite die Evangelisch-Augsburgische Kirche.

der Einschätzung derjenigen Gesprächspartner, die dazu Angaben gemacht haben, liegt der Anteil der am jeweiligen Gemeindeleben tatsächlich Teilnehmenden (gemessen am regelmäßigen Gottesdienstbesuch) bei den polnischen katholischen Gemeinden bei ca. 20 % und bei den deutschen katholischen wie evangelischen Gemeinden bei etwa 10 %; im Falle der übrigen deutlich mitgliederschwächeren Gemeinschaften hingegen liegt dieser Anteil zwischen 50 % und nahezu 100 %.

Ehrenamtliches Engagement in Form der Übernahme sozialer oder organisatorischer Tätigkeiten durch aktive Mitglieder bildet in allen kirchlichen Gemeinschaften die unabdingbare Voraussetzung für das Gemeindeleben. Die geistlich-seelsorgerische Betreuung wird jeweils durch eine Pfarr- (bzw. Pastoren-, Gemeindevorstands-, Prediger-)stelle gewährleistet. Diese ist jedoch nur noch in wenigen Fällen als Vollzeitstelle bzw. ausschließlich für die jeweilige Gemeinde eingerichtet, vielmehr überwiegen Teilzeitbeschäftigungen oder auch solche gegen symbolische Vergütung, bzw. gleichzeitige Zuständigkeiten auch für andere Gemeinden oder kirchliche Einrichtungen. Nur im Falle der katholischen Gemeinden von Frankfurt, Słubice und Gubin sowie der evangelischen Gemeinden von Frankfurt und Guben bestehen komplexere Strukturen: In jeder der katholischen Gemeinden in Słubice und Gubin sind neben dem Gemeindepfarrer weitere Priester (überwiegend als Vikare) tätig, in der Frankfurter zwei Ordenspriester als Vikare (wobei jedoch die Funktion des Gemeindepaters vom Pfarrer der Nachbargemeinde im 40 km entfernten Fürstenwalde/Spree miterfüllt wird) und eine Gemeindereferentin. In den evangelischen Gemeinden von Frankfurt (Oder)-Lebus und der Region Guben werden die vier bzw. zwei Pfarrerinnen von je einem Kantor, drei bzw. einer Verwaltungsangestellten sowie drei bzw. einer geringfügig Beschäftigten unterstützt.

Kernstück des gemeindlichen Lebens ist in allen Gemeinschaften der wöchentliche Gottesdienst am Sonntag (bzw. bei einigen Religionsgemeinschaften entsprechend am Freitag bzw. Samstag), ergänzt um Angebote wie weitere Gottesdienste und Andachten sowie beispielsweise Gesprächs- und Diskussionskreise, Chorproben und gemeinsames Musizieren, Jugend- und Seniorenarbeit oder karitative Treffen. Räumlicher Mittelpunkt ist in den allermeisten Fällen[7] das eigene, von der Gemeinschaft selbst zu diesem Zwecke Ende des 19. oder im Verlauf des 20. Jahrhunderts errichtete oder umgebaute Gottes- bzw. Gemeindehaus. Nur im Falle der evangelischen Gemeinden von Frankfurt und Guben besteht eine komplexere Situation, die sich aus deren historischer Rolle als vorherrschende Konfession ergibt. Die Frankfurter Gemeinde unterhält daher allein in den Stadtteilen[8] zwei Großkirchen, eine Kapelle und drei große Gemeindehäuser sowie in den Ortsteilen fünf Dorfkirchen, zwei begehbare Dorfkirchenruinen und fünf kleinere Gemeindehäu-

[7] Nur im Falle der muslimischen Gemeinschaft in Frankfurt sowie der evangelisch-augsburgischen und der Pfingstkirchengemeinde in Słubice werden angemietete städtische bzw. universitäre Räumlichkeiten sowie im Falle der Gubener Siebenten-Tags-Adventisten das Gotteshaus einer anderen Gemeinschaft genutzt.

[8] Die Frankfurter Stadtteile entsprechen dem städtischen Territorium bis 1947, die Ortsteile dem der 1947 bzw. 1973/74 nach Frankfurt eingemeindeten Dörfer.

ser; dazu kommen zwei Dorfkirchen außerhalb der Stadtgrenzen. Die evangelische Kirchengemeinde der Region Guben unterhält in Guben selbst eine Kirche und zwei größere Kapellenbauten; dazu kommen außerhalb der kommunalen Stadtgrenzen gelegene sieben Dorfkirchen und ein Gemeindehaus. Wöchentliche Sonntagsgottesdienste finden in Frankfurt nur in den drei großen Gemeindekirchen bzw. -zentren St. Gertraud, St. Georg und Kreuz sowie in der Kapelle des Lutherstifts[9] statt, in Guben nur in der zentral gelegenen Klosterkirche. In den verbliebenen Frankfurter Gotteshäusern finden Gottesdienste in einem Fall zwei-[10], in vier Fällen drei- und in drei Fällen vierwöchentlich statt; letzteres trifft auch auf die zwei übrigen Gubener Gotteshäuser zu. In den katholischen Gemeinden in den zwei deutschen Grenzstädten findet zusätzlich zur Sonntagsmesse in der jeweiligen Pfarrkirche in Frankfurt ein wöchentlicher und in Guben ein täglicher Gottesdienst in der Kapelle des jeweiligen Gemeindehauses statt.[11] Dieses Angebot ist in den katholischen Gemeinden der beiden polnischen Grenzstädte deutlich umfangreicher: in jeder der Pfarrgemeindekirchen werden werktäglich zwei und an Sonn- und Feiertagen bis zu sieben Messen gefeiert; dazu kommen zumindest wöchentliche Sonntagsmessen (z.T. auch weitere) in den außerhalb der Stadtgrenzen gelegenen Filialkirchen und Kapellen der jeweiligen Kirchengemeinde. Zudem wird in der Kapelle des Studierendenhauses „Parakletos" in Słubice (s.u.) einmal wöchentlich und in der Rektoratskirche in Gubin zumindest täglich eine Messe gelesen.

4. Entgrenzung religiöser Räume

Das traditionelle Bild einer territorial abgegrenzten kirchlichen Gemeinde, die dem Sozialmilieu und Lebensumfeld ihrer Mitglieder entspricht und in deren Zentrum das in ihrer räumlichen Mitte befindliche Gotteshaus als Lebens- und Arbeitsort der die Gemeinde betreuenden Geistlichen steht, entspricht in den vier untersuchten Grenzstädten nur noch bei den katholischen Gemeinden auf polnischer Seite der Realität. Nur in deren Fall lässt sich die Größe der Gemeinden anhand der auf ihrem jeweiligen Territorium wohnhaften Bevölkerung – die weit überwiegend katholischen Glaubens ist – angeben; tatsächlich sind die bis zum politischen Umbruch bestehenden Pfarrgemeinden für ganz Słubice bzw. Gubin Anfang der 1990er Jahre entsprechend der eingangs geschilderten Entwicklungen in der polnischen katholischen Kirche wegen ihrer sehr großen Gemeindemitgliedszahlen in

---

[9] Das 1891 eröffnete Ev. Krankenhaus Lutherstift (mit einem baulich zentralen Kapellenraum), heute mit einem zweiten Standort im ca. 30 km entfernten Seelow, gehört zum diakonischen Werk der evangelischen Landeskirche mit einer seit 2016 bestehenden eigenen Pfarrstelle.

[10] Alle zwei Wochen findet zudem in der Kapelle der 1903 als Fürsorgeheim entstandenen Einrichtung der Wichern Diakonie, einem Werk der Evangelischen Landeskirche, ein Gottesdienst statt, der von einem Prädikanten der Diakonie gehalten wird.

[11] Regelmäßige Andachten und Gottesdienste in Senioren- und Pflegeeinrichtungen bleiben hier unberücksichtigt.

zwei resp. drei Pfarrgemeinden aufgeteilt worden. Das religiöse Leben wird weitgehend von den Gemeindepfarrern bestimmt.

Diese territorial und hierarchisch ausgerichteten Strukturen sind hingegen bei allen anderen Gemeinden in den Grenzstädten zunehmend in Auflösung begriffen. Es überwiegt ein Modell von Gemeinschaften, deren „Größe" nicht von der Ausdehnung und Bevölkerungszahl ihres Territoriums abhängt, sondern von der Anzahl, Enge und Intensität der zwischen ihren Mitgliedern bestehenden Bindungen. Der räumliche Zusammenhalt beschränkt sich auf die Erreichbarkeit des Gottes- bzw. Gemeindehauses mit akzeptablen Zeitaufwand. Einher geht damit eine Verflachung der Hierarchien: Sind Geistliche nicht mehr eng mit dem Gemeindeleben verwoben, da sie weder zwischen den Gemeindemitgliedern leben noch an der Mehrzahl der Gemeindeaktivitäten teilnehmen, können sie in diesem außerhalb von geistlichen und liturgischen Aspekten auch keine zentrale Rolle mehr einnehmen; zudem bestehen mit der Frankfurter muslimischen Gemeinde und der Gubener Baptistengemeinde zwei Beispiele, in denen die Gottesdienste abwechselnd von Mitgliedern aus der Gemeinde selbst geleitet werden.

Im Falle der katholischen Gemeinden auf deutscher Seite ist zweifellos eine Umbruchsituation gegeben: Frankfurt ist in den im Erzbistum Berlin 2016 begonnenen Prozess der Bildung sog. „pastoraler Räume" einbezogen, der im Zusammenschluss benachbarter Pfarrgemeinden[12] münden soll; noch nicht konkretisierte ähnliche Überlegungen existieren im Erzbistum Görlitz, zu dem Guben gehört. Im Kern geht es dabei um die Bündelung bestimmter Angebote und Aktivitäten und um die Zuständigkeit von Priestern für mehrere, weit voneinander entfernt liegende Predigtstellen – eine Situation, die in einzelnen Fällen ohnehin bereits Realität ist. Die evangelische Gemeinde in Frankfurt praktiziert derzeit mit der Unterteilung ihres die Gesamtstadt und einen Nachbarort umfassenden Gemeindegebietes in neun Gemeindebezirke mit jeweils mindestens einem eigenen Gotteshaus und für bestimmte Bezirke jeweils zuständige Pfarrerinnen den Versuch der Aufrechterhaltung eines eigenständigen lokalen Gemeindelebens. Dieses ist entsprechend in Abhängigkeit der Aktivitäten der Gemeindebezirksmitglieder unterschiedlich lebhaft; in jedem Falle kann nur in wenigen Kirchen ein wöchentlicher Sonntagsgottesdienst durchgeführt werden. In Guben hat sich das Leben der evangelischen Stadtgemeinde insgesamt weitgehend in die zentral gelegene Gemeindekirche, die Klosterkirche, verlagert; in den übrigen Kirchen werden monatliche Sonntagsgottesdienste angeboten.

5. Kirchliche Gemeinden als Netzwerkräume

De-bordering als Ergebnis von Transnationalisierungsprozessen kann als Element der „De-Territorisierung des Raumes" (Pilch Ortega 2012: 32) verstanden werden.

---

[12] Im Falle der Gemeinde Frankfurt (Oder) soll ein Zusammenschluss mit den Gemeinden Fürstenwalde/Spree und Buckow-Müncheberg erfolgen.

Territorial abgegrenzte Räume verlieren dabei tendenziell an Bedeutung zugunsten von Netzwerkräumen, die auf den Beziehungen zwischen ihren Partnern oder Akteuren beruhen. Die Bildung von Netzwerken kann dabei als eine Reaktion angesehen werden mit dem Ziel, Zusammenhalt zwischen den sozialen Akteuren einer von Transnationalisierungsprozessen betroffenen Gruppe zu sichern. Es lässt sich sagen, „dass Netzwerke eine Verflechtung sozialer Akteure bilden, deren Bindung untereinander größer ist als die Bindung zu nicht im Netzwerk befindlichen Akteuren." (Tölle 2012: 150) Insofern erfolgt eine Grenzziehung zu nicht diesem Netzwerk angehörigen Individuen und Gruppen, die eine zentrale Rolle bei der Definierung der eigenen Identität spielt. In den untersuchten Grenzstädten – unter Ausnahme der polnischen katholischen Gemeinden – sind solche Prozesse in allen Gemeinden zu beobachten.

Kaum sichtbar sind jedoch die jeweiligen Gemeindegrenzen überschreitende Verflechtungen; engere Beziehungen bestehen wohl nur in Guben um das von der Selbständigen Evangelisch-Lutherischen Kirche getragene Naëmi-Wilke-Stift, dessen Verwaltungsdirektor der Vorsteher der Baptisten-Gemeinde ist und dessen Kapelle der Gemeinde der Siebenten-Tags-Adventisten zur Nutzung für den wöchentlichen Samstagsgottesdienst überlassen wird. Hier haben sich nach Einschätzung der befragten Vertreter aller drei Gemeinschaften freundschaftliche Kontakte zwischen den Gemeinden entwickelt, die zu gemeinsamen Veranstaltungen, etwa zu regelmäßigen Treffen der Jugend der Selbständigen Evangelisch-Lutherischen Kirche und der Baptisten, geführt haben. Vereinbarungen über die Nutzung von Gotteshäusern stellen dabei an sich freilich keine konfessionelle Grenzüberschreitung dar, da mit der getrennten Nutzung eines Hauses[13] – oder mit dessen Überlassung an eine andere Glaubensgemeinschaft[14] – in der Regel kein Kontakt zwischen den Gemeindemitgliedern verbunden ist. Es mag einerseits nachvollziehbar erscheinen, dass die in einem überwiegend auf deutscher Seite kirchenfernen bzw. auf polnischer Seite römisch-katholischen Milieu situierten Gemeinden durch Abgrenzung Profil und Identität schützen wollen; andererseits stellt sich insbesondere in den deutschen Grenzstädten die Frage nach dem Zusammenhalt einer christlichen Gemeinschaft, deren Unterscheidungen für einen Großteil der – kirchenfernen – Bevölkerung ohnehin abstrakt und nicht nachvollziehbar erscheinen und für die eigenen Gemeindemitglieder im Alltag oft keine Rolle spielen.

Dabei wird zwischen den christlichen Gemeinden in beiden deutschen Grenzstädten nach Einschätzung nahezu aller Gesprächspartner ein überwiegend freundlicher Umgang gepflegt, der sich jedoch im Rahmen offizieller Begegnungen (Ökumenischer Pfarrkonvent und Ökumenischer Rat sowie Ökumenische Kantorei in Frankfurt, Ökumenischer Stadtkonvent in Guben[15]) und jährlicher ökumeni-

---

[13] Derzeit ist dies nur im genannten Fall der Kapelle des Naëmi-Wilke-Stifts gegeben; in der Vergangenheit gab es aber zeitweilig weitere Beispiele.

[14] Die Frankfurter russisch-orthodoxe Gemeinde nutzt derzeit die ihr von der katholischen Gemeinde auf Miet-/Erbpachtbasis überlassene Kirche in Brieskow-Finkenheerd; nur zu wenigen Anlässen im Jahr finden dort noch katholische Gottesdienste statt.

[15] In den ökumenischen Konventen bzw. im Rat sind alle im Text aufgeführten christlichen

scher Gottesdienste und Veranstaltungen bewegt. In den polnischen Grenzstädten bestehen keine institutionalisierten ökumenischen Strukturen, was jedoch das Bestehen privater Kontakte und auch zu besonderen Anlässen gelegentliche gegenseitige Einladungen über konfessionelle Grenzen hinweg nicht ausschließt.

Es ist zudem festzustellen, dass Aktivitäten und Verbindungen kaum über die deutsch-polnische Staatsgrenze hinweg erfolgen. Bemerkenswert erscheint dies vor allem im Falle der katholischen Gemeinden, für die im jeweiligen anderen Teil der Doppelstadt potentielle Ansprechpartner der eigenen Konfession existieren. Trotzdem bestehen in beiden Doppelstädten aus Sicht der Gesprächspartner kaum gemeindliche Verflechtungen über Oder bzw. Neiße hinweg, mit Ausnahme einer regelmäßigen Teilnahme der Mehrzahl der durch ihren Wohnort zur Frankfurter bzw. Gubener Gemeinde gehörenden polnischen Personen[16] an Messen in Słubice und Gubin.[17] Berührungspunkte polnischer Gläubige zur deutschen Gemeinde bestehen häufig nur bezüglich deren auf deutscher Seite schulpflichtigen Kinder, die am katholischen Religionsunterricht teilnehmen (und diesen zahlenmäßig bedeutend stärken), und deren Erstkommunion und Firmung entsprechend des parochialen Verständnisses der katholischen Kirche in der Pfarrkirche, zu der die formelle Zugehörigkeit besteht, erfolgt.

Deutsche Gemeindemitglieder nehmen nur sehr vereinzelt an Messen auf polnischer Seite teil (z.B. wenn sie die einzige deutsche Messe am Sonntagmorgen verpasst haben), polnische Gemeindemitglieder auf deutscher Seite praktisch nie. Bis vor wenigen Jahren wurden in Guben-Gubin gemeinsame Martinstag- und Weihnachtsfeiern für Kinder veranstaltet; die Fronleichnamsprozession wird weiterhin gemeinsam jährlich abwechselnd in Guben oder Gubin veranstaltet. Es gibt weder gemeinsame Messen noch personellen Austausch.[18] Die einzigen anderen Gemeinden mit gleichkonfessionellem Partner im anderen Doppelstadtteil sind die Frankfurter evangelische und die evangelisch-augsburgische Gemeinde in Słubice. Die letztere stellt jedoch mit nur etwa 10 Mitgliedern eine sehr kleine Filiale der Gemeinde im ca. 80 km entfernten Landsberg (Gorzów Wlkp.) dar; der dortige Pfarrer reist zum einmal im Monat in einem auf dem Universitätscampus angemieteten Raum abgehaltenen Sonntagsgottesdienst an. Zwar bestehen grenzübergreifende Kontakte in Form von gegenseitigen Gottesdienstbesuchen, Gesangstreffen, Gesprächen u.ä. zwischen den Gemeinden in Frankfurt und in Landsberg, jedoch

Gemeinden der jeweiligen Stadt vertreten; einzige Ausnahme stellt die Frankfurter Neuapostolische Kirchengemeinde dar. Die Frankfurter Ökumenische Kantorei ist bereits 1977 durch den Zusammenschluss mehrerer Gemeindechöre entstanden.

[16] Der umgekehrte Fall – deutsche Bevölkerung mit Wohnsitz in einer der polnischen Grenzstädte – existiert praktisch nur in Einzelfällen.

[17] Der Pfarrer der Gubener katholischen Gemeinde hat dazu ungefähre Zahlen genannt: Von den ca. 200 polnischen Gemeindemitgliedern nehmen etwa 10 an den Messen in Guben und 20 an denen in Gubin teil – die übrigen seien keine regelmäßigen Kirchgänger.

[18] Einzige Ausnahme ist der zur Heilig-Geist-Gemeinde in Słubice zugehörige Studierendenpfarrer, der in der Frankfurter Gemeinde gelegentlich die örtlichen Priester unterstützende Tätigkeiten übernimmt.

weitgehend ohne Einbezug von Słubice.[19] Diese deutsch-polnischen Kontakte unterscheiden sich somit substantiell nicht von denen einiger anderer Gemeinden ohne Glaubensbrüder im anderen Doppelstadtteil, wie die der Gubener Gemeinde der Selbständigen Evangelisch-Lutherischen Kirche zur evangelisch-augsburgischen Gemeinde im 90 km entfernten Grünberg (Zielona Góra), der Frankfurter Baptistengemeinde zu ihren Glaubensbrüdern in Landsberg und in Grünberg oder auch, freilich bereits ohne jeglichen Grenzlandkontext, der Gubener evangelischen Gemeinde zur evangelisch-augsburgischen Gemeinde im südöstlich von Lodz (Łódź) gelegenen Tomaszów Mazowiecki.

Engere Kontakte unterhielt bis zu ihrer Auflösung 2013 die Gubener Gemeinde der Neuapostolischen Kirche mit der in Gubin. Diese gingen so weit, dass die Gubener Gemeinde während einer längeren Unbenutzbarkeit ihres Gottesdienstsaales die Kapelle in Gubin genutzt hat. Bezeichnend ist dabei jedoch, dass kaum Gubener am gewöhnlichen (polnischsprachigen) Morgengottesdienst ihrer Glaubensbrüder in Gubin teilgenommen hatten, sondern fast ausschließlich den eigenen, deutschsprachigen Gottesdienst am Nachmittag besuchten. Grenz- und zugleich konfessionsüberschreitende Kontakte werden vor allem von den Pfingst-Kirchengemeinden in Słubice und Gubin zu den Baptistengemeinden in Frankfurt bzw. Guben unterhalten.[20] Diese schließen gemeinsame Veranstaltungen einschließlich Gottesdienste und Taufen ein. In Guben-Gubin finden diese Aktivitäten abwechselnd auf beiden Seiten statt und haben bereits eine über vierzigjährige Tradition; in Frankfurt stellt die Baptistengemeinde der Pfingst-Kirchengemeinde, die in Słubice über kein eigenes Gebäude verfügt, über gemeinsame Veranstaltungen hinaus von Zeit zu Zeit ihren Saal für Sakramentsgottesdienste zur Verfügung.

6. Beharrliche Grenzen im religiösen Grenzraum

Es ist festzustellen, dass in allen vier Grenzstädten mit Ausnahme der katholischen Gemeinden auf polnischer Seite die Definition religiöser Räume statt über territoriale Grenzen über gemeindliche Netzwerke erfolgt. Geographische Entfernungen spielen dabei nur insofern eine Rolle, dass der räumliche und geistliche Mittelpunkt der Gemeinde – das Gotteshaus – mit für die Gemeindemitglieder als vertretbar angesehenem Zeitaufwand erreichbar sein muss. Es zeigt sich jedoch dabei ein starkes Beharrungsvermögen nicht nur der konfessionellen Grenzen, sondern auch der doch in der generellen Wahrnehmbarkeit schwindenden deutsch-polnischen Staatsgrenze. Der Rückgang deren Barrierewirkung ändert

---

[19] Aus Sicht des Pfarrers der Landsberger Gemeinde sind deren Kontakte nach Frankfurt von vergleichbarer Intensität wie die zu einer evangelischen Gemeinde in Berlin, und damit also unabhängig vom Grenzlandkontext.

[20] Zudem bestanden bis vor einigen Jahren Kontakte zwischen der Pfingstgemeinde in Gubin, die dort Träger eines Obdachlosenasyls ist, und der einen Second-Hand-Laden führenden Heilsarmee in Guben, welche über Jahre hinweg dieses mit Kleiderspenden unterstützt hat.

offensichtlich nichts an der Tatsache der auf Nationalstaaten bezogenen hierarchischen Strukturen der kirchlichen Gemeinschaften selbst im Falle weltumspannend organisierter Kirchen, wofür die römisch-katholische Kirche das prominenteste Beispiel ist.[21] Die Anreise eines evangelischen Pastors zum monatlichen, in einem Studentenwohnheims-Saal abgehaltenen Gottesdienst in Słubice angesichts einer großen evangelischen Gemeinde mit 12 Gotteshäusern in Frankfurt, die Zuordnung der Frankfurter katholischen Gemeinde zu einem „pastoralen Raum" mit 40 bis 60 km entfernten Pfarreien angesichts zweier katholischer Gemeinden mit mehreren Priestern in Słubice oder auch die Schließung der Gemeinde der Neuapostolischen Kirche in Guben (deren zuletzt etwa 20 Mitglieder jetzt zu etwa 40 km entfernten Gemeindehäusern pendeln) angesichts des Bestehens einer Gemeinde von Glaubensbrüdern in Gubin – all dies macht die anhaltende Trennungswirkung der Grenze zwischen Deutschland und Polen aufgrund der nationalstaatlich verfassten Kirchenhierarchien besonders deutlich. Ein weiteres prägnantes Beispiel ist das Bestehen zweier kleiner christlich-orthodoxer Gemeinden mit eigenem Gotteshaus in der Doppelstadt Frankfurt-Słubice: die Gemeinde auf deutscher Seite gehört zur Berliner Diözese der Russischen Orthodoxen Kirche (d.h. zum Moskauer Patriarchat), die auf polnischer Seite zur dem Warschauer Metropoliten unterstellten Diözese Breslau-Stettin der Polnischen Autokephalen Orthodoxen Kirche (d.h. zum Patriarchat von Konstantinopel).

Zu diesen strukturellen Unterschieden tritt der Aspekt, der generell von einer Vielzahl der Interviewten als zentrales Hindernis für einen Aufbau bzw. eine Vertiefung von Beziehungen jedweder Art zur jeweils anderen Seite von Oder bzw. Neiße genannt worden ist: die bestehende sprachliche Barriere. Von den Gesprächspartnern beider deutschen katholischen Gemeinden wurden die guten Deutschkenntnisse früherer Pfarrer im jeweils anderen Doppelstadtteil als wichtiger Grund dafür genannt, dass in der Vergangenheit zeitweise mehr Kontakte bestanden hatten. Auch von anderen Gesprächspartnern wurde die Bedeutung eines der deutschen Sprache mächtigen Partners auf der polnischen Seite für das Entstehen von Kontakten hervorgehoben (der umgekehrte Fall – polnischsprachige Kontaktperson auf deutscher Seite – wurde nicht genannt), bzw. vereinzelt die Möglichkeit des Einsatzes von Gemeindemitgliedern (hier auf beiden Seiten) als Dolmetscher bei Begegnungen. Diese aus dem deutsch-polnischen Grenzraum generell bekannte Problematik kann nicht durch die Verwendung einer Drittsprache überwunden werden: Englischsprachkenntnisse sind bei vielen Gesprächspartnern und wohl auch bei einer Mehrheit der an grenzübergreifenden Treffen teilnehmenden Gemeindemitglieder zur Kommunikation nicht ausreichend; das Lateinische als traditionelle katholische Kirchensprache kann wegen seines fehlenden Charak-

---

[21] Eine potentiell bemerkenswerte Ausnahme stellt die Heilsarmee dar, deren hierarchische Organisationsstruktur unterhalb der „Internationalen Leitung" eine nicht ausschließlich nur ein Land umfassende, von sog. Obersten geführte „Territoriale Leitung" vorsieht. Eine solche besteht konkret gemeinsam für Deutschland, Polen und Litauen. Freilich hat die vorliegende Untersuchung keinen besonderen grenzübergreifenden Charakter der Tätigkeit des Gubener Korps diese Gemeinschaft ergeben.

ters als Kommunikationssprache einer Verständigung zwischen deutschen und polnischen katholischen Geistlichen nicht dienen. Das Fehlen einer Sprachbarriere ist nur im Falle der beiden christlich-orthodoxen Gemeinden in Frankfurt-Słubice gegeben: nicht nur findet hier die liturgische Sprache des Kirchenslawisch Verwendung, sondern zudem wird im Gemeindeleben neben Deutsch bzw. Polnisch entsprechend der Herkunft des weit überwiegenden Teils der jeweiligen Gemeindemitglieder auch Ukrainisch und Russisch gesprochen; letztere Sprache wird aus analogem Grund auch in der Frankfurter Jüdischen Gemeinde viel gesprochen.

7. Ansätze für einen grenzüberschreitenden transnationalen Raum

Diese Auflösung territorialer Grenzen ist so offensichtlich nicht mit einem Aufweichen von Grenzen zwischen dem Gemeindeleben verschiedener Konfessionen und Kirchen verbunden, und auch die in zahlreichen anderen Aspekten ihre Barrierewirkung verlierende deutsch-polnische Staatsgrenze bleibt als Trennungslinie erhalten. Die Beständigkeit liturgisch-konfessioneller, sprachlicher und nationaler kirchenorganisatorischer Grenzen ist offensichtlich größer als das durch Prozesse eines *de-bordering* resultierende Potential zur Bildung eines transnationalen religiösen Raumes. Die Überschreitung der genannten Grenzen ist jedoch insbesondere in Frankfurt-Słubice Ziel einer Reihe von Akteuren, die dort im Rahmen der Schaffung eines grenzübergreifenden ökumenischen Zentrums und einer Seelsorge für die Studierenden in der Doppelstadt zueinander gefunden haben (Tölle 2014). Kerninstitution ist der 1994 gegründete Verein „Oekumenisches Europa-Centrum“, dessen Mitglieder sowohl Einzelpersonen als auch Institutionen und Körperschaften wie die Stadt Frankfurt (Oder), die Europa-Universität Viadrina und der Ökumenische Rat Frankfurts sind.

Der deutsch-polnische Charakter dieses Vereins wird durch sein Kuratorium sichergestellt, dem örtliche deutsche und polnische Bischöfe aller drei großen christlichen Konfessionen angehören.[22] Sitz dieses Ökumenischen Zentrums ist die unweit der Stadtbrücke zwischen Frankfurt und Słubice gelegene, 2008 als ökumenische Stätte neugeweihte Friedenskirche; diese ist seit 2010 zugleich offizieller Amtssitz des Pfarrers für „Grenzüberschreitende Ökumene in Europa“ der evangelischen Landeskirche. Zentrale jährliche Veranstaltung ist ein deutsch-polnischer ökumenischer Pfingstgottesdienst; dazu kommen unterschiedliche Veranstaltungen und Begegnungen, wobei die Reihe „Grenzgespräche“ mit Diskussionen zu religiösen wie nicht-religiösen deutsch-polnischen und Grenzlandthematiken besonderer Erwähnung wert ist. 2016 wurde in der Passionszeit erstmals ein ökume-

---

[22] Dies sind die Bischöfe der Evangelischen Landeskirche Berlin-Brandenburg-schlesische Oberlausitz und der Diözese Grünberg-Landsberg (Zielona Góra-Gorzów Wlkp.) der polnischen katholischen Kirche, die Erzbischöfe der Polnischen Autokephalen Orthodoxen Kirche und des Erzbistums Berlin der deutschen katholischen Kirche sowie der Provinzial der Franziskaner in Polen und der Breslauer Diözesanbischof der Evangelisch-Augsburgischen Kirche.

nischer Kreuzweg von Słubice nach Frankfurt organisiert.

Der Verein „Oekumenisches Europa-Centrum" ist zudem Träger des Studien- und Gästehauses „Hedwig von Schlesien", einem Ort religiöser wie kultureller Begegnungen mit 17 festen Wohnheimplätzen sowie Gästezimmern. Es wird von einer als Verein[23] organisierten, international zusammengesetzten christlichen Studierendengemeinschaft mit Leben erfüllt, die wiederum von den drei Studierendenpfarrern an der Frankfurter Europa-Universität Viadrina betreut wird. Dies sind ein evangelischer Pfarrer aus Berlin und der deutsch-und polnischsprachige Pfarrer der Frankfurter orthodoxen Gemeinde sowie der deutschsprachige polnische katholische Studierendenseelsorger aus Słubice, der dort zudem die Studierenden an der dortigen Hochschuleinrichtung, dem Collegium Polonicum,[24] betreut. Die letztgenannten haben als Katholische Studierendengemeinde „Parakletos" mit ca. 30 Studierenden zudem ein eigenes Begegnungszentrum mit Kapelle, welches in einem auf Initiative eines ehem. deutschen Diplomaten und mit finanzieller Unterstützung deutscher und polnischer Kircheninstitutionen Ende der 1990er Jahre umgebauten ehem. städtischen Badehaus entstanden ist (Tölle 2014). ÖSAF und Parakletos organisieren so ein gemeinsames Semesterprogramm, dessen Hauptorte das Frankfurter Hedwigshaus und das Studierendenzentrum in Słubice sind; zudem finden Aktivitäten an religiösen Stätten wie anderen Orten auf beiden Seiten der Oder statt. Oekumenisches Europa-Centrum und die Studierendengemeinden bilden zweifelsohne ein transnationales Netzwerk. In Guben-Gubin existiert nichts vergleichbares; einzige grenzüberschreitende ökumenische Aktivität ist seit 2010 ein konfessionsübergreifender deutsch-polnischer Kreuzweg am Palmsonntag, der die Tradition eines gemeinsamen Friedensgebets an der Ruine der ehem. Stadt- und Hauptkirche (s.u.) am 1. September als Jahrestag des Ausbruchs des Zweiten Weltkriegs ersetzt hat.

8. Transnationale kirchliche Identifikationsorte

Der durch soziale Verflechtungen konstruierte religiöse transnationale Raum mag in beiden Doppelstädten nur beschränkt existieren. Jedoch gibt es eine vor diesem Hintergrund bemerkenswerte Prägung der städtischen Landschaft durch kirchliche Objekte mit grenzübergreifender Ausstrahlung. Das genannte Studierendengemeindezentrum in Słubice in exponierter Lage zwischen zwei zentralen Stadtplätzen steht mit seiner Vergangenheit als städtisches Badehaus für die Frankfurter Dammvorstadt, seines Umbaus im Rahmen deutsch-polnischer Zusammenarbeit und seiner heutigen Nutzung durch eine grenzübergreifende Studentenschaft für

---

[23] ÖSAF e.V. – „Ökumenische Studierenden-Arbeit an der Europa-Universität Viadrina Frankfurt (Oder)".

[24] Das Collegium Polonicum in Słubice ist eine Gemeinschaftseinrichtung der Frankfurter Europa-Universität Viadrina und der Adam-Mickiewicz-Universität zu Posen (Poznań), an der Studiengänge beider Hochschulen angeboten ebenso wie gemeinsame Studiengänge und Forschungen realisiert werden.

die besondere Geschichte der 1945 geteilten Stadt wie für ihre Gegenwart. Diese Historie wird auch von der ungewöhnlichen Architektur der Allerheiligsten-Jungfrau-Maria-Kirche übermittelt, die daraus resultiert, dass sie wegen des Fehlens eines Kirchengebäudes im ehem. östlichen Teil Frankfurts nach 1945 aus dem dort gelegenen Schützenhaus der Stadt entstanden ist.[25]

Die das Oekumenische Europa-Centrum beherbergende Friedenskirche, das älteste (im 12. Jahrhundert als St. Nicolai errichtete) Gotteshaus der Stadt, dominiert wiederum gemeinsam mit der benachbarten, zu DDR-Zeiten zum städtischen Konzerthaus umgenutzten Franziskaner-Klosterkirche[26] und der mittelalterlichen Marienkirche am Markt die Stadtsilhouette von der Oder aus. Die Ruine der kriegszerstörten Marienkirche – über Jahrhunderte bedeutendstes Gotteshaus der Stadt – ist nach 1990 „unter Dach" gesetzt worden und hat ihre 1945 als sog. „Beutekunst" nach Russland verschleppten mittelalterlichen Glasmalereien zurückerhalten; heute wird sie als soziokulturelles städtisches Zentrum genutzt. Auch in Guben-Gubin ist es ein monumentaler ehem. Sakralbau, der eine zentrale Identitätsfunktion für die Doppelstadt erfüllen soll. Die in Gubin unweit der Neiße-Straßenbrücke stehende Ruine der Stadt- und Hauptkirche[27], deren weithin sichtbarer Turm ein Emblem der Doppelstadt darstellt, soll als deutsch-polnisches „Zentrum für Kultur und Kommunikation" wieder aufgebaut werden (Tölle 2014). Die am Innenstadtrand von Gubin gelegene Kirche der katholischen Dreifaltigkeitsgemeinde war bereits vor 1945 Pfarrkirche für die gleichnamige katholische Gemeinde im ungeteilten (deutschen) Guben. Die (an Standorten im heutigen Gubin errichteten) Vorkriegsgebäude der Gubener Heilsarmee wie Adventistengemeinde sind hingegen ebenso wie das der Frankfurter Baptisten im Krieg zerstört und später beseitigt worden; gleiches gilt für die Synagogen in beiden Städten (freilich begann die Zerstörung hier bereits in den Novemberpogromen 1938), an die nur Gedenksteine erinnern. Lediglich die ehem. Trauerhalle der Gubener jüdischen Gemeinde besteht als evangelische Bergkapelle heute weiter. Ein historischer Ort transnationaler Religionsausübung besteht zudem in Frankfurt mit der in einer Stadtrandsiedlung gelegenen Heilandskapelle. Diese war 1915 überwiegend von russischen Kriegsgefangenen in Holzbauweise errichtet worden und diente bis nach dem Ende des Ersten Weltkriegs Internierten unterschiedlicher Nationen und Konfessionen wie deutschem Wachpersonal als Gottesdienstort; seit 1927 ist sie evangelisches Gotteshaus.[28] Unzweifelhaft ist die Stadtlandschaft in Frankfurt-Słubice und in Guben-

---

[25] Als erster Ort polnischsprachiger katholischer Gottesdienste in Słubice wurde 1945 im Übrigen der Saal im ehem. Gemeindehaus der evangelischen Landeskirchlichen Gemeinschaft genutzt. Jedoch ist dieses Gebäude trotz seiner besonderen Geschichte und bestehenden Denkmalschutzes 2005 abgerissen worden; das Grundstück ist bis heute unbebaut.

[26] Diese war als Unterkirche bis 1945 die ev. Pfarrkirche der Frankfurter Dammvorstadt, d.h. des Gebietes des heutigen Słubice.

[27] Auf polnischer Seite ist die Bezeichnung der Kirchenruine als „Fara Gubińska" (wörtlich übersetzt: Pfarrkirche von Gubin) gebräuchlich.

[28] In den Anfängen der Frankfurter orthodoxen Gemeinde hatte diese von 1995 bis 1998 ihre Gottesdienste dort abgehalten. Bis zur formellen Aufnahme der Gemeinde in die Berliner

Gubin somit von einer Narration einer Zwei-Nationen-Stadt gekennzeichnet, die auch prägende Elemente einer religiösen Dimension im historischen wie aktuellen Kontext enthält.

9. Abschließende Betrachtung

Die religiöse Landschaft in den untersuchten Doppelstädten ist von dem Kontrast zwischen dem Fortbestehen traditioneller parochialer Kirchenstrukturen bei der katholischen Kirche auf polnischer Seite und deren tendenziellem Ersatz durch territorial undefinierte Gemeinden, deren Raum auf sozialen Netzwerken beruht, bei allen anderen Gemeinschaften gekennzeichnet. Diese Netzwerke haben naturgemäß – wie sicher auch in den polnischen katholischen Gemeinden – eine wesentliche individuelle Bedeutung für die einzelnen Mitglieder, sie werden aber – ganz anders als bei den polnischen katholischen Gemeinden – auch zunehmend wichtiger zur Abgrenzung des gemeindlichen Raumes, in dessen Mittelpunkt als Identifikationsort das eigene Gottes- bzw. Gemeindehaus steht. Die Untersuchungsergebnisse verweisen dabei darauf, dass diese Netzwerkstrukturen eher nach innen gerichtet zu sein und verbindendes Sozialkapital zu generieren scheinen, also eher Mitglieder einer homogenen Gruppe – sprich Glaubensgemeinschaft – verbinden. Eine Ausrichtung nach außen im Sinne der Einbeziehung Angehöriger anderer Glaubensgemeinschaften[29] und somit die Generierung von überbrückendem Sozialkapital – etwa im Sinne der Kreierung eines gemeinsamen religiösen Raumes über konfessionelle Grenzen hinweg – ist kaum beobachtbar.[30] Dabei entsteht in der Befragung durchaus der Eindruck weit überwiegend freundlicher und unverkrampfter Beziehungen zwischen Geistlichen (einschließlich des Bestehens nicht weniger privater Kontakte) wie generell auch Gemeindemitgliedern unterschiedlicher Konfessionen; jedoch geschieht gemeinsames Zusammenkommen nur im Rahmen ausdrücklicher ökumenischer Kontakte, die jegliche Verwischung konfessioneller Grenzen ausschließen.

Strukturell besteht zudem bezüglich der katholischen Gemeinden auf polnischer Seite die Frage nach der potentiellen sozialen Verflechtungsmöglichkeit mit anderen Gemeinschaften. Diese lässt sich nicht einheitlich beantworten. Grundsätzlich kann die mit der Teilnahme an religiösen Praktiken verbundene instituti-

Diözese der Russisch-Orthodoxen Kirche wurden diese zeitweise von einem aus dem polnischen Landsberg anreisenden orthodoxen Priester geleitet.

[29] Eine in zahlreichen Fällen gegebene Außenwirkung im Sinne karitativer gesellschaftlicher Tätigkeit ist nicht Gegenstand der vorliegenden Untersuchung.

[30] Dies heißt nicht, dass es nicht unter den Gemeindemitgliedern Überlegungen dazu geben mag. Dazu sei eine bemerkenswerte Passage aus dem Pfarrbrief der Frankfurter katholischen Gemeinde zitiert, in der ein an einem Ausflug zu zwei Kirchen einer Nachbargemeinde, mit der die Frankfurter den „pastoralen Raum" bildet, beteiligtes Gemeindemitglied schreibt: „Angesichts der künftigen Entfernungen und der langen Wege ist es schade, dass ökumenische Strategien bisher nicht in Erwähnung gezogen wurden. Vielleicht hätte eine gemeinsame Gemeinde aus evangelischen und katholischen Christen, die an einem Ort zusammenleben und sich kennen, auf Dauer bessere Überlebenschancen." (Rauch 2015: 12)

onalisierte Religiosität, die auf polnischer Seite so viel größer als auf deutscher ist, als für die Entwicklung sozialer Bindungen und Engagement förderlich angesehen werden (Grotowska 2014). Andererseits kann aber ein Umfeld, in dem etwa der sonntägliche Kirchgang zum allgemeinen gesellschaftlichen bzw. familiären Ritual gehört, dieser Entwicklung auch abträglich sein. Bezeichnend ist etwa die in Polen - vor allem bei der jüngeren Bevölkerung größerer Städte - zunehmend beobachtbare Praxis des *churching*, d.h. der Auswahl eines anderen Gottesdienstortes als die eigene Pfarrkirche aufgrund persönlicher Präferenzen z.B. für bestimmte Geistliche, Predigtinhalte oder Kirchenraumgestaltungen. Dies mag als Ausdruck einer bewussten Befriedigung individueller Glaubensbedürfnisse ebenso wie nur der Pflege eines gewohnheitsmäßigen Rituals an einem als ansprechend empfundenen Ort erfolgen - es zeugt in jedem Fall von einer geringen Verbundenheit mit der eigenen Pfarrgemeinde (Zaręba 2011). In der doppelstädtischen Dimension lässt sich dies vor allem in Form der Teilnahme von aufgrund ihres Wohnortes formell zu den deutschen Gemeinden gehörenden polnischen Gemeindemitgliedern ausschließlich an Messen auf polnischer Seite beobachten. Zudem zeigen Untersuchungen, dass religiöse Sozialgruppen in Polen zwar ebenfalls verbindendes, jedoch im Vergleich zu solchen Gruppen in Deutschland ein deutlich geringeres überbrückendes Sozialkapital generieren (Pickel et al. 2014). Solche Faktoren mögen auch zum in den Doppelstädten beobachteten Fehlen gemeindeübergreifender Netzwerke beitragen. Bemerkenswerter Weise besteht die Binnengerichtetheit der kirchengemeindlichen Netzwerke auch innerkonfessionell bezüglich einer fehlenden Verflechtung mit Gemeinden von Glaubensbrüdern im jeweils anderen Doppelstadtteil; fehlende Kenntnisse der Sprache des anderen und nationale Kirchenstrukturen scheinen so zum beharrlichen Fortbestehen der deutsch-polnischen Grenze im religiösen Raum der Doppelstädte zu führen.

Ungeachtet dieser Feststellungen hat der im Alltag spürbare Verlust der Trennwirkung der die Doppelstädte teilenden Staatsgrenze ebenso wie der Rückgang der Bedeutung von konfessionellen Unterschieden im Umfeld eines generellen Bedeutungsverlustes von Religion im öffentlichen Raum auch zum Entstehen von Gruppen geführt, die zur sozialen Konstruktion eines transnationalen religiösen Raumes - im Verständnis „gelebter Umgebungen, die einen zunehmend transnationalen oder hybriden Charakter annehmen“ (Unger 2012, 44), beitragen. Damit lassen sich deutliche Parallelen zu bereits über Jahre wiederholt bestätigten Erkenntnissen zu anderen Sphären des grenzübergreifenden Zusammenlebens feststellen, die wenig auf Alltagskontakten breiter Bevölkerungsteile und viel auf dem Engagement individueller Akteure und bestimmter Milieus beruhen (Matthiesen 2005; Dürrschmidt 2006; Kaczmarek, Stryjakiewicz 2006). Im Falle des religiösen Raumes der Doppelstadt Frankfurt-Słubice sind dies die bürgerschaftlichen und kirchlichen Akteure, die im Umfeld der Entstehung und Aktivitäten des Vereins Oekumenisches Europa-Centrum zusammengefunden haben, sowie die aus dem universitären Milieu im Umfeld der Studierendengemeinden in Frankfurt und Słubice. Es sind dabei die Mitglieder dieser Studierendengemeinden (die freilich nur einen minimalen Anteil an der gesamten Studentenschaft ausmachen), welche als Gruppe im Alltag ein Leben über nationalstaatliche wie konfessionelle Grenzen hinweg führen.

Dank des Zusammenwirkens dieser bürgerschaftlichen, kirchlichen und in Frankfurt-Słubice auch universitären Akteure sind vor allem mit dem ökumenischen Zentrum in der Frankfurter Friedenskirche und dem Studierendengemeindehaus „Parakletos" in Słubice, aber ob ihrer Geschichte und ihrer gelegentlichen Nutzung für religiöse Kulthandlungen auch mit dem soziokulturellen Zentrum in der Frankfurter Marienkirche und dem im Aufbau befindlichen „Zentrum für Kultur und Kommunikation" in der Ruine der Stadt- und Hauptkirche in Gubin emblematische, für die Grenzstädte zweifellos prägende Gebäude einer neuen Nutzung zugeführt worden, welche Bestandteile einer religiöse und grenzübergreifende Inhalte verbindenden Narration sind. Das vermittelte Bild eines transnationalen religiösen Raumes in den Doppelstädten, im Übrigen eingebettet in einen erweiterten Grenzlandkontext (Tölle 2014), mag dabei mit der Beständigkeit der Präsenz der deutsch-polnischen Staatsgrenze im religiösen Alltagsleben der kirchlichen Gemeinden kontrastieren. Es bleibt aber künftigen Forschungen zu sozialen Verbindungen zwischen Gemeindeaktiven und -mitgliedern vorbehalten, inwieweit in einer Phase der verstärkten Entstehung kirchengemeindlicher Netzwerke – außerhalb der polnischen katholischen Kirche nicht zuletzt als Reaktion auf den Bedeutungsschwund des Religiösen und somit religiöser Unterscheidungen im öffentlichen Raum – diese im besonderen Grenzland-Kontext über staatliche wie konfessionelle Grenzen hinweg reichen.

Summary: Dissolution and persistence of borders in the religious space: the German-Polish twin cities of Frankfurt (Oder)-Słubice and Guben-Gubin

The process of national borders within the European Union losing their dividing character has led to consider these territories as being in a phase of de-bordering. Yet while the physical dismantlement of border control infrastructure may have made these borders visually and perceptibly disappear in space, this phenomenon must not be equalled to a disappearance of the borders themselves, or with a unification of the territories adjacent to them. Indeed the diminution of the barrier function of state borders lead to permanent processes of negotiation of national, regional-local and also transnational – borderland – identities. This article looks at the particular case of territorial religious borders in the German-Polish twin cities of Frankfurt (Oder)-Słubice and Guben-Gubin. Here, on the German side, territorial parochial borders are losing significance in church structures and religious life due the continuing secularisation of the city society, leading to an increased understanding of parishes as being based on social networks between their members rather than territorial borders. The same is true for small religious groupings on the Polish side, however the here dominating and still well-embedded in society Catholic Church is still based on defined territorial and hierarchical rather than networking principles. The research based on 29 interviews with representatives of religious congregations in both twin cities reveals a clear persistence of the state border, as well as of denominational borders, in the redefinition process of religious space and its borders, with the noteworthy exception of some civil and ecumenical actors whose initiatives lead to the creation of transnational religious institutions and places.

Literaturverzeichnis

Butzin B. 2000. Netzwerke, Kreative Milieus und Lernende Region: Perspektiven für die regionale Entwicklungsplanung? In: Zeitschrift für Wirtschaftsgeographie 44 (3-4), 149-166.

Drost A. 2013. Historische Grenzräume und kognitive Grenzziehungen der Gegenwart. In: S.B. Frandsen, M. Krieger, F. Lubowitz (Hg.), 1200 Jahre Deutsch-Dänische Grenze. Tagungsband. Neumünster: Wachholtz, 19-33.

Dürrschmidt J. 2006. So near yet so far: blocked networks, global links and multiple exclusion in the German-Polish borderlands. In: Global Networks, 6 (3), 245-263.

Ebertz M.N. 2014. Kirchenkrise und Kirchenreform. Katholizismus in Deutschland. In: M. Hainz, G. Pickel, D. Pollack, M. Libiszowska-Żółtkowska, E. Firlit (Hg.), Zwischen Säkularisierung und religiöser Vitalisierung. Religiosität in Deutschland und Polen im Vergleich. Wiesbaden: Springer, 229-234.

Firlit E. 2014. Die Modernisierung der Strukturen der katholischen Kirche in Polen im Zeitraum der Systemtransformation. In: M. Hainz, G. Pickel, D. Pollack, M. Libiszowska-Żółtkowska, E. Firlit (Hg.), Zwischen Säkularisierung und religiöser Vitalisierung. Religiosität in Deutschland und Polen im Vergleich. Wiesbaden: Springer, 235-246.

Friedrich K., Knippschild R., Kunert M., Neumann I. 2006. Görlitz/Zgorzelec: Szenariengeleitete Strategie- und Leitbildentwicklung in einer Zwei-Nationen-Stadt. In: Deutsches Institut für Urbanistik (Hg.), Zukunft von Stadt und Region, Band IV: Chancen lokaler Demokratie. Beiträge zum Forschungsverbund „Stadt 2030". Wiesbaden: VS, 159-198.

Fürst D., Schubert H. 2001. Regionale Akteursnetzwerke zwischen Bindungen und Optionen. Über die informelle Infrastruktur des Handlungssystems bei der Selbstorganisation von Regionen. In: Geographische Zeitschrift 89 (1), 32-51.

Grotowska S. 2014. Sozialkapital und Religion. In: M. Hainz, G. Pickel, D. Pollack, M. Libiszowska-Żółtkowska, E. Firlit (Hg.), Zwischen Säkularisierung und religiöser Vitalisierung. Religiosität in Deutschland und Polen im Vergleich. Wiesbaden: Springer, 189-198.

Gutke T. 2015. Freitagsgebete in Frankfurt. Märkische Oderzeitung vom 25.09.2015. URL: http://www.moz.de/artikel-ansicht/dg/0/1/1424249/ (Stand 04.06.2016).

Kaczmarek T., Stryjakiewicz T. 2006. Grenzüberschreitende Entwicklung und Kooperation im deutsch-polnischen Grenzraum aus polnischer Sicht. In: Europa Regional 14 (2), 61-70.

Lundén T. 2011. Religious Symbols as Boundary Makers in Physical Landscapes. An Aspect of Human Geography. In: J. Jańczak (Hg.), De-Bordering, Re-Bordering and Symbols on the European Boundaries. Thematicon, 16. Berlin: Logos, 9-19.

Matthiesen U. 2005. Governance milieus in shrinking post-socialist city regions - and their respective forms of creativity. In: DISP (162), 53-61.

Pickel G. 2014. Die Religionen Deutschlands, Polens und Europas im Vergleich. Ein empirischer Test religionssoziologischer Theorien. In: M. Hainz, G. Pickel, D. Pollack, M. Libiszowska-Żółtkowska, E. Firlit (Hg.), Zwischen Säkularisierung und religiöser Vitalisierung. Religiosität in Deutschland und Polen im Vergleich. Wiesbaden: Springer, 95-108.

Pickel G., Jaeckel Y., Götze C., Gladkich A. 2014. Religiöses Sozialkapital in Deutschland und Polen. In: M. Hainz, G. Pickel, D. Pollack, M. Libiszowska-Żółtkowska, E. Firlit (Hg.), Zwischen Säkularisierung und religiöser Vitalisierung. Religiosität in Deutschland und Polen im Vergleich. Wiesbaden: Springer, 199-216.

Pilch Ortega A. 2012. Transnational Social Relations - A Challenge of Everyday Life? In: A. Pilch Ortega, B. Schröttner (Hg.), Transnational Spaces and Regional Localization. Social Networks, Border Regions and Local-Global Relations. Münster: Waxmann, 31-41.

Pohl-Patalong U. 2004. Von der Ortskirche zu kirchlichen Orten. Ein Zukunftsmodell. Göttingen: Vandenhoek & Ruprecht.

Popescu G. 2012. Bordering and Ordering the Twenty-first Century. Lanham/Plymouth: Rowman & Littlefield Publishers.

Radzimski A. 2014. Religion im transurbanen Raum. Neue Pfarrgemeinden in der Agglomeration Posen. In: A. Chylewska-Tölle, A. Tölle (Hg.), Religion im transnationalen Raum. Raumbezogene, literarische und theologische Grenzerfahrungen aus deutscher und polnischer Perspektive. Berlin: Logos, 223-237.

Rauch W. 2015. Kirchentour. In: Pfarrbrief der Katholischen Gemeinde Frankfurt (Oder), November 2015-Januar 2016, 12.

Schultz H. 2005. Doppelstädte als Laboratorien der Integration. In: H. Schultz (Hg.), Stadt - Grenze - Fluss. Europäische Doppelstädte. Berlin: Berliner Wissenschaftsverlag, 13-26.

Tölle A. 2012. Transnationale Netzwerkräume statt vernetzter Grenzregionen. Die Europaregion Mitte (Centrope) und die Oder-Partnerschaft. In: Mitteilungen der Österreichischen Geographischen Gesellschaft (154), 129-154.

Tölle A. 2014. Transnationaler religiöser Raum im deutsch-polnischen Grenzland. Eine Kontextualisierung aus Sicht der Grenzraumforschung. In: A. Chylewska-Tölle, A. Tölle (Hg.), Religion im transnationalen Raum. Raumbezogene, literarische und theologische Grenzerfahrungen aus deutscher und polnischer Perspektive. Berlin: Logos, 239-259.

Unger A. 2012. Transnational Spaces, Hybrid Identities and New Media. In: A. Pilch Ortega, B. Schröttner (Hg.), Transnational Spaces and Regional Localization. Social Networks, Border Regions and Local-Global Relations. Münster: Waxmann, 43-52.

Zaręba S.H. 2011. Treści religijne w przestrzeni publicznej. Kompozycja czy dekompozycja? [Religiöse Inhalte im öffentlichen Raum. Komposition oder Dekomposition?] In: Uniwersyteckie Czasopismo Socjologiczne 6, 23-45.

Autorinnen und Autoren des Bandes

Dr. Birgit Glorius ist Professorin für Humangeographie Ostmitteleuropas an der TU Chemnitz. Sie absolvierte ein Diplom-Studium der Geographie, Geologie und Politischen Wissenschaften an den Universitäten Erlangen-Nürnberg, Würzburg und der *University of Texas at Austin*. Sie promovierte an der Martin-Luther-Universität Halle-Wittenberg mit einer Arbeit zur transnationalen Perspektive in der Migrationsforschung. Seit 2013 ist sie im Rahmen einer Juniorprofessur an der TU Chemnitz tätig. Ihre Arbeitsschwerpunkte liegen im Bereich Migration, Integration und demographischer Wandel, regionale Schwerpunkte sind Polen, Bulgarien, Ostdeutschland und die Westbalkanstaaten.

Dipl.-Geogr. Zine-Eddine Hathat wurde 1983 in Blida (Algerien) geboren. Seit Anfang der 1990er Jahre lebt er in Deutschland. Nach zwei Jahren in Frankreich und Australien studierte er Geographie mit den Nebenfächern öffentliches Recht und Politikwissenschaft. Seit 2013 ist er Promotionsstudent und seit 2016 wissenschaftlicher Mitarbeiter in der Arbeitsgruppe Stadt- und Bevölkerungsgeographie am Geographischen Institut der Christian-Albrechts-Universität zu Kiel. Seine Forschungsschwerpunkte sind die Geographische Migrationsforschung mit speziellem Fokus auf Fragen der Transitmigration zwischen Afrika und Europa.

Dr. Barbara Alicja Jańczak ist promovierte Kulturwissenschaftlerin und wissenschaftliche Mitarbeiterin am Deutsch-Polnischen Forschungsinstitut im Collegium Polonicum in Słubice, einer Gemeinschaftseinrichtung der Europa-Universität Viadrina zu Frankfurt (Oder) und der Adam-Mickiewicz-Universität zu Posen (Poznań). Sie studierte in Deutschland, Polen und Frankreich. Ihre Forschungsschwerpunkte sind vor allem Migrationslinguistik, Mehrsprachigkeit und Sprachkontaktforschung sowie Spracherwerbs- und Sprachlehrforschung. Von 2006 bis 2011 arbeitete sie zur Erforschung von Sprach- und Familienverhältnissen in deutsch-polnischen Familien. Seit 2013 forscht sie zu Sprachkontakt und Bilingualität im deutsch-polnischen Grenzraum.

Dr. Katarzyna Kulczyńska ist wissenschaftliche Mitarbeiterin am Lehrstuhl für Raumwirtschaft im Institut für Sozioökonomische Geographie und Raumwirtschaft der Adam-Mickiewicz-Universität zu Posen (Poznań). Ihre Forschungsschwerpunkte liegen im Bereich der Wirtschaftsgeographie mit Schwerpunkt auf dem sozioökonomischen Wandel in geteilten Städten im polnisch-deutschen und -tschechischen Grenzraum sowie auf städtischen Dienstleistungssystemen.

Prof. Dr. habil. Roman Matykowski leitet den Lehrstuhl für Raumwirtschaft im Institut für Sozioökonomische Geographie und Raumwirtschaft der Adam-Mickiewicz-Universität zu Posen (Poznań). Seine Forschungsschwerpunkte sind Wahlgeographie, sozioökonomischer Wandel in geteilten Städten und im polnisch-tschechischen Grenzraum sowie Regionalismus und Regionalisierungsprozesse in Polen.

Dr. Konrad Miciukiewicz ist wissenschaftlicher Mitarbeiter im *Institute for Global Prosperity* am *University College London* (UCL). Er hat an großen europäischen Forschungs- und Innovationsprojekten wie SOCIAL POLIS, KATARSIS und SPINDUS teilgenommen, im Rahmen derer Aspekte der ökonomischen Entwicklung, sozialen Kohäsion und kulturellen Vielfalt in urbanen Umgebungen erforscht wurden. Er hat zahlreiche Publikationen zu den Themen nachhaltige Stadt, Kreativität und soziale Gerechtigkeit.

Dr. Verena Sandner Le Gall promovierte an der Christian-Albrechts-Universität zu Kiel zu Fragen des Gesellschaft-Umwelt-Verhältnisses, der Politischen Ökologie und des Wandels von Umweltinstitutionen in traditionellen Systemen gemeinschaftlich genutzter Ressourcen indigener Gruppen Zentralamerikas. Sie ist als wissenschaftliche Mitarbeiterin am Geographischen Institut der Christian-Albrechts-Universität beschäftigt und widmet sich in ihrer aktuellen Forschung der politisch-geographischen Untersuchung des Umgangs mit der Zuwanderung von Roma in deutschen Städten.

M.A. Vojin Šerbedžija ist wissenschaftlicher Mitarbeiter im Forschungsprojekt TRANSFORmIG (Transforming Migration: Transnational Transfer of Multicultural Habitus) an der Humboldt-Universität zu Berlin. Zuvor studierte er Sozialwissenschaften und *European Studies* in Berlin und London. Seit 2009 arbeitet er für die *book review*-Sektion des *International Journal of Urban and Regional Research* (IJURR). Seine Forschungsinteressen liegen an der Schnittstelle zwischen stadt- und migrationssoziologischen Themen im europäischen Kontext.

Timor Moritz Szymanski ist Student im Masterstudiengang „Stadt- und Regionalentwicklung“ an der Christian-Albrechts-Universität zu Kiel und studentischer Mitarbeiter in der Hafencity Hamburg GmbH. Er beschäftigt sich mit Fragen der städtischen Governance, der Sozialgeographie, der kritischen Geographie und mit der Translokalität von Polen in Deutschland.

Dr. Anna Tobolska ist wissenschaftliche Mitarbeiterin am Lehrstuhl für Raumwirtschaft im Institut für Sozioökonomische Geographie und Raumwirtschaft der Adam-Mickiewicz-Universität zu Posen (Poznań). Ihre Forschungsschwerpunkte liegen im Bereich der Wirtschaftsgeographie mit Themenfeldern wie räumliche Implikationen globaler Strategien und Organisation transnationaler Unternehmen sowie räumlich-gesellschaftlicher Wandel von Kleinstädten in Großpolen (Wielkopolska) und entlang der westpolnischen Grenze.

Dr. Alexander Tölle ist promovierter Kulturwissenschaftler und wissenschaftlicher Mitarbeiter am Deutsch-Polnischen Forschungsinstitut im Collegium Polonicum in Słubice, einer Gemeinschaftseinrichtung der Europa-Universität Viadrina zu Frankfurt (Oder) und der Adam-Mickiewicz-Universität zu Posen (Poznań). Er studierte Stadt- und Regionalplanung an der TU Berlin und am *University College*

Dublin sowie Europäische Urbanistik an der Bauhaus-Universität Weimar. Seine Arbeitsbereiche sind Stadtentwicklung und -planung im transnationalen Vergleich, grenzübergreifende territoriale Zusammenarbeit und deutsch-polnische Kooperationen.

Prof. Dr. Rainer Wehrhahn leitet den Lehrstuhl für Humangeographie mit Schwerpunkten der Stadt- und Bevölkerungsgeographie an der Christian-Albrechts-Universität zu Kiel. Er arbeitet zur Geographischen Migrationsforschung, Sozialgeographischen Stadtforschung und zu Urban Governance und Stadtpolitik.